奶牛精细饲喂与健康诊断

蒋林树　陈俊杰　熊本海　主编

U0238887

中国农业出版社

奶牛营养学北京市重点实验室/北京农学院

中国农业科学院北京畜牧兽医研究所

国家"十三五"重点研发计划-智能农机装备-信息
感知与动物精细养殖管控机理研究(2016YFD0700200)

现代农业产业技术体系北京市奶牛创新团队

编写人员名单

主　　编　蒋林树　　陈俊杰　　熊本海

副 主 编　熊东艳　　王秀芹　　郭江鹏　　李振河

　　　　　南雪梅　　张连英

参编人员（按姓氏笔画排序）

　　　　　王　俊　　王　瑞　　方洛云　　刘　磊

　　　　　刘长清　　刘艳霞　　孙玉松　　孙春清

　　　　　严尚维　　苏明富　　李　峥　　杨　亮

　　　　　张　良　　张　翼　　罗远明　　胡肆农

　　　　　贾春宝　　黄秀英　　曹　沛　　潘晓花

前　言

食品安全引起了全世界人民的广泛关注，如何开发既能保证食品安全又能提高畜牧养殖产业发展的高效生态畜牧业，已成为一个重要的研究课题。我国奶牛业正在从传统的生产管理方式向现代化的管理方式转变，对牛群的管理也正在逐步由传统的粗放型、松散化管理向精养型、集约化管理方向发展，这就要求对牛群的总体状况有细致的了解，通过对奶牛的喂养、泌乳、繁殖和疾病防治实施严格的监控，才能提高奶牛单产水平和牛群总体经济效益。在这种背景下，奶牛场引入物联网技术实现自动管理已成为发展的必然。

在人们的日常畜禽类食品消费量迅速增长的同时，人们也对动物源性食品的质量和安全性提出了更高的要求。人们不仅要求畜禽类食品能够满足人的营养需要、鲜美可口，而且还要求畜禽类食品具有良好的安全性，能够保障人们的身体健康，要求畜禽类食品无污染、无药物残留、生产环境无疫病发生等。这对今后发展畜禽生产提出了更高的要求和新的挑战。

本书简述了国内外奶牛精细养殖信息的进展情况及发展展望；重点讲述了奶牛精细饲喂关键技术、健康养殖关键技术，对奶牛业健康发展具有一定的指导意义；着重介绍了牛群保健与疾病防控、奶牛疾病诊断及防治技术，对奶牛业的健康生产与发展具有较强的实用性；针对"绿水青山就是金山银山"，加强环境保护，良性循环，本书又详细介绍了奶牛场环境控制与粪污处理技术。希望本书能为广大农民发展奶牛业提供有益的发展思路和具体的技术指导意见，也能为农村的广大基层管理干部和各级政府领导对如何发展奶牛业提供新的思路和政策建议。

因编者知识水平有限，书中难免存在一些疏漏和不足之处，敬请读者批评指正。

编　者

2017 年 10 月

目　录

前言

绪论 ……………………………………… 1

第一章　奶牛精细养殖信息技术进展…… 4

　第一节　国外奶牛精细养殖信息
　　　　　技术进展 ……………… 4
　第二节　我国奶牛精细养殖信息
　　　　　技术进展 ……………… 6

第二章　奶牛精细饲喂关键技术……… 9

　第一节　奶牛个体识别 ………… 9
　第二节　奶产量测定 …………… 10
　第三节　采食量测定 …………… 19
　第四节　奶成分分析 …………… 30
　第五节　体况分析 ……………… 38
　第六节　TMR 饲喂设备 ………… 45
　第七节　精料补饲装置 ………… 50

第三章　奶牛健康养殖关键技术 ················· 56

第一节　奶牛健康养殖 ······················· 56
第二节　奶牛场设计与环境控制 ··········· 59
第三节　奶牛品种与选育 ··················· 80
第四节　奶牛的营养与饲料 ··············· 104
第五节　科学饲养管理 ····················· 127
第六节　泌乳生理与挤奶 ··················· 129
第七节　奶牛的繁殖 ························· 146

第四章　牛群保健与疾病防控 ··············· 167

第一节　牛群保健 ··························· 167
第二节　牛病及其防治 ····················· 175

第五章　奶牛场环境控制与粪污处理技术 ··· 255

第一节　奶牛场环境控制 ··················· 255
第二节　奶牛场粪污处理 ··················· 266

第六章　奶牛疫病诊断及治疗 ··············· 285

第一节　奶牛疫病诊断监测技术 ··········· 285
第二节　奶牛疫病防疫技术 ··············· 292
第三节　奶牛疫病诊断技术 ··············· 301
第四节　奶牛疫病治疗技术 ··············· 307
第五节　奶牛用药知识 ····················· 311

主要参考文献 ································· 328

绪 论

近几年，物联网技术受到了人们的广泛关注，"物联网"被称为继计算机、互联网之后，世界信息产业的第三次浪潮。目前在发达国家，物联网技术的研发与应用已经拓展到食品药品质量监管、环境监测、农业生产等领域。电子产品编码（EPC）技术和射频识别技术（radio frequency identification，RFID）更促进了物联网的发展和应用。EPC编码能够保证产品在世界上有一个唯一的编码，RFID技术能自动识别有电子标签的产品。因此，通过互联网平台、利用RFID技术、无线数据通信等技术，可以构建一个实现全球物品信息实时共享的网络平台。保证奶牛所产奶的安全性和可靠性，是一个持续的过程。本书利用射频识别技术（RFID）和物联网及电子产品编码（EPC）的相关技术，提出基于EPC物联网的奶牛精细养殖管理系统的基本原理，完成模拟预测生长过程、定量配料、自动饲养、计量个体奶量、监测体重、健康状况、生理等指标，以及完成生长速率调节和效益评估等功能。

利用EPC物联网和RFID技术实现奶牛精细养殖管理系统，可以分为3个部分：

信息采集：利用超高频的RFID和EPC技术收集奶牛的相关信息。

信息监控：根据信息采集中的奶牛信息对奶牛自动挤奶、自动配料和自动喂养，并检测体重、健康状况等生理指标。

信息服务：提供对奶牛信息的存储和查询，模拟预测生长过程，进行效益评估和生长速率调整。实现了对奶牛养殖场的职工信息管理、牛舍信息管理、牛群信息管理、产奶信息管理、饲养与饲料管理、牛繁殖管理、牛群繁殖、疾病与疾病防疫、统计分析以及系统维护等的管理。同时，详细分析和研究奶牛养殖过程中的信息流程，提出基于 EPC 物联网和 RFID 技术的奶牛养殖平台架构，设计了基于 RFID 技术的奶牛自动养殖系统，通过在奶牛个体身上安置电子标签，自动跟踪奶牛的喂养过程、自动挤奶过程以及对奶牛疾病的监控，并通过对奶牛所产牛奶附上标签，进一步对牛奶信息进行跟踪。

与传统的条形码系统相比，采用无线射频识别技术的奶牛养殖及跟踪系统，具有数据采集过程自动化、采集速度更快、识别率更高的优点。通过数据统计分析奶牛的生长情况、配种、产犊、日产奶情况以及泌乳曲线等。通过分析奶牛的生长情况，采取一定的措施，如调整精补饲料配方来促进奶牛个体的生长。通过统计分析奶牛群的泌乳曲线，采取一定的措施来提高奶牛的产量。通过基于 EPC 物联网和 RFID 的奶牛精细养殖管理系统的开发，利用 RFID 标签来实现奶牛的跟踪追溯，不仅能有效地减少劳动力、降低农场养殖的成本和提高产奶的质量，还可以减少对环境的影响，使奶牛养殖成为管理科学、资源节约、环境友好、效益显著的产业。这对于实现我国养殖业由粗放型向精细型转变、由数量型向质量型转变不失为一条重要的技术措施，还可提升中国农产品在世界商贸中的竞争力。除此之外，还提高了我国政府的公信度、人民的幸福指数。

牛奶以其营养丰富、容易消化吸收、物美价廉、食用方便等特点被誉为"最接近完美的食品"，其相关产业渐已成为朝阳产业。随着世界畜牧业的迅速发展，奶业发展水平的高低已成为现代农业特别是畜牧业发展水平的重要标志。没有养殖规模就不可能有规模效益。随着科技的不断发展，奶牛业正从传统的生产方式向现代化的管理方式转变，标准化规模养殖的比重不断提高。奶业在发展模式快速转变的同时，也面临公共卫生、经济技术、食品安全等一系列问题。

频发的动物疫病给我国的奶牛养殖生产和公共卫生安全带来严重威胁。口蹄疫、结核病、布鲁氏菌病等奶牛疫病不仅降低了原奶产品的数量与质量，造成我国奶业生产每年100亿元以上的直接经济损失，而且某些动物疫病是人兽共患病，一旦传染给人类，将直接威胁到人们的生命健康及安全。

奶牛养殖业总体上面临养殖技术落后、单产水平低的局面。据中国奶业协会统计数据，我国奶牛存栏数量约1 400万头，奶牛平均每年单产为3.9吨，仅为世界平均水平的70％、发达国家平均水平的40％，而美国的奶牛单产达到9吨，以色列的奶牛单产达12吨。影响我国奶牛单产水平的因素涉及良种、养殖方式、技术装备和管理模式。近年来，我国实行奶牛良种补贴和标准化规模养殖等多项行业扶持政策，成效显著。目前，奶牛养殖普遍缺乏替代人工的高效养殖设备以及精细化科学管理模式。

食品安全问题给奶牛养殖业造成负面影响。2008年爆发的"三聚氰胺"事件为食品安全敲响了警钟，"三聚氰胺"事件一方面是我国少数企业社会责任的缺失，忽视产品质量管理而造成的严重后果；另一方面也反映出原奶生产、收购、加工等链条上监管技术薄弱；不仅如此，兽药残留仍是奶牛养殖业存在的严重问题。牛奶中若含有抗生素，对长期饮用者来说无疑是等于长期服用小剂量的抗生素，易产生耐药性，一旦患病再用同种抗生素治疗很难奏效。同时，牛奶中抗生素残留会抑制细菌的发酵，影响奶制品品质，使产量和质量降低。因此，原奶生产过程中牛奶质量自动监测和产品分级成为奶牛养殖企业亟待解决的问题。

第一章

奶牛精细养殖信息技术进展

　　我国在"十五"期间启动的"'863'计划重大专项——数字农业技术研究与示范"中,正式提出数字农业精细养殖的概念。所谓数字农业(Digital Agriculture)就是用数字化技术,按人类需要的目标,对农业所涉及的对象和全过程进行数字化和可视化的表达、设计、控制、管理的农业。"数字畜牧业"是"数字农业"的重要组成部分。数字农业包含的理论、技术和工程都能应用在动物养殖的整个过程中。随着配合饲养技术、疫病防治技术、环境控制以及机械化、自动化技术的发展,发达国家的家畜饲养业已经向集约化、工厂化和信息化管理的方向发展。自动化饲料配置系统、电子自动称量系统、微型计算机和电子识别系统等高新技术的应用,使发达国家的饲养业成为农业工程中自动化水平较高的领域,基本达到了精细饲养管理水平。我国自20世纪80年代以来,已有少数奶牛场进行了精细管理模式的尝试。目前,我国一些管理水平较高的奶牛场,其精细化管理水平仍处在初级阶段。

第一节　国外奶牛精细养殖信息技术进展

　　发达国家的养殖企业,借助优良配套组合设施的应用、规范而有效的疾病防治、饲料的高效利用、良好的生态环境及养殖设施的自动化控制与信息管理,从而大大提高了劳动生产率,企业生产规模也日趋大型化。20世纪80年代,荷兰兴建了第一座数字化奶牛场,对奶牛的各项生产活动数据进行自动记录,通过计算机分析给出饲料需要量，实现了精细饲养。以色列阿菲金公司于 1984 年研究出世界上第一个计算机牧场管理系统——阿菲牧，并随着管理理念的不断更新、挤奶设备及信息技术的进步，对系统不断进行更新换代。西班牙 Agritec 软件公司自 1989 年以来，也一直致力于农业应用软件开发，其研究的奶牛与肉牛生产管理 VAQUITEC 系统，对产奶数据进行深入的、专业的分析并提供不同格式的报表，该系统在数据采集上采用 PDA 移动互联模式。

从技术层面分析，实现养殖场精细饲养的技术主要集中在以下方面：

第一，基于动物个体或小群体信息采集的软、硬件技术。奶牛个体编号电子自动识别器是获得个体信息的基础，它于 20 世纪 70 年代中期开始研制并逐渐商品化生产。随着技术的不断改进和进步，这种识别器体积越来越小甚至可以通过注射针管植入皮下，可以永久地植入牛的耳后皮下用以监测动物整个生长、养殖过程、体重增加、母畜发情、健康指标等数据，与数据采集器结合通过计算机平台来实现奶牛精细饲养。

第二，基于采集信息的自动饲喂系统。在奶牛的自动饲喂领域内，荷兰研制了基于动物个体编号自动识别的计算机饲养管理系统；该系统具有生长过程中模拟预测，个体奶量计量，定量配料，自动饲喂，体重、健康、生理指标监测，效益评估和生长速率调节等功能。

第三，以分布式网络计算为核心的养殖技术平台。当前，计算技术正进入以网络为中心的时期，分布计算技术成为计算机主流技术。拥有局部自主的个人计算机或工作站的广大用户迫切需要共享网络上越来越丰富的信息资源，以低廉的价格获得超出局部计算机能力的高品质服务。20 世纪 90 年代初期，分布式客户/服务器模型（C/S）是当时分布处理计算机的主流体系结构。随着互联网的迅猛发展，以浏览器/业务服务器/数据库为代表的客户/服务器计算模型成为当前分布处理计算机的主流体系结构。在软件技术方面，"框架＋构件"和软件构件化技术已经成为工业界普遍接受的提高软件质量、可靠性和软件生产力的一种行之有效的方法和技术。在奶牛养殖领域，德国 Weatfalia Surge 公司开发了 Dairy Plan C21 系统，英国 Full Food 有限公司推出了 Crystal 自动管理牛群系统，它们能进行分布式的资源数据整合与网络连接，集成了饲养、挤奶、称重、分群、保健和人工授精等模块。

第四，自动识别奶牛发情的计算机监测系统。德国使用传感器等电子元件监测奶牛生理参数，应用 VB 语言建立数据分析系统，对奶牛哺乳和发情期的生理参数变化进行数据分析。将奶牛发情计算机监测系统安装于数据设备连接的计算机中，对奶牛发情进行实时监测并做出及时准确的发情预报。

第二节　我国奶牛精细养殖信息技术进展

一、早期的奶牛信息管理技术

早在 1983 年，朱益民等人就开始使用 DBASE 语言研制奶牛信息专用数据库，该系统包括数据的日常管理等内容；1991年，陈德人建立了奶牛生产信息计算机管理系统；田雨泽等人研制了奶牛生产性能监测信息管理系统，该系统可以对奶牛繁殖和生产性能数据进行管理。

二、奶牛养殖专家系统

2003 年，张学炜等人利用数字化技术建立了奶牛养殖专家咨询系统。该系统包括奶牛品种、奶牛饲养、育种技术、繁殖技术等模块。2005 年，又采用网络技术利用 PAID 3.0 平台开发了奶牛养殖专家决策系统，可以对牛场建设、种牛选择与改良、奶牛的繁殖、饲养、营养等进行决策分析。白云峰等建立了基于

DHI 模式的奶牛生产管理专家系统。该系统是一个奶牛繁殖、泌乳方面的专家系统。王靖飞等对动物疾病诊断专家系统的知识组织及推理策略进行了研究；刘东明等人构建了基于证据不确定性推理的奶牛疾病诊断专家系统；肖建华等人采用 B/S 模式，按 NET Framework N 层构架设计了奶牛疾病诊断与防治专家系统。

三、精细养殖设备

奶牛自动精准饲喂系统。该系统用计算机控制，根据奶牛的产奶量、奶牛的品质、体重、生理周期、环境因素等相关参数，结合奶牛饲养过程所需要的营养，准确地完成饲料投喂工作，实现奶牛的自动化精细喂养，从而充分发挥每头奶牛的产奶潜能，提高产奶量，同时减少饲料浪费，降低生产成本。

奶牛个体电子识别装置。该系统由上位机、信息传输卡和个体识别及信息采集卡 3 个部分组成，其中个体识别及信息采集卡是整个系统的关键，可以采集奶牛个体的生长状况、发情情况以及健康状况的数据。

自动控制的挤奶机。它能够完成自动控制和自动清洗功能，还可以通过监测乳汁 pH 来监测奶牛是否感染乳房炎。

畜禽舍电净化防病系统。该系统具有强大的净化空气、消除有害及恶臭气体和防病、防疫的综合能力。

四、软硬件综合应用技术平台

熊本海通过应用 RFD、PDA、无线局域网等技术建立了集约化奶牛场高效养殖综合技术平台，该系统包括牛群管理、牛群繁殖、产奶管理、饲料与饲养、疾病与防疫、统计分析、场内（小区）管理及系统维护管理等内容。姜万军等人用 VB 语言构建了奶牛个体识别及发情监测系统。该软件利用 VB 的串口通信控件和数据库访问技术，实现了上位机与下位机之间的通信，实时接受来自下位机的数据并将其加以整理、分析，存入数据库，可以灵活地在计算机上调用数据库内奶牛的相关资料。周磊等人综合运用管理信息系统、Internet 技术和智能分析等现代信息管理技术，开发了江苏省范围内的辅助育种系统。该系统由奶牛场育种基础资料管理系统、中国荷斯坦牛良种登记系统、线性外貌评分系统和网络系统——江苏奶牛育种中心网站组成。杨勇使用传感器等电子元件监测奶牛生理参数，应用 VB 高级程序设计语言建立数据分析系统，设计奶牛发情计算机监测系统，通过分析奶牛哺乳期和发情期生理参数的变化来判断奶牛发情情况并做出奶牛发情预报。

五、其他的奶牛管理辅助系统

吴红超等人以 Visual Fox Pro 9.0 为开发工具，设计出了现代奶牛场辅助育种管理软件。李鸿强等人利用 JBuider 9.0 开发工具开发了适合中小奶牛场使用的奶牛信息资料管理系统。该系统分为牛群管理、产奶管理、牛群繁殖、统计分析、养牛场管理、系统管理 6 个方面。

总之，发达国家集约化牛场采用信息技术和自动化技术基本达到了精细养殖，牛奶产量和效益有了较大的提高。我国很多高校和科研单位在这方面也做了很多工作，但是据笔者所知，这些科研成果在奶牛生产中的推广应用还远远不够，还需要广大养殖单位和科研单位密切配合，为我国奶牛养殖业生产水平进一步提高继续努力。

第二章
奶牛精细饲喂关键技术

第一节　奶牛个体识别

　　奶牛个体识别及信息采集系统，实现了奶牛的精细养殖、科学管理，不仅有利于提高牛奶的产量和质量，而且能够实时监测奶牛的健康状况，有利于及早进行疾病预防。

　　发源于智能监控的视频分析技术已逐步深入畜禽养殖的许多领域，其中智能感知和识别奶牛的行为并给予养殖管理决策支持成为当今研究的热点。个体身份识别方法是自动分析奶牛行为的技术前提和应用基础。动物个体识别常采用无线射频识别（RFID）技术。但 RFID 技术识别视频视野中的奶牛个体时需要额外的设备与同步识别方法，增加了奶牛行为视频分析系统的复杂度和成本。然而，奶牛视频中包含奶牛的个体信息，可直接对视频进行图像处理实现奶牛个体识别。因此，迫切需要一种基于图像处理的高精度自动奶牛个体识别方法，以提高行为检测的自动化程度并降低成本，进一步提高视频分析技术在奶牛行为感知领域的实用性。

　　用图像处理与分析的方法实现奶牛个体身份识别已引起学者的关注。有学者提出了一种基于局部二值模式（local binary patterns，LBP）纹理特征的脸部描述模型，并使用主成分分析（principal component analysis，PCA）结合稀疏编码分类（sparse representation-based classifier，SRC）对奶牛脸部图像进行识别。但识别系统对奶牛脸部图像的拍摄位置和角度敏感，难以实现自动化识别。Kim 等设计了一个基于奶牛身体图像特征的计算机图像系统以识别奶牛个体，该系统使用纯色背景，提取奶牛的身体区域图像，二值化后对图像进行分块处理得到 100 个特征值，构建 $100 \times 16 \times 8$ 立体三维结构的人工神经网络，用 49 幅图像训练网络，10 幅图像测试网络性能。该系统证明了使用身体图像识别奶牛是可行的。图像距离量度法和尺度不变特征变换匹配算法（scale invariant feature transform，SIFT）可用于奶牛个体身份识别。但图像距离量度法依赖于图像特征的提取，对光线变化较为敏感，不适用于露天养殖的奶牛；在有前置景物遮挡的情况下，SIFT 方法匹配准确率会受到影响。基于深度学习的卷积神经网络已成功应用到模式匹配的相关研究中，并表现出良好的抗干扰能力，因此具有应用到复杂场景下奶牛个体识别的潜力。

为提供一种在奶牛实际养殖环境下，基于图像处理的非接触、低成本的奶牛个体识别方法，在设计奶牛行走视频采集方案的基础上，对奶牛视频进行分析，提取并跟踪奶牛运动过程中的躯干图像。根据躯干图像的特点，设计卷积神经网络的结构和参数，用躯干图像训练并测试网络性能，最终实现奶牛实际养殖环境下的个体精确高效识别。

第二节　奶产量测定

奶牛业是畜牧业的一个重要组成部分。改革开放以来，我国奶牛业有了较快发展，但由于起步晚，基础相对薄弱。目前，我国奶牛的饲养主要在农区和农牧结合地区，其饲养数量超过总头数的一半，牧区饲养数量次之，为保证大中城市鲜奶供应，在城市郊区也有较大数量的饲养。大中城市郊区牛场均为全舍饲，其成年母牛群生产水平较高，平均年单产 7 000 千克左右，高产牛群年产奶超过 8 000 千克。农区奶牛场中北方地区产奶水平平均

5 000～6 000 千克，南方地区仅有 4 000～5 000 千克。而目前美国奶牛全国单产平均 8 000 千克左右，在中型场平均单产 10 000千克以上，最低也有 7 000 千克。相比而言，现阶段我国奶牛的产奶性能较低，须采取相应的措施以提高奶牛的产奶性能。

一、影响奶牛产奶性能的因素

（一）遗传因素

1. 品种 品种不好，吃再好的东西也只能长肉，不能提高产奶。不同品种牛产奶量和乳脂率有很大差异，经过高度培育的品种，其产奶量显著高于地方品种，产奶量和乳脂率之间存在着负相关，产奶量较高的品种，其乳脂率相应较低，但通过有计划的选育，乳脂率也可提高。奶牛不同品种，其产奶量及奶成分均有较大差异（表 2-1）。

表 2-1 主要乳用品种的产奶量和奶成分

品 种	产奶量（千克）	乳脂肪（%）	非脂固形物（%）	乳蛋白质（%）	乳糖（%）	灰分（%）
荷斯坦牛	6 906	3.7	8.5	3.1	4.6	0.73
娟姗牛	4 489	4.9	9.2	3.8	4.7	0.77
爱尔夏牛	5 256	3.9	8.5	3.3	4.6	0.72
瑞士褐牛	5 814	4.0	9.0	3.5	4.8	0.72
更赛牛	4 720	4.6	9.0	3.6	4.8	0.75

2. 个体 同一品种内的不同个体，虽然处在相同的生命阶段、相同的饲养管理条件，其产奶量和乳脂率仍有差异。如黑白花牛的产奶量在 3 000～1 200 千克，乳脂率为 2.6%～6.0%。一般来说，体重大的个体其绝对产奶量比体重小的要高。通常情况下，体重在 550～650 千克为宜。此外，个体高矮、体重、采食特性、性格等对个体的泌乳性能都可产生影响。如荷斯坦牛，

低产者仅 3 000 千克左右，最高者可达 30 833 千克，乳脂率为 2.6%～6%。

（二）生理因素

1. 胎次与年龄 胎次与年龄对产奶量的影响甚大。奶牛产奶量随着胎次与年龄的增加而发生规律性的变化。青年母牛，由于自身还在生长发育，尤其乳腺发育还不充分，因此头胎青年母牛产奶量较低，仅相当于成年母牛的 70%～80%。而老年母牛，即 7～8 胎以后的母牛，随着机体逐渐衰老，产奶量也逐渐下降。10 岁以后，由于机体逐渐衰老，产奶量又逐渐下降。但饲养良好、体质健壮的母牛，年龄到 13～14 岁时，仍然维持较高的泌乳水平。相反，饲养不良、体质衰弱的母牛，7～8 岁以后，产奶量就开始逐渐下降。中国荷斯坦牛 5～6 胎产奶量最高（表 2-2）。

表 2-2 中国荷斯坦牛不同胎次（年龄）泌乳量变化情况

胎次	产奶量（千克）	胎次产奶量与最高产奶量的比值百分数（%）
1	3 710	66.6
2	4 410	79.2
3	4 928	88.5
4	5 360	96.3
5	5 568	100
6	5 458	98.0
7	5 390	96.8
8	5 284	94.9
9	5 022	90.2

注：最高胎次为 100%。

2. 初次产犊年龄与产犊间隔 第一次产犊年龄不仅影响当次产奶量，而且影响终生奶量。第一次产犊年龄过早，除影响乳腺组织发育及产奶量外，也不利于牛体健康；相反，第一次产犊年龄过晚，则缩短了饲养期间的经济利用期，减少了产犊次数和推迟了经济回收时间，并影响终生产奶量。初次产犊适宜的年龄应根据品种特性和当地饲料条件而定。一般情况下，育成母牛体重达成年母牛的 70％时，即可配种。中国荷斯坦牛在合理的饲养条件下，13～16 月龄体重达 360 千克（北方为 380 千克）以上进行配种，第一次产犊年龄为 22～25 月龄。产犊间隔指连续 2 次产犊之间的间隔天数。最理想的产犊间隔是 365 天，即每年产奶 305 天，干奶 60 天，1 年 1 胎。

3. 泌乳期　奶牛在泌乳期中产奶量多呈规律性变化。一般母牛分娩后产奶量逐渐上升，低产牛在产后 20～30 天、高产牛在产后 40～50 天产奶量达高峰。高峰期有长有短，一般高峰期维持 20～60 天后便开始逐渐下降，下降的幅度依母牛的体况、饲养水平、妊娠期、品种及生产性能而异。高产牛一般每月下降幅度为 4％～6％，低产牛达 9％～10％。刚开始下降速度比较缓慢，但到了妊娠 5 个月后，由于胎儿的迅速发育，胎盘激素和黄体激素分泌加强，抑制了脑垂体分泌催乳激素，因此产奶量迅速下降。在同一牛群中，虽然环境条件相对一致，但因个体的遗传素质有差异，所以，泌乳曲线也出现 3 种类型：第一类是高度稳定型，其泌乳量逐月的下降速率平均维持在 6％以内，这类个体具有优异的育种价值。第二类是比较平稳型，其泌乳量逐月的下降速率为 6％～7％，这类个体在牛群中较为常见，全泌乳期产乳量高。因此，可以选入育种核心群。第三类是急剧下降型，其泌乳量逐月的下降速率平均在 8％以上，这类个体产奶量低，泌乳期短不宜留做种用。不同的泌乳时期，奶中含脂率也有变化。初乳期内的乳脂率很高，几乎超过常乳的 1 倍。第二～八周，乳脂率最低。第三个泌乳月开始，乳脂率又逐渐上升。

总之，在泌乳期中产奶量呈现先低、后高、再逐渐下降的曲线变化。同时，奶的质量也呈现相应的变化。在泌乳的高峰期，奶中的干物质、脂肪、蛋白质含量较低，但随着奶量的下降，其奶中营养成分又逐渐回升，即奶量与奶质有呈相反的趋势。

4. 体格　一般而言，同一品种、年龄的奶牛，体格大的牛，消化器官容积相对也较大，采食量多，因而，产奶量相对比较高，即体格与产奶量有呈正相关的趋势。但过大的体重，并不一定产奶就多；而且奶牛体重大，维持代谢需要也多，经济不一定合算。根据国内外经验，荷斯坦牛体重以 650～700 千克较为适宜。

5. 疾病　奶牛患病后，生理状况异常，首先产奶量下降，奶的成分变化无规律。如患乳腺炎时，乳糖、酪蛋白、钾以及非脂固形物含量降低，而钠、氯、乳清蛋白含量增加。奶成分的变化幅度与患病轻重和患病时间长短以及奶牛的体质、泌乳期的不同阶段有关。

6. 干奶期　奶牛完成一个泌乳期的产奶之后，须予以干奶，使乳腺组织获得一定的休息时间，并使母牛体内储蓄必要的营养物质，为下一个泌乳期做好准备。母牛干奶期一般为 50～60 天，其长短应根据每头母牛的具体情况决定。5 岁以上的母牛，干奶期为 40～60 天，其营养条件能得到保证，对下胎产奶量影响较小。

7. 发情与妊娠　母牛发情期间，由于性激素的作用，产奶量会出现暂时性的下降，其下降幅度为 10%～12%。在此期间，乳脂率略有上升。母牛妊娠对产奶量的影响明显而持续。妊娠初期，影响极微，从妊娠第五个月开始，由于胎盘分泌动情素和助孕素对泌乳起了抑制作用，泌乳量显著下降，第八个月则迅速下降，以致干奶。

（三）环境因素

1. 饲养与管理　奶牛的饲养方式、饲喂方式、挤奶技术、挤奶次数等，都对产奶量有影响。但营养物质的供给，对产奶量的影响最为明显。饲养条件好时产奶量也高。日粮中给予多量的青绿多汁和青贮饲料，并注意各种营养物质的合理搭配，根据泌乳母牛的营养需要实行全价饲养。适当的运动，经常刷拭牛体，牛舍内保持通风良好、清洁干燥，合理安排工人日程，定期进行预防检疫等，对提高产奶量有良好的作用。

根据遗传学家研究，产奶量的遗传力为 0.25～0.30。即产奶量仅 25%～30%受遗传影响，而有 70%～75%是受环境影响，特别是饲料和饲养管理条件的影响。实践证明，在良好的饲养管理条件下，奶牛全年的产奶量可提高 20%～60%，甚至更多。在饲养管理中，影响最大的是日粮的营养价值、饲料的种类与品质、储藏加工以及饲喂技术等。营养水平不足将严重影响产奶量，并缩短泌乳期。管理条件也十分重要，在炎热、潮湿条件下，会破坏奶牛机体的代谢过程，产奶量也随之大幅度下降。此外，加强奶牛运动、保证充足饮水，均能促进新陈代谢、增强体质，有利于提高产奶量。

同时，牛奶中的成分含量也与饲养管理条件密切相关。如日粮中精料多，粗料不足，瘤胃发酵丙酸增加，乙酸减少，导致乳脂率下降；反之，提高粗料比例，降低日粮能量水平，将影响乳蛋白含量。此外，日粮能量较低时，非脂固形物也下降。

2. 挤奶与乳房按摩　挤奶是饲养奶牛的一项很重要的技术工作。正确熟练地掌握挤奶技术，能够充分发挥奶牛的产奶潜力，防止乳腺炎的发生。正确地挤奶和乳房按摩，是提高产奶量的重要因素之一。挤奶技术熟练，适当增加挤奶次数，能提高产奶量。一般一昼夜产奶量在 15 千克以下的奶牛，可采用 2 次挤奶；15 千克以上的奶牛，特别是高产奶牛，则应采用 3 次挤奶。挤奶前用热水擦洗乳房和按摩乳房，能提高产奶量和乳脂率。

3. 产犊季节和外界气温　奶牛比较适宜的气温为 10～16℃。当气温达 26.7℃，奶牛呼吸、脉搏次数增加，采食量减少，进而产奶量下降，特别是高产牛和泌乳盛期牛，尤为敏感。为了保持牛体健康，提高产奶量，夏季对奶牛必须采取防暑降温措施，并调整产犊季节，尽量使奶牛产犊避开 6～8 月酷暑季节。黑白花牛适应的温度是 0～10℃，最适宜的气温是 10～16℃，外界气温升高到 40.5℃ 时，呼吸频率加快 5 倍，且采食停止，产奶量显著下降。因此，夏季做好奶牛防暑降温工作十分重要。相对而言，奶牛怕热不怕冷，黑白花牛在外界气温 13～20℃ 时，产奶量才开始下降，只要冬季保证供应足够的青贮料和多汁料，多喂些蛋白质饲料，一般对产奶量不会有很大影响。

二、奶产量测定

奶产量最精确的测定方法是将每头母牛每天每次的产奶量进行称量和登记。由于奶牛场的规模日益扩大，国外在保持育种资料可靠的前提下，力争简化生产性能的测定方法，许多国家近年来采用每月测定一次的方法，甚至有些国家（如美国）推行每 3 个月测一次产奶量。我国近年在这方面也进行了研究，如黑龙江省畜牧研究所等单位提出，用每月测定 3 天的日产奶量来估计全月产奶量。结果表明，估计产奶量与实际产奶量之间存在极显著的正相关（$r=0.993$，$p<0.01$）。这种方法估算容易，记录方便，在尚未建立各项记录的专业户奶牛场或其他类似的农牧场易于推广使用。其具体做法为在 1 个月内记录产奶量 3 天，各次间隔为 8～11 天。计算公式为：

$$(M1 \times D1) + (M2 \times D2) + (M3 \times D3) = 全月产奶量（千克）$$

式中，$M1$、$M2$、$M3$ 为测定日全天产奶量；$D1$、$D2$、$D3$ 为当次测定日与上次测定日间隔天数。

（一）个体产奶量的计算

个体牛全泌乳期的产奶量，以 305 天产奶量、305 天标准奶量和全泌乳期实际奶量为标准。其计算方法是：

1. 305 天产奶量 是指自产犊后第一天开始到 305 天为止的

总产奶量。不足 305 天的，按实际奶量，并注明泌乳天数；超过 305 天者，超出部分不计算在内。

2. 305 天标准奶量　标准虽然要求泌乳期为 305 天，但有的奶牛泌乳期达不到 305 天，或超过 305 天而又无日产记录可以查核，为便于比较，应将这些记录校正为 305 天的近似产量，以利种公牛后裔鉴定时作比较用。

各乳用品种可依据本品种母牛泌乳的一般规律拟订出校正系数表，作为换算的统一标准。表 2-3 和表 2-4 是中国奶牛协会北方地区荷斯坦奶牛 305 天校正产奶量的校正系数表。

表 2-3　北方地区荷斯坦奶牛泌乳期不足 305 天的校正系数表

项　目	实际泌乳天数（天）							
	240	250	260	270	280	290	300	305
第一胎	1.182	1.148	1.116	1.086	1.055	1.031	1.011	1.0
2～5 胎	1.165	1.133	1.103	1.077	1.052	1.031	1.011	1.0
6 胎以上	1.155	1.123	1.094	1.070	1.047	1.025	1.009	1.0

注：1. 用黑白花奶公牛杂交四代以下的杂种母牛，不能用此系数校正。2. 使用系数时，如某牛已产奶 265 天，可使用 260 天的系数；如产奶 266 天则用 270 天的系数进行校正；余类推。

表 2-4　北方地区荷斯坦奶牛泌乳期超过 305 天的校正系数表

项　目	实际泌乳天数（天）							
	305	310	320	330	340	350	360	370
第一胎	1.0	0.987	0.965	0.947	0.924	0.911	0.895	0.881
2～5 胎	1.0	0.988	0.970	0.952	0.936	0.925	0.911	0.904
6 胎以上	1.0	0.988	0.970	0.956	0.940	0.928	0.916	0.993

注：1. 用黑白花奶公牛杂交四代以下的杂种母牛，不能用此系数校正。2. 使用系数时，如某牛已产奶 265 天，可使用 260 天的系数；如产奶 266 天则用 270 天的系数进行校正；余类推。

3. 全泌乳期实际产奶量　是指自产犊后第一天开始到干奶为止的累计奶量。

4. 年度产奶量　是指 1 月 1 日至本年度 12 月 31 日为止的

全年产奶量，其中包括干奶阶段。

（二）全群产奶量的统计方法

全群产奶量的统计，应分别计算成年牛（又称应产牛）的全年平均产奶量和泌乳牛（又称实产牛）的全年平均产奶量。计算成年牛的全年平均产奶量时，须将成年牛群中所有泌乳牛和干奶牛（包括不孕牛）都统计在内，以便计算牛群的饲料转化率和产品成本。计算泌乳牛的全年平均产奶量时，仅统计泌乳牛的饲养头数，不包括干奶牛及其他不产奶的母牛，故用此法计算的全群年产奶量较前一种方法为高，可以反映牛群的质量，供拟订产奶计划时的参考。计算方法如下：

成年牛全年平均产奶量＝全群全年总产奶量/全年每天饲养
成年母牛头数
泌乳牛全年平均产奶量＝全群全年总产奶量/全年每天饲养
泌乳母牛头数

式中，全群全年总产奶量是指从每年 1 月 1 日至 12 月 31 日全群牛产奶的总量；全年每天饲养成年母牛头数是指全年每天饲养的成年母牛头数（包括泌乳、干奶或不孕的成年母牛）的总和除以 365 天（闰年用 366 天）；全年每天饲养泌乳母牛头数是指全年每天饲养泌乳牛头数的总和除以 365 天。

举例：某地奶牛场 1994 年全年总产奶量为 118 296.9 千克，全年饲养成年母牛数的总和为 7 724 头；饲养泌乳母牛数的总和为 6 363 头，试计算全年每头牛的平均产奶量。

第一步，先计算全年平均饲养头数：

全年每天饲养成年母牛头数＝7 724÷365
全年每天饲养泌乳母牛头数＝6 363÷365

第二步，再计算每年每头牛平均产奶量：

成年牛全年平均产奶量＝118 296.9/21.16＝5 590.6 千克
泌乳牛全年平均产奶量＝118 296.9/17.43＝6 786.97 千克

第三节　采食量测定

饲草（料）采食量是决定饲草（料）品质进而影响家畜生产性能的主要因素。从 20 世纪 70 年代起，不少学者得出结论：饲草（料）采食量是反刍家畜生产力（泌乳和生长）的主要限制因子，是调整家畜所需能量或其他营养物质的供给以及家畜肌体的总代谢速率的主要变量，是决定季节内放牧和饲养管理的最适标准。准确掌握采食量的基本概念、相关术语及测定方法，对饲草（料）品质评定和家畜营养代谢调控具有十分重要的意义。因此，就采食量及其相关术语的定义、饲草（料）采食量的影响因素、采食量的实测和预测方法进行综述，为这些概念、术语及方法的科学应用提供参考。

一、饲草（料）采食量及其相关术语

Mertens（1994）指出，在应用饲草（料）采食量概念时，首先应清楚理解其定义。饲草（料）采食量（feed intake）：单位时间内家畜实际采食的饲草（料）数量。

1. 饲草（料）自由采食量（voluntary feed intake）　在供给家畜足够的饲草（料）数量且采食后剩余率为 0.10～0.15 条件下，单位时间里家畜实际采食的饲草（料）数量。当饲草（料）含有不同的植物组分时，达到这一条件较为困难。

2. 饲草（料）被采食潜力（intake potential of the feed）当饲草（料）在家畜瘤胃内的填充度为采食量的限制因子，而家畜的营养需求并不限制家畜的采食量时，单位时间内家畜实际采食的饲草（料）数量。这一概念的缺点在于饲草（料）填充度和家畜的营养需求之间存在着相互作用，而这种互作关系常常被忽视。

3. 家畜采食潜力（intake potential of the animal）　当家畜

的营养需求为采食量的限制因子，而饲草（料）在家畜瘤胃内填充度并不限制家畜的采食量时，单位时间里家畜实际采食的饲草（料）数量。

4. 潜在的饲草（料）采食量（potential feed intake）　家畜在单位时间内采食的、能满足其营养需求的饲草（料）数量，或者为家畜能自由选食且饲草（料）的干物质消化率在 0.80 以上，或者干物质代谢能（ME）含量 11 兆焦/千克以上时，家畜在单位时间内采食的饲草（料）数量。

5. 饲草（料）的相对采食量（relative feed intake）　供试饲草（料）的采食量与参照饲草（料）的采食量之比。在提供一定的饲草（料）和饲养条件时，某一家畜能达到其潜在采食量。

6. 饲草（料）摄取能力（feed ingestibility）　在标准化随意采食条件下，单位时间内参照家畜采食的饲草（料）数量的最大值。

7. 饲草（料）采食能力（feed intake capacity）　在标准化随意采食条件下，单位时间内家畜能够采食的参照饲草（料）的最大数量。

虽然有些定义看起来很相似，但在解释这些定义时一定要注意每一定义的精确含义。测定这些变量的方法也存在着争议。例如，测定舍饲反刍家畜的自由采食量时，常规上提供的数量标准必须是家畜采食后的饲草（料）剩余率为 0.10～0.15；但在舍饲绵羊和山羊试验中，当饲草（料）剩余率超过 0.20 时，自由采食量显著提高。

二、饲草（料）采食量的影响因素

反刍动物的饲草采食是一个复杂的、动态的、生物和非生物因素相互作用及相互影响的过程。饲草（料）采食量是一个涉及饲草（料）、家畜和饲养条件等多种变量的函数（表 2-5）。

在放牧条件下，家畜的营养需求完全受环境的生物因素（寄生虫、疾病等）和气候因素（温度、日长、湿度等）的影响。瘤胃容量和食糜从瘤胃消失的动态变化是决定饲草采食量非常重要的因素。Weston 和 Poppi（1987）列举了限制饲草（料）采食量的饲草内部特性，包括化学因素（如适口性相关因子、抗营养因子、营养效应等）和物理因素（如结构分解抗性、通过肠道的能力等）2 个部分。如果排除饲草（料）和环境的限制因素，那么，从理论上说，放牧家畜饲草采食量的上限取决于家畜潜在的营养需求。这些营养需求不但包括不同的生理状况，如维持、生长、脂肪储备与代谢、繁殖、妊娠和泌乳等，还反映了家畜消耗饲草（料）的遗传潜力。对舍饲家畜来说，饲草（料）的加工方式如切割、磨碎和丸化都可影响饲草（料）采食量。

表 2-5　影响反刍动物饲草（料）采食量的因素

因素名称	英文名称
饲草（料）因素	**feed related**
瘤胃微生物活动所需的营养元素间的平衡	balance of nutrient savailable for rumen microbial activity
消化过程中家畜所需的营养元素间的平衡	balance of nutrient savailable for the animal upon digestion
粗纤维含量	fibre content
饲草（料）的物理结构	physical feed structure
饲草（料）抗营养成分	antinutritive feed components
饲草（料）适口性因素	feed palatability factors
饲草（料）含水量	feed water content
家畜因素	**animal related**
胃肠蠕动力	peristalsis activity
瘤胃容量	rumen capacity
家畜的生理水平	animal physiological status
家畜的选食行为	animal selective eating behaviour

（续）

因素名称	英文名称
饲养条件	**feeding situation related**
草层结构	sward structure
畜群的相互影响	animal social interactions
家畜寄生虫和疾病	animal parasites and diseases
家畜饮水条件	availability of drinking water
草地饮水点分布	distribution of drinking water supply on the grazingland
地形地貌	terrain topograhy
气候因素	climatic factors

在放牧条件下，家畜的选择性采食行为和草地特性（地上生物量、草层结构等）是影响饲草采食量的重要因素。地上生物量决定草地的供给量，而草层结构决定草地的耐牧性。草地冠层内的植株高度、容重、抗折断力和空间分布状况都是草层结构的属性。Poppi 等认为，草地的非营养因素，如地上生物量和草层结构对家畜采食饲草的影响可能是控制家畜放牧采食量的主要因素。在草地状况，如地上生物量和草层结构等处于最佳状态时，饲草的营养因素上升为控制饲草采食量的主要因素。Freer 认为，草地的非营养属性影响家畜对饲草的采食率，而草地牧草的营养属性影响瘤胃食糜的移动，这 2 个因素对放牧反刍动物的采食量具有同等重要的控制作用；其他影响放牧采食量的因素包括畜群内家畜的相互影响、饮水点的距离、地形地貌等。

总而言之，受生理和环境因素影响的采食驱动力、瘤胃的容积及食糜停留时间、饲草（料）的化学和物理特性所导致的限制作用、家畜的采食方式以及家畜的选食行为都是影响反刍动物采食量的因素。

三、反刍家畜采食量的测定

1. 舍饲家畜采食量的测定方法　对反刍家畜的饲草（料）采食量的最精确测定只能在舍饲条件下进行。舍饲试验家畜所饲喂的是切短的饲草，所获结果仅受营养水平的影响。由于放牧条件（如游走、空旷的环境、畜群内相互影响等）与舍饲条件不尽相同，因此舍饲试验的结果和信息不能直接用来预测放牧家畜的实际采食量。舍饲试验的饲草（料）采食测定获得的结果和信息只能用于与放牧系统的比较研究。

2. 放牧家畜采食量的测定方法　放牧家畜饲草采食的理想测定应该在草地上进行，放牧生态系统中家畜的选食行为与牧草特性的相互作用共同决定家畜的饲草采食量。在草地上家畜才能完全展现其选择日粮的潜力。但是，由于草地的植被组成不同和家畜的选食行为造成的差异性，使放牧家畜的采食量测定非常困难。放牧家畜的采食量测定包括直接和间接 2 种方法。

直接方法基于牧草测定，在放牧小区分别在牧前、牧后取样称重。除非把家畜在封闭小区内单独放牧，否则用直接方法不能测定单个家畜的牧草采食量。

间接方法基于家畜测定，包括记录采食行为差异，记录家畜生产性能差异和粪便收集技术。用粪便收集法可以测定放牧家畜（1 周内的）采食量的平均值。这一方法最早报道于 20 世纪 30 年代中期，Watson（1948）指出，早在 1928 年该法就已在英国使用。最初，这种方法是用来记录放牧条件下家畜的粪便日排泄量以及在实验室条件下测定饲草的消化率。这种测定放牧家畜采食量的方法用下列数学关系来计算：

饲料采食量＝粪便排泄量/（1－饲料消化率）

为了减少劳力并避免影响家畜的正常牧食行为，稍后又研究出了粪标记方法来估测粪便排泄量和饲草消化率。用粪标记方法测定这些变量只需少量的粪便样。有几位学者对用粪标记方法估测家畜的粪排泄量和饲草的消化率做了报道。标记分 2 类：外标记主要用于粪便排泄量的估测，而内标记更多地用于消化率的估测。通过用难于消化的外源指示剂（口服），基于指示剂的稀释原理用下列公式计算粪便排泄量：

消化率＝1－（饲料中的指示剂浓度/粪便中的指示剂浓度）

可溶性物质，如乙二胺四乙酸铬（Cr_2EDTA）；金属氧化物，如氧化铬；难溶性盐，如硫酸钡；以及放射性同位元素，如 $51Cr_2EDTA$ 等被用作外源指示剂。Van Soest（1994）认为，能与纤维结合的重金属离子，如铬和稀土元素（如镱等）也可作为外源指示剂。难消化的食物成分也可以作为内源指示剂以确定饲草消化率。消化率可以通过浓度-比率原理来计算，公式如下：

粪便排泄量＝指示剂剂量/粪便中指示剂浓度

硅、木质素和色原体常被用作内源指示剂，并依照浓度-比率原理来确定消化率。如何获得放牧家畜已采食饲草的代表样比较困难，这是用浓度-比率原理来确定消化率的方法未得到广泛应用的主要原因。

在内源指示剂方法的基础上，发展了预测饲草消化率的经验方法。这种方法的优点在于化学数据的获得不再完全依靠饲草（料）分析，而且难消化性也不再作为指示剂的先决条件。这种经验方法，即通常所说的粪指数技术，基于舍饲试验所获数据，通过指示剂在粪样中的含量建立回归方程，预测放牧家畜的饲草采食量。在这些舍饲试验中，给家畜饲喂从同一牧地刈割的饲草，测定不同饲喂量下内源指示剂的含量。粪氮是使用最广泛的粪指示剂。这种方法使用的其他指示剂包括粗纤维、木质素、色素原、含甲氧基类和非酸溶性灰分。粪指示剂法未能广泛应用，主要原因在于没有一个适合所有家畜-植物遗传型组合通用的回归方程。

后来在取样方法上有所改进，即安装食道瘘管以采集放牧家畜采食的饲草样品，这种样品更能代表动物的日粮。最初，这种取样方法用于浓度-比率法测定消化率。后来，这种方法与体外试验标准程序结合在一起测定饲草（料）消化率。在此基础上，结合应用以确定粪排泄量为目的的粪外源指示剂，从而形成了直到目前仍在广泛使用的家畜采食量测定的常规方法。不单食道瘘管取样的可靠性已受到质疑，外源指示剂测定消化率的体外试验本身就存在严重争议，因为粪便指示剂的回收率差异较大，受其影响，饲草（料）消化率的估测值不太准确。解决放牧家畜采食量这一难题的方法是用植物表皮蜡中的链烷，既作为内源指示剂又作为外源指示剂；C_{35} 链烷消化率极低（回收率高达 95%）是估测放牧绵羊和山羊采食量的最佳内源指示剂。这一方法引起了广泛的注意，因为用它测定放牧家畜的消化率具有很高的可靠性，而且同时就能测定粪便排泄量和消化率。但牧草中 C_{35} 链烷含量较低时，不能作为牛采食量的内源指示剂。

四、反刍家畜饲草（料）采食量预测

1. 饲草（料）采食量预测模型　饲草（料）采食量的预测可以通过经验和机械模型来进行。在经验模型中输入量与输出量输入在预测公式中，但这一等式没有建立因果关系。目前，预测饲草（料）采食量的模型基本上是以经验为根据的，主要依据单一和多元回归的平均最小方差。机械模型通过对单个变量的解释以构成采食量控制的基础，包括用来说明各因子之间联系的基本生物学原理与函数，进而模拟放牧家畜的饲草采食量。Mertens（1994）将描述饲草（料）采食量的机械模型分为动态和静态 2 类。动态机械模型描述了相互作用调控家畜饲草（料）采食量的短期机理，其预测价值有限。静态机械模型基于饲草（料）采食量规律的长期事件，有较高的预测价值。Van Soest（1994）认为对反刍家畜采食量的测定，并没有固定的模式可供选择。机械模型与经验模型相比，其预测精确性低但在应用上更为广泛。Beever（1986）认为，为了更好地理解在预测反刍动物采食量时

需要哪些日粮特性和动物特性，重点应放在机械模型的研究上。模型或许是预测放牧饲草（料）采食量唯一的可行方法，也是基于这些预测结果来估计家畜需求与生产力的唯一方式。这个领域内的研究结果应该用以指导确定限制饲草（料）采食和消化的关键因素，从而去评估它们在一个复杂动态的模型中的相对重要性。运用预测手段是为了最终确认各影响因素，并充分理解调节反刍家畜饲草（料）采食量的机理。

2. 经验方法 有人已进行了大量的研究工作，分别或同时以饲草（料）和动物属性作为变量去预测反刍家畜的采食量。最初通过单一饲草（料）特性来预测饲草（料）采食量的研究中，消化率引起了许多学者的关注。因为这一变量与饲草（料）采食量直接相关。但是，消化率作为不同牧草种或品种采食量的预测因子时表现出不准确性，因为这种方法过于简单。虽然采食量和消化率受诸如消化速率、食糜通过消化道的速率等变量的影响，但对以多种饲草为日粮的反刍家畜来说，自由采食量与消化率之间的相关关系还有待进一步讨论。而且，与瘤胃内的食糜消失速率紧密相关的饲草特性，曾经被认为是限制饲草（料）采食量的重要变量，其实仅为整个表观消化率的粗略反映。

Van Soest（1994）认为，饲草（料）采食量与消化率是2个独立的参数，饲草的采食量与纤维素含量相关性较好，而消化率与木质素含量的相关性较好。换句话说，采食量与饲草的细胞壁结构（或细胞壁含量）有密切联系，而消化率与可消化细胞壁的含量有密切联系。这实际上印证了其他学者的观点，即饲草消化率与采食量并非由相同因素影响。另据 Freer（1983）的观点，结构性碳水化合物与细胞壁木质素的不同组织结构可能导致了采食量与消化率之间的不一致性。同样，根据饲草的解剖和形态特征，饲草的物理结构可能是导致这一现象的主要原因。Ellis 等（1988）认为，就不同种类饲草而言，采食量与消化率的不一致性可以归因于消化道中食糜体积与食糜干物质比率的不同。随着饲草成熟度的增加，采食量的差异比消化率明显。另外，粗饲条件下反刍动物在某种程度上表现出的补偿消耗的能力可能是导致采食量与消化率间不一致性的部分原因。必须强调说明的是，虽然饲草（料）采食量与消化率有相关性，在饲草品质评定过程中两者是分开测定的。

除消化率外，饲草的其他特征也可能影响饲草（料）采食量，这一点已得到不同学者的广泛认同。他们正在开展试验研究，以获取饲草（料）采食量预测的变量。饲草的化学、生物、物理测定已经为采食量预测提供了很多变量（主要通过单项回归方程）。这些方法大部分用来测定饲草特征（如纤维含量）及饲草在生物、化学或物理试验处理时表现出的抗性。一些已被验证的可以作为牧草采食量预测因子的饲草（料）属性列于表2-6。

表2-6　作为牧草采食量预测因子的饲草（料）变量

变量名称	英文名称
中性洗涤纤维含量	fibre content by neutral detergent method
酸性洗涤纤维含量	fibre content by acid detergent method
半纤维素含量	hemicellulose content
木质素含量	lignin content
干物质体外消失率（饲草样品用胃蛋白酶浸泡）	DM disappearance by incubation invitro with acid pepsin solution
干物质体外消失率（饲草样品用糖酶浸泡）	DM disappearance by incubation invitro with carbo hydrases
干物质体外消失率（饲草样品用瘤胃液浸泡）	DM disappearance by incubation invitro with rumen fluid

然而，单纯基于饲草特性的预测并不完全可靠，因为它们只是决定家畜饲草（料）采食量诸多作用因素中的一个。单一变量，如中性洗涤纤维（NDF）含量，只能提供一个非常粗略的饲草（料）采食量评定指标，因为家畜的采食规律是由饲草

（料）、动物及饲养环境属性之间相互作用共同形成的。这种局限性在放牧条件下更为突出，因为除了营养因素外，放牧草地特征和动物的选食行为是影响家畜采食量的重要因素。在这些限制条件下，把饲草（料）采食量与饲草本身属性成功地联系起来是不可能的。几乎所有用作饲草（料）采食量预测指标的变量已经依据饲草采食量测量法进行了室内研究，在放牧状态下，采食量的预测结果并不十分可靠。

通过瘤胃瘘管尼龙袋消化试验测试的饲草（料）属性，如有机质（OM）在瘤胃中停留的平均时间和干物质（DM）在瘤胃尼龙袋内的消失率，都可以看作特定饲草采食量的预测指标。这比实验室条件下分析饲草（料）属性来预测采食量的方法更为优越，因为动物的各项指标变量也被包含于测定体系中。用体内消化试验获得的干物质消失数据而建立的 Rskov McDonald 降解动力学模式，实现了对瘤胃内饲草降解程度和降解速率的参数范围的描述。Rskov 等（1990）认为，用这些参数共同预测舍饲家畜采食量的方法好于其他人建议的用干物质消失率单一指标预测家畜采食量的方法。

考虑到影响饲草（料）采食量的多种因素，采用包括饲草（料）属性以外的动物变量的多元回归分析能够更好地预测饲草（料）采食量。在预测舍饲牛的饲草（料）采食量的多元回归方程中，动物属性已经与饲草（料）因素完全结合在一起。这些动物属性包括家畜体重、家畜增（减）重率、泌乳阶段、产奶量以及奶中蛋白质和脂肪的含量等。

用瘤胃动态机械模型所获信息来预测家畜的饲草（料）采食量时，家畜变量要比饲草（料）变量准确得多。事实上，一些研究已经表明，用反刍动物液体食糜的流动速率和瘤胃容量对饲草（料）采食量的预测，要比潜在降解率及固体食糜流动速率的作用重要得多。这些发现增加了变量选择的复杂性。Forbes（1995）推断，即便最复杂的预测方程也不能充分代表预测饲草

（料）采食量的变量范围。

3. 改进的经验方法 Ketelaars（1986）认为，经验模型只以单一的饲草（料）变量为基础预测采食量，精确度较低。饲草（料）采食量的预测模型可以通过运用更具代表性的预测变量、数学功能更强大的模型以及新的预测变量等加以改进。在反刍家畜饲草（料）采食量预测体系的新变量研究中，很少有人注意粪和尿的化学结构等动物属性。由于粪尿排泄量是家畜采食、消化饲草（料）的结果，因而综合应用粪和尿属性比起单一应用饲草（料）属性更能说明由于饲草（料）、动物和环境因素相互作用而引起的家畜采食饲草（料）的变化情况。需要强调说明的是，饲草属性是影响采食量的一个重要因素，但绝不是唯一因素；粪尿属性作为饲草（料）采食量的预测指标（特别是在草地放牧评价系统中）具有很大潜力，因为在草地放牧系统中有许多非营养因素决定家畜的饲草采食量。

50 多年前就有关于粪中氮含量与饲草采食量之间相关关系的报道。Galluph 和 Briggs（1948）认为，反刍家畜的饲草采食量能够通过粪氮含量来预测。单一牧草的采食量可以被很好地预测。Leite 和 Stuth（1990）发现，饲草采食量与粪氮的日排泄量密切相关，但与粪氮浓度或比例无关。同样，Wofford 等发现粪氮浓度与饲喂不同种类牧草的反刍家畜的采食量相关性较小。用粪氮水平来预测家畜牧草采食量的方法并不十分成功，因为不同地点、不同季节的饲草或不同植物体的回归方程缺乏一致性。其他可以作为反刍家畜采食量的预测指标的粪成分包括醚提取物、无氮浸出物、非酸溶性灰分、中性洗涤纤维、酸性洗涤纤维、纤维素、半纤维素及酸性洗涤木质素。用粪中二氨基庚二酸的浓度作为马鹿的饲草采食量预测指标取得了某种程度的成功。在尿液成分中，有人建议用尿囊素作为反刍动物采食量的一个预测指标。在对黄牛、水牛、牦牛、绵羊及山羊的试验中已发现尿嘌呤衍生物与饲草（料）采食量呈正相关。截至目前，用上述尿代谢物作为饲草（料）采食量指标的方法论研究还没有突破性进展。另一种具有预测饲草采食量潜力的尿代谢物是芳香族化合物。对绵羊进行的研究已经揭示出尿排泄物中的一些芳香族化合物与饲草（料）采食量水平相关。

第四节　奶成分分析

目前，我国奶牛的良种率已达到95％以上，但牛奶中乳脂肪、乳蛋白含量均低于发达国家，未能发挥奶牛应有的遗传潜力。在许多动植物食品中，奶占有特殊的地位，因为它是人类（所有哺乳动物）生命初期的唯一食物来源。奶中包含有各种幼小生命生长发育所需要的各种营养物质，特别是包含有足够量的蛋白质和矿物质。脂肪是人体的重要组成部分，乳脂肪是高质量的脂肪，品质最好，它的消化率在95％以上，而且含有大量的脂溶性维生素，在人们的膳食营养中占有重要地位。

一、乳蛋白质的成分

牛奶中大约含有0.5％的氮，其中95％为乳蛋白质，5％为非蛋白态氮。蛋白质在牛奶中的含量为3.3％～3.5％。

1. 酪蛋白　酪蛋白是将脱脂奶用酸调节pH为4.6，在20℃条件下沉淀的蛋白质。奶中含有4种不同类型的酪蛋白，即as1-酪蛋白、as2-酪蛋白、β-酪蛋白和k-酪蛋白。由于奶牛遗传类型不同，奶中酪蛋白类型的比例是变化的。同时，as1-酪蛋白和as2-酪蛋白分子中的某些氨基酸也常有不同程度的改变。在pH为8.6的Tris甘氨酸缓冲液条件下，不同类型的酪蛋白组分可用电泳方法进行分离。

2. 乳清蛋白　乳清蛋白是干酪、干酪素制造过程中余下的廉价副产品，占乳总蛋白量的18％～20％，具有营养价乳糖是哺乳动物从乳腺中分泌的一种特有的化合物。在动、植物的组织中几乎不存在乳糖，乳糖仅存在于奶中。

牛奶中除了乳糖以外，还含有少量的单糖、寡糖及氨基己糖等糖类，牛奶中所含的单糖一般为葡萄糖和半乳糖。牛奶中的碳水化合物中 99.8% 以上为乳糖，因此从量上可以讲，乳糖是牛奶中唯一的糖类。

牛奶中乳糖含量为 4.5%～5.0%（平均 4.7%）。牛奶的甜味完全来自于乳糖。乳糖的甜味约为蔗糖的 1/5。乳糖不仅为牛奶和奶制品的营养来源之一，而且在发酵奶制品中充当着重要的角色。此外，乳糖的溶解性比较低，其结晶以后对甜炼乳的品质、冰淇淋的品质及冷冻稳定性影响较大。

牛奶中含无机盐 0.7%～0.75%，一般称为奶中的盐类、矿物质、无机盐或灰分等，它们似乎具有同一个涵义。但是严格地讲，它们是不同的。首先，所谓牛奶的灰分是指牛奶在 550℃ 以下燃烧灰化时所得的无机物。其次，所谓牛奶的矿物质、无机盐是指碳、氢、氧三元素以外的无机元素。最后，所谓牛奶的盐类是指氢离子及氢氧根离子以外的作为离子状态而且是呈平衡状态存在的全部离子成分而言。牛奶的盐类大部分是含有金属和无机酸根的矿物质，但也含有一些有机酸根。从某种意义上来讲，牛奶蛋白质也可以说是盐类的一部分，这些物质带正负电荷，与阳离子或阴离子可以形成盐。当牛奶的 pH 为 6.6 时，蛋白质带负电荷，能与阳离子形成盐。尽管如此，牛奶中蛋白质不能算作奶中的盐类。

二、维生素

1. 牛奶中含有几乎所有已知的维生素，特别是维生素 B_2 含量很丰富，维生素 D 的含量不多，作为婴儿食品时应予以强化。

2. 牛奶中维生素有脂溶性维生素（如维生素 A、维生素 D、维生素 E、维生素 K）和水溶性维生素（如维生素 B_1、维生素 B_2、维生素 B_6、叶酸、维生素 B_{12}、维生素 C）两大类。

3. 泌乳期对奶的维生素含量有直接影响，如初乳中维生素 A 及胡萝卜素含量多于常乳。

4. 青饲期与舍饲期产的奶相比，前者维生素含量高。

5. 奶中的维生素有的来源于饲料中，如维生素 E；有的可通过奶牛瘤胃中微生物进行合成，如 B 族维生素。

6. 牛奶中维生素的热稳定性不同，有的对热稳定，如维生素 A、维生素 D、维生素 B_2 等；有的热敏感性特强，如维生素 C 等。

三、奶中的酶

奶中的酶有 2 个来源：一是来自于乳腺，二是来源于微生物的代谢产物。奶中酶的种类很多，但与奶制品生产有密切关系的主要有水解酶类及氧化还原酶类两大类。

四、奶中的其他成分

1. 奶中的有机酸　奶中主要的有机酸是柠檬酸，此外还有微量的乳酸、丙酮酸及马尿酸等有机酸。在酸败奶中，乳酸的含量由于乳酸菌的活动而增高。在发酵乳或干酪中，马尿酸会因乳酸菌作用而生成苯甲酸。

奶中柠檬酸的平均含量约为 0.18%，它以盐类状态存在。柠檬酸盐除了以酪蛋白胶粒形式存在外，还存在着离子态及分子态的柠檬酸盐，主要是柠檬酸钙。

2. 奶中的细胞成分　奶中所含细胞成分是白血球和一些上皮细胞，也有一些红血球。

牛奶中的细胞数（体细胞）是乳房健康状况的一种标志。牛奶细胞数可作为衡量牛奶卫生品质的指标之一。一般正常奶中细胞数不超过 50 万个/毫升。

3. 奶中的气体　牛奶挤出时，100 毫升奶中大约有 7 毫升的气体，其中主要是二氧化碳，其次是氮气和氧气。在储存与处理过程中二氧化碳因逸散而减少，而氧、氮气则因与大气接触而增多。

氧的存在将导致维生素的氧化与脂肪的变质，所以牛奶应尽量在密闭容器及管路内输送、储存及处理，特别是应避免在敞口的容器内加热。

乳脂肪的理化性质中比较重要的有 4 项，即溶解性挥发脂肪酸值、皂化值、碘值、非水溶性挥发性脂肪酸值等，其中溶解性挥发脂肪酸值是指中和从 5 克脂肪中蒸馏出来的溶解性挥发脂肪酸时所消耗的 0.1 摩尔/升碱液的体积（毫升）。乳脂肪的溶解性挥发脂肪酸值较其他动植物脂肪要大得多，通常椰子油的挥发性脂肪酸值是 7，而一般动植物脂肪的挥发性脂肪酸值只有 1。皂化值是指每皂化是 1 克脂肪酸所消耗的氢氧化钠的质量（毫克）。碘值是指在 100 克脂肪中，使其不饱和脂肪酸变成饱和脂肪酸所需的碘的质量（克）。非水溶性挥发性脂肪酸值是中和 5 克脂肪中挥发出的不溶于水的挥发性脂肪酸所需 0.1 摩尔/升碱液的体积（毫升）。水溶性挥发性脂肪酸值 21～36（约为 27），非水溶性挥发性脂肪酸值 1.3～3.5，丁酸值 0.4～3.5，不皂化物值 16～24（约为 20）。

五、乳脂肪的种类和特点

1. 磷脂　其化学成分接近脂肪。由甘油、脂肪酸、磷酸和含氮物组成，在牛奶中含量约 0.03％，其中卵磷脂含量为 0.004 5％～0.005％，脑磷脂含量为 0.012 7％～0.015 6％，神经鞘磷脂含量为 0.007 3％～0.008 4％。牛奶中 60％的磷脂存在于脂肪球膜中。牛奶经分离机分离后，大部分磷脂（约 70％）进入稀奶油中。将稀奶油搅拌制造奶油时则磷脂与脂肪球分离，大部分留在酪乳中。

2. 甾醇　奶中含有少量的甾醇类（每 100 毫升奶中含 7～17 毫克），以游离状态存在，其中主要为胆甾醇（$C_{27}H_{45}OH$）。有些甾醇（如麦角甾醇）经紫外线照射后具有维生素特性，所以有很大意义，只是乳脂经照射后易氧化变质。

3. 脂肪球膜　用电子显微镜观察脂肪球时，发现有 5～10 纳米厚的膜覆盖着脂肪球。脂肪球膜的作用是可使脂肪球在奶中保持乳浊液的稳定性。这种膜乃是吸附于脂肪球与乳浆脱脂乳界面之间穿插排列的一群化合物，其中有蛋白质、磷脂、水不溶性高熔点甘油三酯、胆甾醇、维生素 A、铜、铁和一些酶类（包括黄嘌呤氧化酶、醛缩酶、碱性磷酸酶等）

4. 乳脂肪的作用　乳脂肪是奶中的主要成分之一，它在奶与奶制品中具有以下 4 个方面的重要作用，即营养价值、风味、物理性质和经济价值。

乳脂肪的营养价值涉及的内容很广，脂肪是一种丰富的能量来源，其发热量高；乳脂肪是脂溶性维生素（维生素 A、维生素 D、维生素 E、维生素 K 等）的含有者和传递者，含有相当数量的必需脂肪酸，较其他动物性脂肪易于消化。

乳脂肪在奶制品中具有的另一个重要作用是风味。乳脂肪的丰润圆熟的风味绝非其他脂肪所能模拟。奶油、稀奶油、冰淇淋等许多奶制品中乳脂肪之所以能与其他廉价代用脂肪竞争的原因也在于此。奶制品的组织结构状态也与奶中含有的乳脂肪具有密切关系，而且与食用时的口感、食用前的外观感觉等有连带关系。乳脂肪赋予很多奶制品的那种柔润滑腻而细致的组织状态和风味同样不能为其他脂肪所代替。乳脂肪的经济价值是众所周知的，乳脂肪仍然较其他奶成分的价格高。

六、牛奶的主要生产工艺

1. 牛奶系列工艺规程　收奶系统（原奶检验→收奶→计量→过滤→冷却）→储存→标准化系统（预热→标准化→浓缩→巴氏杀菌→冷却）→储存→配料系统（高钙奶、高钙低脂奶产品）→UHT 前储罐储存→UHT 工艺段（预热→脱气→均质→

预保温→UHT 灭菌→冷却）→无菌罐储存→无菌灌装（保温试验）→贴吸管→装箱→喷码→提升→码垛→暂存 7 天→出厂。

2. 工艺说明

（1）收奶系统。

①原奶检验。主要针对感官、酸度、脂肪、全乳固体、掺假（水、碱、淀粉、盐、亚硝酸盐）、酒精试验、煮沸试验、蛋白质等几项指标进行检测。

②收奶。收奶温度见《生鲜牛乳》企业标准规定，检查次批奶的时间记录。收完后要采综合样要检测。注意：新奶与旧奶不能混储；生产纯牛奶的原奶与生产乳酸奶的原奶不能混储。

③计量。计量设备用在线体积流量计，利用在线体积流量计可直接读出收奶时的流量。

④过滤。原奶经过双联过滤器除去一些较大杂质。当前后压力差达到 0.1 兆帕时应切换清洗；收完奶后要将过滤器拿下检查并清洗。

⑤冷却。用冰水将收来的新鲜牛奶降温到 4℃以下。

⑥储存。牛奶在原奶罐中暂存，在 24 小时内应尽早用于生产，如超过 24 小时则应进行感官指标、酸度、酒精试验检测。

（2）标准化系统。

①预热。预热温度为 50～55℃。

②标准化。用分离机对原奶进行乳脂肪分离，然后将部分脱脂奶与分离出的部分（或全部）稀奶油重新混合，进行均质，均质压力为 20 兆帕，然后再与另一部分脱脂奶混合。最终使浓缩后的牛奶脂肪含量符合《食品安全国家标准　乳和乳制品中非脂乳固体的测定》（GB 5413.39—2010）中的规定。

③浓缩。如果全乳固体低于标准则要对其进行浓缩。浓缩后纯牛奶全乳固体应符合《食品安全国家标准　乳和乳制品中非脂乳固体的测定》（GB 5413.39—2010）中的规定。

④巴氏杀菌。要求杀菌条件为 80～90℃，15 秒。

⑤冷却。用冰水将牛奶冷却至 1～8℃。

⑥储存。牛奶在奶仓中暂存，在 12 小时内应尽早用于生产，如超过 12 小时则每隔 2 小时进行感官指标、酸度、酒精试验检测。

（3）配料系统（高钙奶、高钙低脂奶产品）。

①按配料比例将一部分标准化的牛奶直接打入纯牛奶 UHT 前储罐内。

②将另一部分标准化的牛奶经过板换加热至 65～75℃，打入混料缸中。

③将小料通过螺旋输送器送入混料缸中，高速搅拌均匀。

④将混料缸中的混合料液打出经保温管 15 分钟。

⑤过滤。经双联过滤器过滤杂质。

⑥均质。将混合料液进行均质，要求均质压力为 20 兆帕。

⑦冷却。通过冷板，将混合料液冷却至 4℃以下，打入纯牛奶 UHT 前储罐中，与已打入的标准化牛奶混合均匀。

（4）取样检验。进料结束，搅拌 5 分钟，取样按照纯牛奶半成品质量标准进行检验。

（5）储存：储存温度≤6℃，不大于 12 小时。储存期间应将搅拌一直在低速下开启，保证物料均匀。

（6）UHT 工艺段。

①预热。此时已进入超高温杀菌工艺段，预热温度为 65～75℃。

②真空脱气。在脱气罐中进行，脱去空气、饲料杂味、豆腥味等。

③均质。均质温度为 70～75℃，均质压力为 25 兆帕（先调二级压力手柄，调至 5 兆帕，再调一级压力手柄，调至 25 兆帕）。均质压力自动调整。

④预保温。要求 90～95℃保持 60 秒，以增加蛋白的稳定性和杀灭酶。

⑤UHT 杀菌。要求 137～142℃，4 秒，具体参数要求如下：

脱气前的温度：70～85℃。

脱气罐压力：−0.03～0.06 兆帕。

UHT 杀菌温度：137～142℃保持 4 秒。

到无菌罐的温度：≤28℃（当生产时）、137～142℃（当升温杀菌时）。

⑥冷却。用循环冷却水将牛奶冷却至 20～25℃。

（7）无菌罐储存。将 UHT 灭菌的牛奶打入无菌罐作为缓存，缓存温度≤28℃。具体参数见车间提供的无菌罐作业指导书。

（8）灌装。具体步骤见车间提供的作业指导书。具体参数如下：

预先消毒温度生产前：270℃。

空气过热器温度：360℃。

气刀温度：（125±5）℃。

过氧化氢温度：70～78℃。

蒸汽温度：（130±10）℃。

无菌空气气压：25.0～35.0 千帕。

双氧水浓度：30%～50%。

（9）包装成品工段。贴管、装箱、喷码。

（10）保温试验：为了检验产品质量，生产中按规定取样，并将所取样品放于保温室（30～35℃）存放 7 天，做 pH 和感官检验。

（11）出厂。保温试验检测合格后，产品方可投放市场。

在现代牛奶制品技术上来看，是在常温下呈透明、淡黄色的纯乳脂肪，具有乳脂肪香味，含有丰富的视黄醇和酯，即维生素 A。乳脂肪是由 1 个甘油分子和 3 个脂肪酸分子组成的甘油三酸酯的混合物。它占乳脂类的 97%～99%，具有良好的风味和消化性，且所含的生理活性物质较多。共轭亚油酸作为乳脂肪的生理活性物质之一，具有多种生理功能，它在人体免疫调节、抑癌和降血脂及防治心血管疾病等方面有重要作用。

第五节　体况分析

规模化牧场依据不同生长阶段奶牛的生理、生长条件，以及不同阶段的生产效益目标，以量化指标，进行合理的评价形式，通过数据评价，确定不同阶段奶牛的体况，是否会影响今后的生长、生产、繁育等方面的实际效益，据此确定相应营养策略。

奶牛体况评分就是对奶牛的膘情进行评定，它能反映该牛体内沉积脂肪的基本情况。通过了解群体和个体的体况评分，可以对该时期的饲养效果进行研究评估，为下一阶段的饲养措施、调整近期日粮配方及饲喂量提供重要依据。另外，体况评分也是对奶牛健康检查的辅助手段。

奶牛体况是奶牛营养代谢正常与否及饲养效果的反映，也是奶牛高产与健康的标志之一，其通常是以体膘评分衡量。体膘是指一头母牛所具有的脂肪量或能量的储备水平。体膘评分是以肉眼观察母牛尻部而得，主要部位有髋骨（髋结节）、臀角（坐骨结节）和尾根。另外，腰椎上的脂肪（或肌肉）量也被用于评分指标。评分范围从1分（极瘦）到5分（极胖）。具体评定方法为观察奶牛整个躯体的大小、全貌、肋骨的显露程度、开张程度、背线腰角、坐骨及尾根等部位的肥瘦程度。用拇指和食指掐捏肋骨，检查肋肌的丰瘠程度。过肥的牛，不易掐住肋骨。背线用手掌在牛的肩、背、臀部移动按压，以测定其肥胖程度。腰角和坐骨用手指及掌心掐捏腰椎横突，触摸腰角和臀角。如肉膘丰厚，则不易触摸到骨骼。尾根如过瘦，尾椎与坐骨间的凹陷非常明显。体况评分时，还需要考虑被毛光泽度及腹部的凹陷度。

一、规模化、集约化大型牧场奶牛体况评分意义

1. 规模化大型牧场的奶牛体况评分　规模化牧场的奶牛体况评分，是按照现代化企业管理的基本理念，通过标准化的表达方式，通过准确的量化数据，予以准确的描述。这种评价形式，基本突出了规模化、集约化大型牧场，标准化管理的基本原则：一切用数据说话、一切按标准办事、一切尊重奶牛的生长规律、一切以提高经济效益为中心。

2. 体况评分的意义　通过奶牛全过程的体况评分，明确不同生长、生产阶段奶牛存在的问题，以及可能带来的影响因素。因此，没有低产牛的体况评分 3.25 分，就不会有干奶牛的 3.5 分，没有干奶牛的体况评分 3.5 分，就不会有围生前期牛的 3.75 分，没有围生前期牛的体况评分 3.75 分，没有初产牛的体况评分 3 分，没有初产牛的体况评分 3 分，就不会确保高产牛的体况评分的 2.75~3 分。

二、不同生长、生产阶段奶牛体况评分的方法

奶牛体况评分具体分值的概念描述：

（1）1 分表示非常瘦的母牛，5 分表示过肥的母牛。这两组分数都是极端的分数，在实际牛群管理中，应予以避免。

（2）奶牛的体况评分，一般采用理想的平均分为 3 分，也是大多奶牛牛群最理想的分数。

（3）即使是相同月龄、相同胎次、相同的泌乳天数，奶牛的生长形态也是不一样的。因此，奶牛的体况评分，会出现 2 分、2.5 分、2.75 分、3 分、3.25 分、3.5 分、3.75 分，或者更高、更低的分值。

（4）为了进行准确的奶牛体况评分，需要进行视觉和触觉的评估。

三、不同体况奶牛的分值特征

1分奶牛的两面肋骨上，没有任何脂肪沉积，皮下覆盖着薄薄的肌肉。脊椎、腰部和尾部的骨骼突出，没有脂肪沉积，没有平滑的感觉。臀部和髋骨明显突出，覆盖肌肉非常薄，并且骨骼之间的衔接处，凹陷很深。牛尾根高高翘起，与髋骨的连接面积上，出现较深凹陷，骨骼结构明显突出。

2分奶牛通过视觉，可以清楚看到奶牛两侧的每一根肋骨。触摸起来，肋骨末梢明显，同时肌肉覆盖层比1分牛稍厚。通过视觉，可以看到脊椎、腰部和尾部区域中的单独骨骨骼明显。臀部和髋骨突出，但是它们之间的凹陷程度好于1分牛。牛尾根以下的区域以及髋骨之间的区域有些凹陷，但是骨骼结构有一定的肌肉覆盖层。

3分奶牛轻压可以感觉到排骨，从奶牛的后部一测，向前观看，可以隐约显现奶牛的肋骨。整体上讲，覆盖排骨的外表，显得很平滑。脊椎呈现出少量脂肪支撑下三角形的平滑脊背，要想感觉到单个骨头，则需要用手触摸。臀部和髋骨圆润、平滑。髋骨之间和牛尾根周围的区域平滑，没有脂肪堆积的现象。

4分奶牛只有通过强压才能区分单独的排骨。排骨显得扁平而浑圆。脊椎区域的脊椎骨浑圆而平滑。腰部、背部和尾部区域显得很平。臀部浑圆，臀部之间部分很平。牛尾根和髋骨区域浑圆，有脂肪堆积迹象。

5分奶牛脊椎骨、排骨、臀部及髋骨的骨骼结构不明显，皮下脂肪堆积非常明显。牛尾根埋在脂肪组织中。

四、不同生产、生长阶段奶牛的体况标准分值

1. 围生前期奶牛

（1）目标分值。不超过3.75分，不低于3.25分。

（2）营养目标。让围产牛在拥有充足的、但不是过剩的身体

脂肪储备的情况下产犊。

（3）注意事项。

低于 3.25 的分数表示：奶牛在泌乳期末期或干奶期得到的能量供应不足。如果不能补充能量储备，则必然造成围产牛体况不能实现最低下限 3.25 分，将在即将到来的初产阶段，造成初产泌乳牛体况低于 2.75 分。从而过早动用体内储备，而失去 30 天、60 天的产奶高峰，造成整个泌乳期间产奶量减少。

高于 3.75 的分数表示：奶牛在泌乳末期或干奶期的能量摄取量过高，造成奶牛皮下脂肪的沉积过高，从而造成奶牛的脂肪肝、临床型、亚临床型酮病，致使奶牛在分娩阶段，出现难产、产道拉伤、胎衣不下，由于采食量减少，出现真胃移位。

围生前期奶牛的日粮单位能量浓度，不应低于 1.4 兆卡*，日粮粗蛋白质不应低于 14%，日粮淀粉含量不应低于 18%，日粮中的 ADF 控制在 25%～27%，NDF 控制在 40%～45%。这一阶段，应最大限度调动围产牛的干物质采食量。

注意过瘤胃氯化胆碱在奶牛围生前期、后期的使用，使用后，奶牛脂肪肝的发病可以得到有效的控制，明显地表现在进入围生后期的新产牛，干物质采食量平均增加 10%，新产牛的真胃移位的发病率降低到 2% 以下。

围生前期阴阳离子平衡与否，对产后低血钙发病率，有一定影响。饲料中较高的阳离子尤其是 Na^+ 和 K^+，促使低血钙的多发。因此阴离子盐的使用，主要是 Cl^- 和 S^- 能预防该病的发生，产前饲喂奶牛酸性日粮，配合适量的阴离子盐，可以刺激奶牛体内钙循环速度的加快，使产前 21 天奶牛钙的吸收机制处于较活跃的状态，从而提高了血钙的浓度，避免了由于产后低血钙的发生，激发大量的奶牛产后瘫痪。

实际工作中，可以通过检测围生前期奶牛的血钙浓度，以及

---

* 卡为非法定计量单位。1 卡＝4.184 0 焦。

尿液 pH 是否低于 5.5、高于 6.5 的数值，确定阴离子盐的使用数量。

2. 高产泌乳牛　平均泌乳天数 31～220 天。

（1）目标分值。不低于 2.75 分，不高于 3.25 分。

（2）营养目标。将奶牛日粮干物质单位能量浓度，尽量控制在 1.75～1.8 兆卡/千克，日粮粗蛋白质控制在 16%～17%，日粮的 NDF 控制在 30% 左右，ADF 控制在 17.5%～20%，改善奶牛日粮的适口性，减少奶牛的能量负平衡。

（3）注意事项。低于 3 分值，是指奶牛的体况分值 2.75 分、2.5 分、2 分甚至更低。正常情况下，由于奶牛能量负平衡的原理，产奶量非常高的母牛可能会降至 2.75 分，这是正常的。

产奶量很高的泌乳牛，因为所得到的日粮能量不足以抵消较高的产奶量所付出的能量，因此，其体况评分可能会出现 2.75 分以下，甚至 2.5 分的体况。这不仅会缩短奶牛的泌乳高峰，同时会严重影响奶牛的繁殖效率。因此，应对这部分奶牛实行分群或者单独配制日粮，单独饲养，确保所有营养成分合理均衡配给，干物质和水的摄取量充足。

奶牛身体状况良好（2.75～3.25 分），如果产奶量没有达到预期，首先是泌乳牛进入初产阶段的体况不能满足 3 分。因此，随着泌乳天数的增加，牛奶产量不断提高，奶牛能量的摄入与付出形成较大的反差，奶牛的能量负平衡随之出现。保证高产阶段奶牛的产量提升，除了初产阶段具备体况评分 3 分的良好基础外，更重要的是日粮营养的全价性，即单位能量浓度不低于 1.75～1.8 兆卡，日粮蛋白质控制在 16%～17%，日粮淀粉控制在 26%～28%，NDF 控制在 30% 左右，ADF 控制在 17.5%～20%。

3. 中产泌乳牛　平均泌乳天数 221～270 天。

（1）目标分值。不低于 3 分，不超过 3.25 分。

（2）营养目标。将身体状况维持在这一分值，以便将产奶量最大化。

（3）注意事项。

低于 3 分的分数表示：奶牛得到的能量不足。检查高产阶段奶牛的口粮，可能是那个时间段出现的问题。

对于超过 3.25 的分数：减少能量摄取量，不要再坚持 24 小时不断料。

4. 低产泌乳牛　平均泌乳天数 271 天。

（1）目标分值。3～3.25 分。距离干奶期 30 天时，体况评分的目标分值不低于 3.25 分。

（2）营养目标。补充能量和脂肪储备，以便让奶牛为下一个哺乳期做准备。

（3）注意事项。在进入干奶阶段时，低于 3.25 分的分数意味着奶牛得到的能量不足。检查高产阶段和中产阶段泌乳牛，是否获得了足够的能量，因为问题可能在那个时候就已经出现了。

这个阶段，特别是临近干奶的最后 1 个月，是较为重要的 1 个月，必须保证低产牛的体况评分实现 3.25 分。如果此时的体况评分低于 3.25 分，进入干奶阶段后，由于低产阶段奶牛的体况问题，会严重限制奶牛的干奶阶段实现 3.5 分的目标。

这一阶段，是实现干奶阶段 3.25～3.5 分的基础，也是围生前期奶牛体况确保 3.5～3.75 分的基础。

5. 干奶期奶牛　产前 60 天。

（1）目标分值。3.25～3.5 分。

（2）营养目标。将身体状况维持在上述的范围内，基本完成 3 项任务：瘤胃壁的修复、乳腺组织的恢复、基本体况的恢复。一般情况下，给干奶牛提供不超过日量干物质 13% 的蛋白质、维生素和矿物质的低能量日粮，日粮淀粉不超过 10%，单位能量浓度不超过 1.2 兆卡。但是，当奶牛在进入干奶阶段时，奶牛的体况不能保证 3.25 分，必然影响围生期体况不能保证达到 3.25～3.75 分。因此，奶牛进入分娩后的围生后期，即初产阶段，奶牛的体况不能保证 3 分，这必然影响奶牛今后的牛奶单产以及繁殖效率。至此，可以适度增加干奶牛日粮中的淀粉含量、单位能量浓度。

（3）注意事项。

低于 3.25 的分值：增加能量摄取量，若身体脂肪储备不足，在即将到来泌乳期产奶量会减少；增加泌乳期晚期日粮的能量含量，身体脂肪储备应在那个时候得到恢复。

高于 3.5 的分值：在维持足够蛋白质、维生素和矿物质水平的同时，减少停止产奶母牛的能量摄取量；减少泌乳期晚期奶牛的能量摄取量，因为问题可能在那个阶段已经出现。

6. 6～12 月龄、12～24 月龄青年牛

（1）目标分值。不低于 3 分，不高于 3.25 分。

（2）营养目标。将身体状况维持在推荐的范围内。给青年牛提供充足但不过量的能量，蛋白质不超过日粮干物质的 15%，日粮单位能量浓度在 1.3 兆卡左右，日粮淀粉浓度 12% 左右，适量的维生素和矿物质的平衡口粮。

（3）注意事项。如果让青年牛的体况出现 3 分以下，意味着奶牛的日增重低于 0.8 千克，同时青年牛的身高、胸围、体重都与自身的月龄不符，这可能会在今后出现繁殖方面的问题。高于 3.25 分，说明青年牛青春期体内脂肪沉积较多，如果乳池内脂肪沉积过高，将造成这些奶牛终生产奶量低。因此，当这些青年牛产犊，并开始产奶时，它们将不会按照它们全部的基因潜力进行繁殖和产奶。

7. 在胎天数 180～210 天的头胎青年牛

目标分值：不低于 3.25 分，这个阶段的头胎牛，体况是否达到 3.25 分，直接决定了头胎牛进入围生阶段的体况评分，因此也决定了进入泌乳阶段后的高峰产奶量。

8. 在胎天数 211～260 天大胎青年牛

目标分值：3.25～3.5 分，这一目标与经产泌乳牛阶段的低

产、干奶阶段一样重要，直接决定了奶牛的围生阶段的体况评分，因此也决定了泌乳牛是否可以实现泌乳日 30 天、60 天的产奶高峰的牛奶产量，以及牛奶高峰的持续时间。

9. 结束围生期的头胎牛

体况评分：不低于 3.5 分，不超过 3.75 分。

第六节　TMR 饲喂设备

TMR 是英文 total mixed rations（全混合日粮）的简称，所谓全混合日粮（TMR）是一种将粗料、精料、矿物质、维生素和其他添加剂充分混合，能够提供足够的营养以满足奶牛需要的饲养技术。TMR 饲养技术在配套技术措施和性能优良的 TMR 机械的基础上能够保证奶牛每采食一口日粮都是精粗比例稳定、营养浓度一致的全价日粮。目前，这种成熟的奶牛饲喂技术在以色列、美国、意大利、加拿大等国已经普遍使用，我国现正在逐渐推广使用。

奶牛养殖的方式在逐渐向规模化、集约化方向转化，大多数城郊农村奶牛养殖向着规模化养殖发展。但是，规模化养殖也带来一些问题：一是饲喂奶牛的劳动强度大；二是不同阶段奶牛要求不同营养水平的日粮，传统的日粮配制工艺难以达到奶牛营养浓度的理论要求，尤其是微量元素和维生素，很难达到均匀一致，人工添加精饲料的喂法更加剧了这种误差，采食微量元素或维生素多的奶牛，可能引起中毒，采食少的可能引起缺乏症，严重的甚至引起不孕不育等疾病；三是奶牛疾病发生率高，人工饲喂精料集中饲喂，容易造成个别奶牛采食过量精料，导致瘤胃酸中毒、真胃移位等消化道疾病及代谢疾病，而精料采食不足的奶牛则影响奶牛正常生产性能的发挥；四是由于饲料传统加工工艺的缺陷，容易造成奶牛挑食，一方面奶牛所食饲料不能满足生产需要，另一方面造成部分饲料浪费。TMR 技术的出现使以上问题迎刃而解。

一、TMR 相较于传统饲喂方式优点

1. 可提高奶牛产奶量 多所大学研究表明，饲喂 TMR 的奶牛每千克日粮干物质能多产 5%～8%的奶；即使奶产量达到每年 9 吨，仍然能有 6.9%～10%奶产量的增长。

2. 增加奶牛干物质的采食量 TMR 技术将粗饲料切短后再与精料混合，这样物料在物理空间上产生了互补作用，从而增加了奶牛干物质的采食量。在性能优良的 TMR 机械充分混合的情况下，完全可以排除奶牛对某一特殊饲料的选择性（挑食），因此有利于最大限度地利用最低成本的饲料配方。同时，TMR 是按日粮中规定的比例完全混合的，减少了偶然发生的微量元素、维生素的缺乏或中毒现象。

3. 提高牛奶质量 粗饲料、精料和其他饲料被均匀地混合后，被奶牛统一采食，减少了瘤胃 pH 波动，从而保持瘤胃 pH 稳定，为瘤胃微生物创造了一个良好的生存环境，促进微生物的生长、繁殖，提高微生物的活性和蛋白质的合成率。饲料营养的转化率（消化、吸收）提高了，奶牛采食次数增加，奶牛消化紊乱减少和乳脂含量显著增加。

4. 降低奶牛疾病发生率 瘤胃健康是奶牛健康的保证，使用 TMR 后能预防营养代谢紊乱，减少真胃移位、酮血症、产褥热、酸中毒等营养代谢病的发生。

5. 提高奶牛繁殖率 泌乳高峰期的奶牛采食高能量浓度的 TMR 日粮，可以在保证不降低乳脂率的情况下，维持奶牛健康体况，有利于提高奶牛受胎率及繁殖率。

6. 节省饲料成本 TMR 日粮使奶牛不能挑食，营养素能够被奶牛有效利用，与传统饲喂模式相比饲料利用率可增加 4%（Brian P，1994）；TMR 日粮的充分调制还能够掩盖饲料中适口性较差但价格低廉的工业副产品或添加剂的不良影响，为此每年

可以节约饲料成本数万元。

7. 节约劳力时间 采用 TMR 后，饲养工不需要将精料、粗料和其他饲料分道发放，只要将料送到即可；采用 TMR 后管理轻松，降低管理成本。

二、TMR 设备标准配置及性能特点

1. 搅拌仓 高强度材质制作保证使用寿命。开放式装料设计方便各种草捆直接整包装入，混合和剪切的过程没有任何死角或阻止饲料流动的部件，从而保证了饲料不被压碎，获得最佳饲喂质量。

2. 仓底 特质钢材板料仓底，既满足了整体强度，又提高了耐磨性，在长期经受较高压力的情况下，充分保证了具有与整机相对应的使用寿命、搅拌仓的平稳性，从而获得更优质的搅拌饲料。

3. 防溢圈 搅拌仓顶部增加防溢圈，可防止搅拌时物料外翻，从而提高了搅拌效率。

4. 独立螺旋状绞龙 绞龙叶片经过滚压硬化处理，可托起更多的物料进行循环搅拌，特殊角度的设计具备自动完全清料功能。

5. 行星齿轮驱动 增加了设备的可靠性和效率（采用两级变速箱，从而实现低转速高扭矩的一种动力传动。价格远高于一级变速箱）。

6. 绞龙中央润滑系统 利用透明的润滑油箱装置，可直接观察润滑油位。方便及时加油，从而实现延长了设备的使用寿命。

7. 两个可调节的助切刀 能有效控制切割草料的长度。

8. 电动液压装置 通过一个双动力的牵引阀门来实现操作卸料门的开启。液压装置操作安全可靠。一体式液压装置便于维护保养，加油方便。

9. 液压卸料门 可根据用户需要调节门开启的大小，用户不需要继续卸料时，可随时关闭卸料门，搅拌仓里的物料不会外泄，保证物料完全使用。

10. 观察踏梯 牢固可靠，方便观察搅拌仓立的情况。

三、TMR 设备分类

1. 按类别分 自行走式、牵引式、固定式。

2. 按形状分 立式、卧式。

3. 绞龙结构 卧式双绞龙、卧式多绞龙、立式单绞龙、立式多绞龙。

4. 绞龙形状 柱型、圣诞树型。

5. 出料装置 单侧门、双侧门。

四、TMR 设备的市场应用与反应

1. TMR 加工时，秉持先长后短、先干后湿的原则。这样很好地保证了饲料的均匀度和长度，避免过细或过长。牧场的长草和草捆一般不做预处理，打开后打散了即可投入搅拌车。

2. 牧场的称重系统误差一般控制在 1% 以内。目前暂时没有相关软件关联。现在是通过人工监控 TMR 添加的重量，根据配方单子上列出的各种原料，随时抽查。根据搅拌车上添加的原料在称重显示器所显示的数量与配方单子上的数量对比，误差控制在 2% 以内。TMR 要求搅拌均匀，水分、粒度合适。

五、TMR 车主要优缺点

1. 卧式 TMR 车的总高度较低，便于添加饲料，对于黄贮和干玉米秸等木质素含量高的饲料切割效果更好。缺点：会对优质粗料造成结构性破坏；反复揉压饲料造成饲料发热，微量元素流失；不宜直接添加整捆草料；搅拌仓磨损大；使用年限

较低；更多传动结构，故障点更多；能耗更高，运行费用更高。

2. 立式 TMR 车则能更柔和地处理粗饲料，不会直接损伤粗料纤维，搅拌仓仓体磨损也更少，使用寿命更长，而且可以直接添加大圆捆、方捆草料，能耗更低，搅拌效率高，结构更简单，所以保养简便，费用低，易损件更少。

3. 立式的缺点是设备总高度较高，添加饲料时对设备要求更高；对于黄贮和干玉米秸等木质素含量高的饲料切割效果差，而且价格更高。

4. 固定式 TMR 车采用电机驱动，能耗费用较低，设备使用率较高，可以选择更大的型号；对老旧的牛舍饲喂通道无要求；日常运行费用较低。但需要建设搅拌中心，初期投入较高；需要再购买喂料设备；卸料提升时对搅拌好的饲料有二次筛分破坏；劳动力投入较多。

5. 牵引式采用拖拉机或自身牵引，移动灵活；能独立完成搅拌、运输和饲喂，无须其他设备辅助；劳动力投入较少；搅拌好的饲料即可饲喂，无二次筛分。但牵引式需要高性能牵引设备和更高素质的设备操作人员，而且燃料全为柴油，能耗较高，另外要求牛舍饲喂通道足够宽，空间足够高。

六、TMR 设备选择

1. 坚固耐用，操作简单　对于牛场来说，每天都必须使用 TMR，所以可靠性最为重要。如果设备经常出现故障或停机，对于奶牛场来说，就不只是奶产量的问题了，进而奶牛也容易出现疾病，对于奶牛场管理就不方便了。

2. 饲料搅拌均匀　搅拌机必须把精粗饲料搅拌十分均匀，因此，要求搅拌机不能有"死角"。饲料的运动至少有两个方向（例如，垂直和水平、垂直和圆形等。）

3. 有效地切断而又不过度切碎饲草　搅拌机必须能将饲草

切成所需的长度，而不是将饲草磨断，同时又不能过度切碎饲草，以利于奶牛的反刍。

4. 极佳的适口型　为保证适口型，饲料必须蓬松，不被挤压。因此，饲料搅拌机必须能快速切断纤维性饲草而避免搅拌过度，使得饲料被过分挤压。

5. 能够处理各类配方的饲料　中国地域广大，各个地区采用的配方不尽相同，饲料的来源各异，即使同一个牛场，每年采购的饲料也可能不同。所以，要求 TMR 搅拌机的适应能力要强。

6. 称重准确　为获得准确的配方，更好地管理饲料库存和减少饲料的浪费，饲料搅拌车的称重装置必须准确，显示清晰，操作简单。

7. 卸料均匀　为使每头奶牛获得最大的采食量，卸入料槽的饲料必须均匀一致。

第七节　精料补饲装置

目前，中国奶量增长占世界奶量增长的一半以上，据国家统计局官方网站消息，2016 年我国牛奶产量 3 602 万吨。但是，中国奶牛年平均单产量仅为 3 800 千克左右，与世界平均水平 6 000 千克有着一定的差距，而相对于发达国家则有着更大的差距，像以色列为 10 500 千克、美国为 8 599 千克、加拿大为 7 460 千克、日本和韩国也都在 7 000 千克以上；并且我国原料奶干物质含量比发达国家低 10%～15%，而卫生指标，即细菌数、体细胞数、抗生素残留却比发达国家高。之所以出现奶牛单产水平低、奶源质量比奶业发达国家差这一现象，主要是由中国现阶段的奶牛饲养模式存在"小""散""粗"3 种状况："小"是指奶牛饲养规模小，平均饲养规模在 5 头左右。"散"是指奶牛饲养分布在千家万户，人牛混居，非常分散。"粗"就是饲养粗放，科技含量不够；奶牛饲料搭配不合理、利用率低。中国的奶牛饲料组成不科学，有些地区完全放牧，有些地区粗饲料仅以秸秆为主，有些地区精料所占比例甚至高达70%～75%。中国大多数地区的奶牛饲料中能量有余，蛋白质饲料单一，矿物质、微量元素和维生素严重缺乏，造成饲料转化率低，奶牛发生营养代谢病的概率较高，利用年限短，淘汰率高，影响奶牛生产潜力的发挥；同时，奶农生产技术知识贫乏、管理水平低。另外，奶牛精料饲喂机械发展慢、普及率低，也是造成我国奶牛单产量和饲料转化率低的重要原因之一。

为提高奶牛单产量水平和奶源质量，根据中国政府制定的相关政策，中国奶牛养殖方式正在由粗放型向集约型转变、由数量型向质量型转变；加强良种繁育和推广，不断提高奶牛质量和单产水平。为加快推进奶牛养殖标准化、规模化和机械化，提高奶源质量和奶牛单产水平，中国奶牛养殖业必须加大对精料补饲装置利用的力度，提高饲料转化率；必须利用先进的数字化技术与设备对奶牛进行数字化精细饲养。

一、奶牛精料自动投放装置的发展

为合理搭配饲料，提高饲料转化率，国外一些科研机构首先研制出了奶牛精料补饲装置，通过该装置的应用，有效利用了饲料，同时也提高了奶牛单产量水平。目前，国内一些机构也研制出了一些奶牛精料补饲装置。奶牛精料自动补饲装置，主要由奶牛自动识别系统、信息处理系统、自动控制系统和供料机构四大部分组成。奶牛自动识别系统能够识别不同的奶牛个体，信息处理系统对识别系统提供的身份信息进行查询、分析对比，并根据奶牛的产奶量、体况、基础日粮的采食量等数据判定奶牛个体是否需要补饲，并提出补饲配方。自动控制系统和供料机构将按照信息处理系统的指令对需要补饲的奶牛进行补料。

1. 国外研究现状 20 世纪 90 年代，Gardner 等研制了一种移动式太阳能奶牛精料补饲器，该装置主要包括计算机控制系统、料仓、奶牛身份识别系统、排料机构、门禁等，它是利用太阳能来给整个设备提供能源，每天给奶牛进行两次喂料。门禁机构能够防止其他奶牛对正在采食的奶牛进行拥挤，保证奶牛安静平稳地完成采食。21 世纪初，DeLaval 公司已成功研制出"ALPRO"奶牛精料自动饲喂系统，该系统能够自动识别奶牛身份，一次可控制 4 种不同的精饲料同时投放完毕，还可记录奶牛采食的相关信息。Dairy Master 奶牛场设备制造商研制出了自动补料设备，其主要技术特点是：自动饲喂器可以通过输送设备安装连接到储藏仓或粉料房下；按每 20 个计量单位进行数字化操作与控制；与每个自动给料器连接有高效的牛只识别与高速的通信接口，适合挤奶间的自动化；在每个挤奶点进行单个控制是可行的，也可手工控制。这些设备对饲料的计量方式多是螺旋计量和称重传感器称重计量。目前，国外在挤奶厅内对奶牛进行精料补饲的设备多是管道式输送设备，通过气力输送来定量投放饲料。

2. 国内研究现状 国内对奶牛精料自动补饲装置的研究起步较晚，主要是从 21 世纪初期开始研究的，像黄河等人发明的奶牛自动饲喂站、张晓松研制的牛用自动饲喂机、谭春林等人设计的奶牛饲喂装置、方小明等人研究了智能化移动式奶牛饲喂装置、方建军和蔡晓华等人研制了奶牛精确饲喂机器人等。张晓松研制的牛用自动饲喂机主要由料仓、RFID 射频读卡器、控制系统、螺旋输送器、电机等组成。当牛只进入 RFID 读卡器的读卡范围内后，RFID 读卡器会读取牛只佩戴的识别卡上的信息，并传递给控制系统，如果控制软件根据发送给它的数据判断此时刻该牛只不补料，则该饲喂机不工作；如果判断此时该牛只应该补料，则控制系统发出指令使电机根据需要的饲喂量转动数秒，带动螺旋输送器转动若干圈，完成饲料投放，实现对该牛只的饲喂。

方小明等人研究的智能化移动式奶牛饲喂装置通过下面的行走轮可以自由移动，所用电机为直流电机，以螺旋器作为输送、计量机构，平均计量误差小于 5%，并且在最大投料量条件下的投料时间为 15 秒，该装置 30 分钟可完成对 60 头奶牛进行精确饲喂的工作。

方建军研制的饲喂机器人机构，蔡晓华等人研制的奶牛精确饲喂机器人与此设备的结构相似。它主要由行走机构、料箱、分料螺旋和控制系统等部分组成。机器人沿着轨道行走，当行走机构上的霍尔元件和工字钢侧翼缘上分布的磁钢接触后，产生定位信号。控制器接收到定位信号后，控制主动轮驱动电机停止工作，机器人定位在预定的位置。此时，控制系统启动无线识别装置，识别奶牛的编号，从数据库中提取对应奶牛的饲喂数据，并将其转换为分料螺旋的转数。通过控制分料螺旋驱动电机，实现饲料的定量输出。在分料的过程中，控制器对饲料的消耗量，已经饲喂的奶牛等都有相应的数据记录。

谭春林等人设计的奶牛饲喂装置，主要由料仓、螺旋输送器、称重小料斗、电机、空气压缩机等组成。该装置以螺旋计量作为粗计量、称重计量作为细计量，拥有两次计量方式，这虽然提高了计量精度，但是结构却变得复杂，同时也增加了制造成本。

3. 计量方式的研究 目前，用于奶牛精料自动补饲装置中的计量方式主要为容积式和称重式两大类。称重式具有计量精度高、通用性好和对物料特性的变化不敏感等特点，但计量速度慢、结构复杂、价格高却是阻碍其发展的主要原因。容积式是靠盛装物料的容器决定加料量，其计量精度主要取决于容器容积的精度、物料容重及物料流量的一致性，其结构简单、成本低、速度快于称重式。

国内外容积式计量方式主要以螺旋式计量方式为主。螺旋式计量器的工作原理是：利用螺旋输送器两个相邻叶片之间的容腔来计量物料质量，因为每两个相邻螺旋叶片在同种物料的情况下有一个理论容积，所以只要控制螺旋的转数和转速，就能获得较为准确的计量值。另外，槽轮式计量方式也是容积式计量方式的一种，它的工作原理是：槽轮在传动轴的作用下做旋转运动，当槽轮上的扇形槽转到料斗下部的进料管位置时，物料从料斗经进料管落入槽轮的扇形槽；当槽轮转出进料管位置时，由壳体内表面或者安装在壳体上的毛刷将扇形槽内多余物料刮去，保证槽轮外线容腔和壳体内表面形成的密封容腔内的物料体积一致；当计量腔随槽轮到出料管时，物料经出料管排出。

称重式定量计量采用质量传感器和秤，其中秤主要有机械式杠杆秤、电子秤和机械电子组合秤。从给料方式来看，有单级给料和多级给料。为了提高给料速度和计量精度，大都采用多级给料并一边给料一边称重的动态称量，通过粗给料器或粗细给料器一起快速往称量料斗加入目标量的大部分（一般 80%～95%），然后粗给料器停止给料，剩余的小部分通过细给料器缓慢加入称量料斗，给料过程结束后，控制称量料斗投料机构打开投料门，完成投料。

二、存在的问题

从上述几种奶牛精料补饲装置的结构和饲喂效果来看，虽然都能够有效地完成对奶牛的精料补饲饲喂，但也存在一些问题。

首先就国外的补饲装置来说，由于我国奶牛品种和质量与奶业发达国家的奶牛有着一定的差距，国外的奶牛精料补饲装置不一定适应我国的奶牛应用，再加之国外该装置的价格昂贵，所以很难在我国得到推广应用。

目前，国内这几种装置大多都是以螺旋输送器作为计量机构，当补饲的精料为颗粒状饲料时，螺旋输送器在转动的过程中，易将颗粒饲料在进料口和输送段的筒壁处挤碎，从而改变饲料容重，影响计量精度。称重式计量方式的精料补饲装置结构复杂、成本高、易受环境因素（如振动、撞击）等影响。而石河子大学研制的奶牛饲喂装置，采用两次排料，不但使装置结构复杂化，制造成本提高，还延长了排料时间。饲喂机器人也只能局限于室内应用。

第三章

奶牛健康养殖关键技术

第一节 奶牛健康养殖

一、奶牛健康养殖的概念和意义

1. 健康养殖概念 健康高效养殖关键技术研究已成为与产业发展具有强劲互动作用的重要技术领域,是当前养殖业科技活动中最为核心和活跃的研究领域。健康养殖的概念最早是在20世纪90年代中后期我国海水养殖界提出的,以后陆续向淡水养殖、牲畜养殖和家禽养殖渗透并完善。健康养殖是以保护动物健康、保护人类健康、生产安全营养的畜产品为目的,最终以无公害畜牧业的生产为结果。健康养殖生产的产品首先必须被社会接受,是质量安全可靠、无公害的畜产品;其次,健康养殖是具有较高经济效益的生产模式;再次,健康养殖对于资源的开发利用应该是良性的,其生产模式应该是可持续性的,其对于环境的影响是有限的,体现了现代畜牧业的经济效益、生态效益和社会效益的高度统一,即三大效益并重。健康养殖生态管理的基本原理包括养殖环境的管理、组合因子的结合管理、加强对能引起养殖动物"应激反应"的生态因子的监控、合理的养殖密度、合理的营养管理和有效的疫病防控。

2. 健康养殖与传统养殖业的区别 健康养殖与传统养殖业的不同表现在8个方面的转变:一是养殖业经济由数量增长型向优化质量与环保并重型转变;二是养殖业生产方式由分散的家庭养殖为主向规模化、集约化养殖转变;三是养殖业的营销模式由游击散打向军团作战转变；四是养殖业的饲养过程由各自为政向高度统一转变；五是养殖业生产布局由无序向有序转变；六是养殖业的市场供给由初级产品向产加销一体化经营转变；七是养殖业的科技应用由科学普及型向高科技领域转变；八是动物疫病防控由单一防疫向健全完善动物保健、福利体系转变。

3. 奶牛健康养殖的意义　健康养殖观念的提出，代表了畜牧业发展的趋势。在推动具有可持续性的生态标准化养殖方面发挥重要示范带动作用，能够推进我国集约化、规模化奶牛养殖业的健康发展，促进奶牛养殖业向数量与质量、效益与生态并重的方向转变，提高奶牛养殖业的综合效益。奶牛健康养殖将会提高我国乳制品在国际市场的竞争力，从而提高我国养殖业的国际地位，打破发达国家绿色技术壁垒。从引种、繁育、疫病防治、动物营养、环境工程等方面研究奶牛的健康养殖技术，既保证牛群的健康，又减少对牛奶品质的影响。

4. 奶牛健康养殖技术特点　奶牛健康养殖技术的特点包括：应用胚胎生物技术、性别控制技术进行良种奶牛的快速繁育，对良种奶牛进行营养调控，提高其生产水平，通过疫病防治和环境工程技术的应用，在保证奶牛自身健康的同时，又保证了最终奶牛产品质量的安全。

二、奶牛健康养殖的内容

场址合适、牛群健康、环境舒适、营养平衡、饲料安全、预防疾病、谨慎消毒、善待奶牛、控制污染、制度规范、评估检测、加强培训等。

三、国内外奶牛健康养殖技术现状

我国具有悠久的养牛历史，至今已有 9 000 多年。我国少数民族地区很早就有挤奶并食用牛奶的习惯，古代既已掌握了奶油、酸奶、浓缩奶的加工技术，但一直未能育成专门的乳用品种。牛奶在我国大部分地区不是传统食品，奶牛饲养业开始较晚，不少地区仅有 100 多年的历史。

我国奶牛业起步较晚，而且主要集中在大中型城市。专门化的奶牛品种是在近代传入我国的。中华人民共和国成立前，由于连年的战乱民不聊生，我国奶牛业发展缓慢，至 1949 年全国只有约 10 万头奶牛和杂种奶牛，大部分集中在上海、广州、天津和北京等大中型城市。

改革开放以后，我国许多省市制定了一系列鼓励发展奶牛的优惠政策，使奶牛业获得了长足发展。1983 年，全国奶牛数量已达到 90 万头，是中华人民共和国成立前的 8 倍。1980 年以后，经历了两次快速发展。第一次出现在 1978 年中共十一届三中全会之后至 1990 年左右，当时随着经济的发展，城市及工矿区出现了牛奶供不应求的紧张局面，为了满足市场需求，全国各大中型城市、工矿区纷纷采取有力措施加快奶牛业的发展，有效地缓解了牛奶供应紧张的局面。第二次出现在 1995 年前后，我国畜牧业经过 20 年的快速发展，畜产品供求状况出现了根本性的变化，畜牧生产结构面临调整的压力，以适应我国的饲料资源特点；同时，出于发展农村经济、增加农民收入的需求，发展经济效益较好并能带动种植业结构调整的奶牛业受到各级政府的重视。因此，在广大农区奶牛业出现了蓬勃发展的局面。

据统计，2015 年我国奶牛存栏量为 1 469 万头，近 5 年复合增长率为 0.5%。牛奶产量为 3 755 万吨，近 5 年复合增长率为 0.7%。

另外，我国的大中型城市还先后实施了多期联合国和欧盟的奶类援助项目，在较大程度上推动和促进了我国大中城市郊区奶牛业和乳品加工业的发展。今后在很长一段时期，我国奶牛业发展的重点是在大中城市的郊区，这样就形成了所谓的城郊型奶牛业。在我国奶牛生产全面发展的过程中，应该充分发挥城郊型奶牛业的作用，这样会使我国的奶牛业发展得更迅速、更有效率。

城郊型奶牛业特点和优势在于：

1. 基础好，具有明显的技术优势　我国的城郊型奶牛业由于发展较早、基础较好，具有明显的规模优势和技术优势。如北京、上海、天津和哈尔滨，都曾建有奶牛研究所或乳品研究所，也建立了奶牛育种中心，在奶牛的饲养、繁殖、育种和疾病防治方面，都进行过大量的研究，目前还为农区和牧区奶牛业提供冷冻精液和技术指导。可以说，我国城郊型奶牛业是我国奶牛业的中坚或骨干力量。

2. 产量高，具有明显的经济效益　我国大部分城郊奶牛业生产水平较高，奶牛产奶量也较高，经济效益较好。

3. 种质好，可向全国推广良种母牛　我国城郊型奶牛业几十年来一直进行着选种选配和不断地留优去劣，同时定期地从美国和加拿大等国引进良种公牛、胚胎和精液，使奶牛后代的生产性能有明显提高，是向全国推广良种母牛的最好的基地。

4. 疾病少，"两病"控制好　许多大城市的奶牛，每年两次进行结核病和布鲁氏菌病的检疫，凡发现阳性者坚决予以扑杀和淘汰，使奶牛群质量有了较大提高。由于这两种奶牛疾病属人兽共患病，会严重影响牛奶食品安全。因此，控制好牛群"两病"是今后进一步提高牛奶和奶制品质量的重要一环。

第二节　奶牛场设计与环境控制

一、奶牛场的设计要求

修建牛舍的目的是为了给牛创造适宜的生活环境，保障牛的健康和生产的正常运行。花较少的资金、饲料、能源和劳力，获得更多的畜产品和较高的经济效益。为此，设计牛舍应掌握以下原则：

1. 为牛创造适宜的环境　一个适宜的环境可以充分发挥牛的生产潜力，提高饲料转化率。一般来说，家畜的生产力30％～

40%取决于品种，40%～50%取决于饲料，20%～30%取决于环境。不适宜的环境温度可以使家畜的生产力下降10%～30%。此外，即使喂给全价饲料，如果没有适宜的环境，饲料也不能最大限度地转化为畜产品，从而降低了饲料转化率。由此可见，修建畜舍时，必须符合家畜各种环境条件的要求，包括温度、湿度、通风、光照、空气中的二氧化碳、氨、氯化氢，为家畜创造适宜的环境。

2. 要符合生产工艺要求，保证生产的顺利进行和畜牧兽医技术措施的实施　奶牛生产工艺包括牛群的组成和周转方式、运送草料、饲喂、饮水、清粪等，也包括测量、称重、采精输精、疾病防治、生产护理等技术措施。修建牛舍必须与本场生产工艺相结合。否则，必将给生产造成不便，甚至使生产无法进行。

3. 严格卫生防疫，防止疾病传播　流行性疾病对牛场会形成威胁，造成经济损失。通过修建规范牛舍，为家畜创造适宜环境，将会防止或减少疾病发生。此外，修建畜舍时还应特别注意卫生要求，以利于兽医防疫制度的执行。要根据防疫要求，合理进行场地规划和建筑物布局，确定畜舍的朝向和间距，设置消毒设施，合理安置污物处理设施等。

4. 要做到经济合理，技术可行　在满足以上3项要求的前提下，畜舍修建还应尽量降低工程造价和设备投资，以降低生产成本，加快资金周转。因此，畜舍修建要尽量利用自然界的有利条件（如自然通风、自然光照等），尽量就地取材，适当减少附属用房面积。畜舍设计方案必须是通过施工能够实现的。否则，方案再好而施工技术上不可行，也只能是空想的设计。

二、牛舍内环境条件要求

奶牛对环境的要求主要表现在对温度以及牛舍的内环境等方面。一般情况下，气温在−1～24℃。对奶牛的产奶量和奶的成分都没有不良影响，超过这一范围就会带来不良影响。当气温为

29℃，相对湿度为40℃，产奶量下降8%；在同等温度条件下，相对湿度为90%时，产奶量下降31%，说明高温高湿对奶牛的不利影响更大。当气温在0℃以下，奶牛采食量增加，产奶量无明显变化。因此，奶牛舍应尽量保持相对较低的温度，才能发挥奶牛的产奶潜力。

牛舍内的空气，由于受到奶牛呼吸、生产过程及有机物的分解等因素的影响，化学成分与大气差别很大。这种差别不仅表现在氮、氧和二氧化碳的含量上，更重要的是牛舍内常含有大气中没有或很少有的成分，主要是氨和硫化氢，还有少量甲烷和其他气体，它们一般是由粪、尿、饲料或其他有机物分解产生的。这些气体不但能够直接影响奶牛的健康，从而导致奶牛产奶量的下降，而且可能影响牛奶的品质，因为牛奶能吸收空气中的异味。所以在奶牛场，应当加强牛舍的通风换气，及时清理粪便，保持牛舍干燥，以减少牛舍环境不良对奶牛的生产性能和牛奶品质的影响。

三、场址选择的环境要求

奶牛场场址环境条件应符合国家有关无公害食品生产产地环境标准的规定和《奶牛场卫生及检疫规范》的要求。除此以外，还必须与农牧业发展规划、农田基本建设规划以及城市建设规划等结合起来，统筹安排。要有较长远的规划设想，以适应现代化健康养牛业的要求：

1. 地势　奶牛场需要地势高燥，地面平坦或稍有坡度。但通常不能建在山坡或高地上。否则，冬天容易遭到寒风的侵袭，也不利于运输。一般要求地下水位在2米以下，排水性能好，能保持牛舍地面干燥。场地向阳，可获得充足的阳光，杀灭有害微生物，并有助于奶牛体内维生素D的合成，促进钙、磷代谢，促进生长发育，预防佝偻病和软骨病。场地最好选择南向或南略偏东方向的平地或斜坡开阔地，有利于空气流通和采光。平原地区建场，场地应选择在比周围地势较高的地方。丘陵地带建场，场地选择在山脚或地势较高的地方。山区建场，场地选择在山腰背风之处，避免地势低洼、风口、坡底，防止冬季风雪和夏季山洪侵袭。山坡坡度不宜太大，以不超过20°为好。否则，饲养管理和运输都不方便。在江河湖泊地区建场，牛舍应建在靠近沙洲的斜坡上，但要比历史上最高洪水水位高出2米以上。

2. 土质 土质对奶牛的健康、管理和生产性能有很大的影响。一般要求土壤透水、透气性好，吸湿性小，导热性小，保温性能良好。最适合的土壤是沙壤土，这种土壤透气、透水性好，持水性小，雨后不泥泞，容易保持地面干燥。如果是黏土，会造成运动场积水泥泞，牛体卫生差，腐蹄病发生率高。

3. 水源 水是牛维持生命运动和生产力的基础物质之一。奶牛场每天要消耗大量的水。一般情况下，100头奶牛每天需水量，包括饮水及清洗用具、洗刷牛舍、牛床、场地和牛体等，需要20～30吨水。因此，奶牛场选址应选在有充足、合乎卫生要求的水源之处，以保证长年的用水。水质要良好，不含有毒物质，确保人、畜安全和健康。同时，还要注意水中微量元素的成分与含量，通常自来水、井水、泉水等水质较好。奶牛场地饮用水水质应经常进行检测，水质标准必须符合《无公害食品 畜禽饮用水水质》（NY 5027—2008）的要求（表3-1）。

表3-1 畜禽饮用水水质标准

	项 目	标准值
	色（°）	不超过30°
	混浊度（°）	不超过20°
感官性状及一般化学指标	臭和味	不得有异臭、异味
	肉眼可见物	不得含有
	总硬度（以 $CaCO_3$ 计，毫克/升）	≤1 500
	pH	5.5～9

（续）

项　　目		标准值
感官性状及 一般化学指标	溶解性总固体（毫克/升）	≤4 000
	氯化物（以 Cl⁻ 计，毫克/升）	≤1 000
	硫酸盐（以 SO_4^{2-} 计，毫克/升）	≤500
细菌学指标	总大肠杆菌群（每100毫升，个）	成年畜100，幼畜10
毒理学指标	氟化物（以 F⁻ 计，毫克/升）	≤2.0
	氰化物（毫克/升）	≤0.2
	总砷（毫克/升）	≤0.2
	总汞（毫克/升）	≤0.01
	铅（毫克/升）	≤0.1
	铬（毫克/升）	≤0.1
	镉（毫克/升）	≤0.05
	硝酸盐（以 N 计，毫克/升）	≤10

4. 奶牛饲养，粗饲料需要量大，不宜运输，奶牛场的建设应邻近干草、青贮和秸秆饲料资源，以降低运输成本。

5. 交通方便　大批饲料的购入、牛奶和粪肥的销售，运输量很大，来往频繁，有些运输要求风雨无阻，因此奶牛场应建在铁路、公路附近，交通方便的地方。

6. 要符合兽医卫生与环境卫生的要求　距交通主干道应当在 300 米以上。距村庄、居民点 500 米以上，远离其他畜牧场、屠宰场。

7. 不占或少占耕地　尽量利用闲散地、边角地、山坡地、滩涂地。

8. 没有地方病　人畜地方病多因土壤中缺乏或含有过多某种元素而引起。对土壤化学成分进行化验分析比较困难，一般采用调查访问方法。例如，了解当地是否有克山病、大骨节病、缺硒、氟中毒、甲状腺肿大等地方病。因为有些地方病到目前为止，防治技术尚未完全解决，有些地方病虽能预防，但势必增加生产成本。奶牛场建设用地控制指标见表3-2。

表3-2　奶牛场建设用地控制指标

单位：平方米

基础母牛存栏量（头）	生产设施	辅助生产设施	行政、生活服务设施	合计
801～1 200	12 180～12 850	8 280～12 270	2 400～3 600	22 860～34 120
401～800	6 130～12 180	4 340～8 280	1 600～2 400	12 070～22 860
200～400	3 120～6 130	2 280～4 340	1 200～1 600	6 600～12 070

四、牛场的规划与布局

奶牛场建设规划可分为若干区域，各区域合理布局，对降低基建投资、提高劳动效率和便于防疫卫生管理及实行无公害化养殖具有重要意义。奶牛场规划时应遵循以下一般原则：①要合理利用现有场地，在遵循牛舍环境卫生原则的前提下尽量少占土地，尤其是耕地；②规模化奶牛场应按无公害要求生产，要有牛粪、牛尿和污水处理的设施；③还要考虑今后的发展，各个区域应留有余地，尤其是生产区的规划更应注意。奶牛场按其区域功能一般可分为：管理和生活区、生产区、生产辅助区、污物处理区4个区。各区应相互隔开，自成体系，但布置要合理。

1. 管理和生活区　包括办公、食堂和职工住宿区等建筑及设施，它是奶牛场与外界接触较密切的区域。管理和生活区应接近交通干线，与外界联系方便。管理和生活区应与生产区隔开，防止奶牛场对职工生活造成影响，同时也防止管理和生活区对奶牛场造成污染。管理和生活区应位于最上风处。不得经过生产区，以防外来车辆和人员带入病原，污染场地。

2. 生产区　这是奶牛场的核心区域，包括进场消毒更衣室、通道消毒池、各种牛舍等建筑，布局上要符合现代规模化养牛的生产流程。规模化奶牛场的牛舍应实行专门化分工，牛舍应坐北朝南，布局应便于机械操作，要有利于饲喂、清理粪尿，有助于减轻工人的劳动强度。生产流程：成年母牛舍→产房→犊牛培育舍→育成牛舍→成年母牛舍。牛舍布局上还应遵循兽医卫生和防火安全规定，各牛舍相距 30 米以上，平行或纵向排列，可减少道路距离且牛舍之间通风良好，采光充足。场区道路要坚硬、平坦、无积水、取直线。牛场的道路布局应便于奶牛的移动和清粪操作。通常并列两牛舍之间的道路为奶牛挤奶、周转调动、疾病治疗和粪便清理的污道。路面宽度为 5～7 米，与地下排水、排污管道结合设计，用水泥覆盖。并列两牛舍东西两边的旁道为净道，宽约 4 米，铺水泥路面，为饲草饲料、牛奶运输的通道。排水系统应使雨水和污水分开流向下水道和污水处理系统，排污道应采用明沟加盖板的方式，雨水道可用地下暗沟（管）的方式。生产区的下风向应有兽医室、隔离病房，单独通道，便于消毒，专门对病牛进行治疗和隔离。散栏式饲养和挤奶厅集中挤奶的牛场与拴系式饲养管道式挤奶的牛场在总体布局上略有不同。散栏式饲养和挤奶厅集中挤奶，牛只移动频繁。因此，要求泌乳牛舍相对集中并与挤奶厅靠近。泌乳牛舍到挤奶厅的距离要尽量缩短，以利于奶牛移动。挤奶厅不应设在各泌乳牛舍之间，而应设在生产区出口一端的中部，同时靠近两边的泌乳牛舍，这样运输生奶的车辆可以不进入饲养区，有利于防疫管理。

3. 生产辅助区 主要有饲料储存仓库、干草棚、青贮窖、饲料加工调制场所和供水、供电、供热等建筑群。这些设施和建筑与生产及外界的联系都比较密切。因此，应靠近生产区前端，一面对外，一面朝向生产区，以利于运输与操作。

4. 污物处理区 主要有储粪场、牛粪尿和污水处理设施、病死牛化尸池等。应布置在生产区下风地势较低处，与生产区保持 300 米的间距。尸坑和焚尸炉距牛舍 500 米。防止污水、粪、尿等废弃物污染环境。

五、牛舍的设计与建筑

牛舍是控制养牛环境的重要设施，建筑要求经济耐用，有利于生产流程和安全生产，冬暖夏凉。牛舍的建筑应根据不同地区、不同气候条件、不同的饲养管理方式选择不同的牛舍类型。根据牛舍四周外墙的封闭程度，可分为封闭式牛舍、开放式牛舍及半开放式牛舍等。封闭式牛舍四周有墙；开放式牛舍三面有墙，一面无墙；半开放式牛舍为三面有墙，一面只有半截墙。根据屋顶情况又可分为钟楼式牛舍和双坡式牛舍。钟楼式牛舍通风良好，很适合夏季通风，南方地区较为实用。双坡式牛舍保温效果良好，故北方多见。牛舍样式与大小取决于牛群规模、经济能力和气候条件。小型牛场头数不多（100 头以下），宜采用混合式牛舍，即泌乳牛、育成牛和犊牛同在一个牛舍饲养。中、大型牛场（100 头以上），宜采用专用牛舍，可分为成年母牛舍、后备牛舍、犊牛舍、产房等。

1. 拴系式牛舍

（1）拴系式牛舍建筑的基本要求。采用拴系式饲养的牛舍，每 100 头牛占地面积为 950～1 000 平方米。牛舍内设有储奶间、工具间、牛床、饲喂通道、出粪通道等。我国规模化奶牛场一般采用双列式牛床，为了便于挤奶和操作，出粪通道位于双列式牛床中间，奶牛的位置为尾对尾，两边为饲料通道。如采用挤奶厅集中挤奶时可采用头对头的方式，两牛床之间为饲料通道，出粪通道位于两边靠墙处。双列式牛床的牛舍跨度为 11.5～12.5 米。牛舍应避免拥挤，但也不宜建的过大。过于拥挤影响奶牛健康，过大则不经济，冬季也不利于保温。牛舍布局应合理，要便于人工和机械操作。奶牛的适应性强，－40～40℃均能饲养。但研究表明，奶牛最适宜环境温度为 15℃。如气温上升到 30℃，产奶量则明显下降，健康受到影响。低温下其适应性比高温适应性强。南方地区，夏季高温闷热，降水量多，潮湿，牛舍设计首先应考虑防暑降温和减少潮湿。北方寒冷地区，牛舍设计应以保温为主。

（2）地基。牛舍地基土层必须具备足够的强度和稳定性，下沉度小，防止建筑群下沉过大或下沉不均匀而引起裂缝和倾斜。

（3）墙。分为基础和墙体两部分。基础是指墙埋入土层的部分，包括墙基、马蹄减、勒角三部分。要求坚固耐用、防潮、抗震、抗冻。基础应比墙宽 15 厘米。勒角经常承受屋檐滴水、地面和地下水的侵蚀，应选择耐用、防水性能好的材料。外墙四周要设计排水沟，使墙角部位的积水能迅速排出。勒角部位应设置防潮层。北方地区建造牛舍时，基础应埋置在冻层以下。墙体按功能可分为承重墙和隔墙。承重墙要求使用的材料抗压性好，经久耐用坚固，尤其是外墙应具备坚固、抗震、耐水防潮、防火防冻、保暖隔热性好、易于清扫消毒等特点。牛舍墙壁一般采用砖墙、石墙或土墙。砖墙具有一定的强度，较好的耐久性和耐火性，导热性较低，取材容易；缺点是吸湿性强。砖墙须采取严格的防潮隔水措施，如沙浆勾缝、抹灰等。为了保温，砖墙体应加大厚度。为减轻墙体负荷，可选用空心砖或多孔砖。石墙具有较高的抗压强度、经久耐用、抗冻、防水、防火等优点，山区取材容易，但导热性大，蓄热系数高。所以，北方地区不宜用石料做外墙，南方地区可以使用。石墙有足够的厚度时，有较好的隔热效果。另外，牛舍墙壁所选材料要便于清洗与消毒。

（4）门。牛舍门的宽要求为 2.4～3.2 米，高 2.4～2.8 米，便于机械化作业和牛群安全出入。每幢牛舍饲养 100 头牛至少需要设 4 扇大门，大门的位置在两端山墙上及朝向运动场方向。大门不设门槛和台阶。

（5）窗。窗户的大小应根据气候和牛舍宽度而定。一般要求窗户的面积大一点，以有利于采光和通风。气候寒冷的地区或牛舍跨度小，窗户面积可小一点，有利于冬季保温；炎热地区或牛舍跨度大，窗户面积可大一点，有利于防暑降温，通风换气。窗口有效采光面积的大小一般为牛舍占地面积的20%左右。

(6) 屋顶。牛舍的上部外围结构,防止雨雪、风沙侵袭,隔离太阳的强烈辐射,起保温隔热和防水的作用。牛舍常见的屋顶有双坡式屋顶、钟楼式屋顶两种。双坡式屋顶是牛舍建筑中最基本的形式,适宜于各种牛舍,特别是大跨度牛舍,易于建筑,较经济,保温性能好,适宜于饲养各生产阶段的牛群。钟楼式屋顶是在双坡式屋顶上开设双侧或单侧天窗,更便于通风和采光,多用于跨度较大的牛舍,适宜于南方气温较高的地区。屋顶常用的建筑材料要具有隔热性能。

(7) 地面与牛床。牛舍的地面和牛床是牛舍的主体结构之一,是牛生活、休息、排泄的地方,又是从事生产活动,如饲喂、清洁、挤奶的场地。地面决定着牛舍的环境状况,影响牛体的清洁、牛奶的卫生状况和食用价值。牛舍地面和牛床必须满足以下基本要求:坚实耐用,不硬不滑,具有弹性,防潮不漏水,保温隔热,排水方便。坚实性是指能够耐受牛舍内各种作业机械的碾压,耐用性是指能够抵抗消毒药水、粪尿的腐蚀。牛舍地面应比舍出地面高出10厘米,以防雨水进入牛舍。环境条件之中,温度对牛的生产影响最大,建筑上必须重视牛床的保温性能。导热性强的牛床,寒冷季节不利于奶牛保温,但炎热夏季有利于牛只散热。牛床和地面不滑、具有弹性、平坦等是牛舍环境卫生的基本要求。若地面凹凸不平,牛躺卧不舒服,清扫、推车等操作不方便。地面弹性差,硬度大,易引起牛的一些关节水肿。地面太滑,牛易滑倒,引起骨折、流产、挫伤等。牛舍地面向粪沟方向应有1%~2%的坡度,有利于污水的排出。牛床的坡度不宜过大,否则容易发生子宫脱或胯脱。牛床不宜过短或过长。牛床过短,牛起卧受限,易引起乳房损伤,发生乳房炎或腰、肢受损等;牛床过长,则粪便容易污染牛床和牛体。牛床的长度和宽度取决于牛体大小,一般采用如下规格:成年母牛牛床,(165~180)厘米×(100~120)厘米;后备牛牛床,(155~170)厘米×100 厘米；育成牛牛床，100 厘米×60 厘米。

牛舍不同部位可采用不同的材料。如牛床采用三合土、木板、石板、橡胶塑料等。为增强牛床的保温性能和弹性，可在石板、三合土牛床上铺垫草。通道用混凝土、石板、三合土时，为了防滑，可在其上划浅沟样的防滑槽。

（8）拴牛架与隔栏。牛床的前方有拴牛架，其作用是将奶牛拴系在牛床上，便于饲喂和管理。拴牛架要牢固、光滑、易于奶牛起卧。拴牛架由两竖一横、直径为 70 毫米和 50 毫米的钢管制成，两竖钢管间隔同牛床的宽度，下端固定在混凝土地面里，高 1.8～2 米，中端与横向钢管焊接在一起，每个竖钢管的下方均有 1 个可以上下移动的铁环，用于拴系奶牛。横向钢管距离地面的高度为 1.18～1.23 米。这种拴系方法，牛只上下左右可自由转动，采食、休息均较方便。为防止奶牛横卧于牛床上，相邻两个牛床间设有一隔栏。通常用弯曲的钢管制成。隔栏一端与拴牛架连在一起，另一端固定在牛床前 2/3 处的混凝土内，栏杆高 80 厘米，由前向后倾斜。

（9）饲槽与饮水碗。饲槽位于牛床前，饲槽长度与牛床总宽相等，饲槽底平面略高于牛床，饲槽内侧与牛床之间有一阻料墙，高为 20～30 厘米，外侧与饲料通道高度一样或略低一点，便于机械饲喂。饲槽必须坚固、光滑，最好表面采用同质砖贴面，便于洗刷，不渗水、耐磨、耐酸。饲槽上方每两个牛床须安装一自动饮水碗。饮水碗固定在两牛床中间拴牛架的竖钢管上，高于牛床地面 30～35 厘米，水管置于饲槽阻料墙的上面或内侧。

（10）饲料通道。位于饲槽前方。通道宽应便于喂料车的行走和工人操作，其宽度应根据饲喂方式和喂料车的宽度决定，一般为 1.2～2.6 米，坡度为 1%。

（11）粪尿沟和清粪通道。牛床后边应设粪尿沟，粪尿沟有明沟和暗沟。明沟紧靠牛床，沟宽为 25～35 厘米，沟深为 5～18 厘米，沟底为便于排水，应有 0.6% 的坡度；暗沟在两明沟之间的清粪通道下方，沟宽为 50～60 厘米，沟深为 20～60 厘米，坡度为 0.6%～1%，上面采用钢筋混凝土盖板，也可采用半漏缝盖板。目前，有些规模化奶牛场粪尿沟中安装了自动清粪设备，链刮板在牛舍往返移动，可将牛粪直接送出牛舍，送至储粪池中。如采用自动清粪设备，则粪尿沟的大小应与设备要求相符。清粪通道在两粪尿明沟之间，清粪通道是奶牛出入运动场和进行挤奶工作的通道。为便于操作，清粪通道宽为 1.6～2 米，路面最好有大于 1%的拱度，标高一般低于牛床，地面应抹制成粗糙的防滑线。

（12）牛舍通风与喷淋设备。为清除臭味及夏季防暑降温，牛舍内必须安装通风与喷淋设备。在设计时应考虑进风口位于上风向，排气口位于下风向，一般为纵向通风，可采用轴流式系列风机为通风设备，产房应采用吊扇作为通风设备。一般风扇安放在牛头的上方，两个风扇之间的间隔应在 6～8 米。在炎热的夏季，当室温超过 32℃时，为了给牛防暑降温，牛舍可安装一套自动喷淋系统，喷头的位置应在风扇出风口的前端。当分喷淋系统工作时，在风力作用下，从分头喷出的水珠雾化更加完全，降温效果尤为明显。

（13）运动场。舍饲的奶牛均需要运动。运动场是奶牛运动、呼吸新鲜空气、接受日光浴以及休息乘凉的场地，同时也在这里补饲和饮水。拴系式牛舍的运动场一般设在牛舍正南或东南方向。场地与牛舍相距 4～6 米。各年龄阶段的奶牛每头牛运动场平均占地面积：成年母牛为 20 平方米，后备牛为 15 平方米，犊牛为 10 平方米。运动场地面可以是沙土，也可以采用立砖，但修筑要平坦，排水要畅通，场地靠近牛舍一侧应较高，坡度为1.5%，其余三面设污水沟和排水沟。运动场周围应设围栏，围栏包括横栏与栏柱，围栏必须坚固，横栏两道，分别高 0.7 米和1.2 米，栏柱间距 2.5 米。围栏门多采用钢管横鞘，即小管套大管，做横向拉推开关。栏柱采用钢筋混凝土预制柱（1.8 米×

0.2 米×0.2 米），并留有横栏孔，以便横栏穿过栏柱。横栏采用 50 毫米粗的钢管。栏柱埋入地下深度不小于 0.6 米。犊牛运动场的围栏下边应增设横栏，以防犊牛从下端钻出围栏。运动场内还应设补饲槽、饮水池和凉棚。沙土运动场的饲槽和饮水池周围，应铺设 2～3 米宽的水泥地面，并有一定坡度。凉棚应为南向，棚盖应有强的隔热能力。凉棚面积为每头牛 5 平方米，运动场周围应尽量绿化，以改善和美化奶牛场的环境。

2. 散栏式牛舍 设计要求是牛舍和牛舍内设施的排列必须符合奶牛的行为学，在工艺上要能让奶牛充分地进行自由采食和休息。每幢牛舍饲养头数以 50～100 头为宜，最多不超过 120 头，牛舍设计饲养头数必须与挤奶台的设计挤奶头数相匹配。我国南方地区散栏式牛舍一般为双列式开放牛舍，气候寒冷地区大规模奶牛场可采用与挤奶厅配套的双列式封闭牛舍。

散栏式牛舍的地基、墙等基本设计同拴系式牛舍。每幢牛舍饲养 100 头成年母牛的开放式牛舍，则牛舍内的长度为 80 米，跨度为 12 米。牛舍的南面采用立柱，无墙。牛舍内设 100 个自由采食颈枷，每个颈枷宽为 75～80 厘米，高 120 厘米。颈枷有自动限位的装置。采用自动限位颈枷的目的是为了固定牛只，保证和控制采食。颈枷前下方是饲槽，饲槽为通槽，宽为 50 厘米。饲槽同样要求坚固、光滑、便于洗刷，槽面不渗水、耐磨、耐酸等。饲槽前方为饲料通道。饲料通道应根据使用饲喂机械的宽度确定，一般为 1.8～2.6 米。牛舍内设双列式牛床 100 个，两列可头对头靠在一起，与北墙之间留约 2.5 米的通道；也可一列沿北墙排列，另一列置于牛舍中间，两列之间的距离为 3 米。南面一列牛床与采食颈枷的距离为 3.5～3.8 米，牛床应比地面高 5～10 厘米，每个牛床的规格为 1.2 米×（1.8～1.9）米，牛床之间须设隔栏。牛舍两端与中部设可控制水位的饮水槽 3 个。牛舍北墙距牛床地面 40～180 厘米高的地方开通风窗或采用预制水泥栅栏，栅条宽 5 厘米，厚 1.5 厘米，栅条之间的间隔为 10 厘米，这既便于夏季通风，又可使奶牛安全舒适；北墙距地面 200～300 厘米的高度为卷帘钢窗或帆布窗，冬季可关闭，夏季可打开。牛舍为双坡式屋顶或钟楼式屋顶，屋檐高 3.3～3.6 米。运动场一般设于牛舍北面，每头成年母牛按占地 20 平方米计算，长 80 米，宽 25 米。散栏式牛舍须建纵向粪尿沟两条：一条与饲槽平行，间隔 1.7～1.8 米；另一条在北墙与牛床之间或两列牛床之间。粪尿沟的深度按水流方向分别为 0.2 米和 0.6 米，宽为 0.4～0.5 米，采用漏缝铸铁板或预制混凝土漏缝板。奶牛排出的粪尿落入粪尿沟，定期清除，残留在地板上的牛粪也可用水冲洗。

3. 产房与犊牛舍　健康化奶牛场应设有专门的产房和犊牛舍，用于围生期奶牛和犊牛的饲养。良好的产房和犊牛舍可以降低母牛的产犊应激，提高犊牛的成活率以及后备母牛将来的生产性能。产房和犊牛舍要求通风均匀、干燥、防风，保持相对湿度低于 70%，防止氨气的聚集。产房的牛床数，应根据产犊高峰期分娩牛的数量确定。产房建筑的基本要求同拴系式牛舍。在整体安排上，产房的一端要有放置保育笼的犊牛间。产房里的牛床应略比成年母牛的牛床宽 10～15 厘米。无须喷淋设施，通风可采用风力比较柔和的排风扇或吊扇。

6 月龄以前的小牛称为犊牛。犊牛从出生后到 3 周龄时，可在产房使用保育笼喂养。保育笼长 1.1 米、宽 0.6 米、高 1.1 米，保育笼里铺有稻草等垫料。保育笼的优点是犊牛单独饲养、与地面隔离、通风好、湿度小、卫生防病。

犊牛 3 周龄后，可转至室外可移动犊牛笼（栏）中饲养。室外可移动犊牛笼（栏）由休息区和运动区两部分组成，可轮流放置在室外的混凝土地面或较平整、高燥的沙土地上。每笼饲养 1 头，每头犊牛占用面积 2.4～3 平方米。笼子长 2.4 米、宽 1.2 米、高 1.2 米。犊牛笼（栏）的后部、上部都有遮盖物，形成小室，小室内铺有垫料供犊牛躺卧休息，犊牛笼（栏）的前端外置水桶和料桶。为了便于移动，较大的犊牛笼（栏）可做成由四面相拼的组合式犊牛笼。犊牛在此笼内可饲养至断奶。

7月龄至配种前的母牛成为育成牛。7～12月龄的育成牛可以集中饲养，育成牛舍的式样与散栏式牛舍相似，牛场面积较小，宽0.6米、长1米，每头牛占用室内面积3～6平方米，运动场面积为5～6平方米，饲喂通道上的拴牛栏及颈枷的大小应与犊牛相符。

4. 挤奶厅 挤奶厅是奶牛集中挤奶的场所，泌乳牛每天都要挤奶时2～3次，使用效率高。为了减少奶牛挤奶时来回的奔走，挤奶厅应设置在各泌乳牛舍相对居中的地方。挤奶厅的前方应朝向生产区外，以有利于生奶的运输和设备的维修。挤奶厅分为设备工作区、挤奶区、挤奶等候区以及通道。

（1）设备工作区。由工作人员办公室、真空泵工作室以及奶牛储存室3个部分组成。办公室应靠近挤奶区，并有窗户或玻璃隔墙可看见挤奶区。真空泵工作室内，墙壁要有隔音材料，尽量降低真空泵的工作噪声。奶牛储存室在挤奶厅的最前方，与生产区外相通。

（2）挤奶区。一般在挤奶厅的中部。目前，挤奶厅挤奶台有厢式、鱼骨式、并列式、转盘式等形式。因此，挤奶厅的大小及要求，应符合所购买挤奶设备的规定要求。另外，在挤奶厅附近应设滞留间，以便于把需要干奶、配种和疾病防治的奶牛置于滞留间内，待处理完毕后再送到相应的牛舍中去。

（3）挤奶等候区。是奶牛挤奶前的等候场所，其一端与挤奶区相通，另一端和通往各泌乳牛舍的通道相连。等候区的面积应与牛群大小相匹配，一般为每头牛2.5～3平方米。挤奶等候区要搭建凉棚，地面铺上具有防滑沟的混凝土砖块，并向两边成1.5%向下的坡度，两侧坡底有污水沟，便于打扫和冲洗。为了防止夏季高温对奶牛的影响，挤奶等候区的棚内应安装通风和喷淋系统。

（4）通道。是奶牛往返挤奶厅的走道，宽为1～1.1米，两边有围栏，由50毫米和70毫米的钢材焊接成横栏和栏柱，围栏必须坚固，横栏两道，高0.7米和1.2米，栏柱间距1.5～2米，预埋在混凝土地层内。通道的地面最好是能防滑的混凝土道路。通道尽量平整，不要有较大的坡度，上下坡度应在2.5%～4%。通道与道路的交叉口，可采用活动门，以利于人与车辆同行。各牛舍的通道在挤奶等候区门口的交汇处，应设有调节门，以控制各牛舍的进出。

5. 消毒池 在生产区的进出口处必须设消毒池。消毒池的构造应坚固，能承载运输车辆的重量。消毒池的宽度可参照车轮间距设置，长度以车轮的周长而定。一般常用消毒池的规格为：长3.8米、宽3米、深0.1米，地面平整，耐酸、耐碱、不透水，池内充满消毒液。室内供人通行的消毒池，可采用药液湿润踏脚垫，放入消毒池内进行消毒。消毒池规格，长2.4米、宽1米、深5厘米，池底要有一定坡度，池内设排水孔，并在消毒池两侧设紫外线灯，进行照射消毒。

6. 排污处理系统 奶牛场排污处理系统主要有储粪场、粪尿分离沉淀池与排污管道、污水处理系统等。储粪场必须与牛舍保持一定的距离，并设在主风向的下方；储粪场的底面和侧面要密封，以防粪水渗透，污染地下水。储粪场的容积取决于饲养奶牛的头数和储粪周期，一般情况下，每头奶牛平均每天占用储粪场的容积为0.06立方米。各年龄段奶牛每天每头排粪尿量为：成年母牛70～120千克，后备牛50～60千克，犊牛5～30千克。

每幢牛舍均要建粪尿分离一级沉淀池，牛舍粪尿沟的污水和尿液通过沉淀池入口的粪尿分离筛后流入池中。一级沉淀池的深为0.6～1米，容积为6～8立方米。池的一端与污水道连接，污水道应采用明沟形式，沟面覆盖预制混凝土盖板，沟宽0.5～0.6米，深按水流方向分别为0.8米和1.2米。污水道应无渗漏现象，并与雨水的排水管道分开，互不干扰，交叉处要采用密封管道穿过。污水到达污水处理系统前，应通过二级沉淀池。各牛舍的污水都要汇集到二级沉淀池。因此，二级沉淀池的容积要比一级沉淀池大得多。二级沉淀池的深为 1.2～1.5 米，容积为 20 立方米。污水到达二级沉淀池后，经过滤筛流入污水处理系统。

污水处理系统主要处理牛粪尿废水、牛舍冲洗水、少量生活废水等。处理工艺为生化与物化相结合工艺。工艺流程为：原水→厌氧池→接触氧化池→沉淀池→储水池→气浮→出水。污染物降解以三级生化为主，主要去除废水中可降解的有机污染物。

六、牛场的配套建筑与设施

牛场内部建筑物的配置要因地制宜，便于管理，有利于生产，便于防疫、安全等。统一规划，合理布局。做到整齐、紧凑，土地利用率高和节约投资，经济实用。

1. 牛舍 我国地域辽阔，南北、东西气候相差悬殊。东北三省、内蒙古、青海等地牛舍设计主要是防寒，长江以南则以防暑为主。牛舍的形式依据饲养规模和饲养方式而定。牛舍的建造应便于饲养管理、采光和夏季防暑，冬季防寒，便于防疫。修建多栋牛舍时，应采取长轴平型配置，当牛舍超过 4 栋时，可以 2 行并列配置，前后对齐，相距 10 米以上。

2. 饲料库 应选在离每栋牛舍的位置都较适中，而且位置稍高，既干燥通风，又利于成品料向各牛舍运输的地方。

3. 干草棚及草库 尽可能设在下风向地段，与周围房舍至少保持 50 米以上距离，单独建造，既防止散草影响牛舍环境美观，又要达到防火安全。

4. 青贮窖或青贮池 建造选址原则同饲料库。位置适中，地势较高，防止粪尿等污水入侵污染，同时要考虑出料时运输方便，降低劳动强度。

5. 兽医室和病牛舍 应设在牛场下风头，而且相对偏僻一角，便于隔离，减少空气和水的污染传播。

6. 办公室和职工宿舍　设在牛场之外地势较高的上风头，以防空气和水的污染及疫病传染。养牛场门口应设消毒室和门卫、消毒池。

七、牛场的设备

1. 挤奶设备

（1）手推车式挤奶机。多用于小型个体奶牛场或散养户，经济、方便，有双头手推车式和单头手推车式两种。

（2）提桶式挤奶机。适合于养殖规模较小的奶牛场，在规模超过20头时，需要增加劳动力，常用拴系式饲养牛舍，它是一种比较经济的挤奶方式。提桶式挤奶的缺点是需要不断人工运送牛奶到冷却罐中，需要弯腰操作。

（3）管道式挤奶机。多用于拴系式饲养模式，对于养殖规模不太大的奶牛场（一般在15～35头）来说是一种较经济的挤奶方式。管道式挤奶机是通过真空泵获得足够的动力，牛奶通过管道直接流入冷却设备内，中间没有污染节。缺点是清洗管道比较费力且不容易洗干净。当用于大规模养殖场时，需要安装专门的清洗系统，此时管道式挤奶所浪费的水及洗涤剂数量将会成倍增长。而且，一般每根管道只外接3～5个挤奶头。

2. 牛奶冷却设备　用于把刚挤集的牛奶由36℃左右在2～3小时内冷却到4～5℃，并在此温度下保存到加工或运出，以抑制细菌繁殖，保持牛奶鲜度。有直接冷却式和间接冷却式两类。前者用制冷剂（氨或氟利昂）通过蒸发器直接与牛奶进行热交换，后者用制冷剂通过蒸发器冷却载冷剂（水或盐水）冷却牛奶。

3. 奶油分离机　这种机械借助离心力将乳脂从牛奶中分离出来，脱脂率达99%左右。常用的有手摇和电动两种（有些机型可手摇、电动两用）。其主要工作部件是分离钵，由一组分离片构成，每个分离片的盘面上有几个 0.4～0.45 毫米的凸起，分离片之间保持均匀的间距。作业时，分离钵以 6 000～12 000 转/分的速度旋转，牛奶从中央管道进入，在离心力作用下，脱脂乳被甩向分离钵四周，沿钵盖内壁向上运动，从脱脂乳排出孔排出。乳脂或稀奶油则沿分离片表面逐渐上浮至中央管道外壁，从乳脂排出孔排出。乳脂排出孔上设有调节螺钉，用以调节稀奶油的含脂率。由于转速很高，分离钵必须精确平衡，在立轴中部须采用弹性支承。在手摇奶油分离机的摇把上，一般安装转速指示铃，当转速低于规定值时，每摇 1 周响铃 1 次；转速达规定值时，停止打铃，表示已达规定转速，防止机器超速运转。手摇、电动两用奶油分离机的生产率，一般为 100～200 升/小时，配用电动机的功率一般为 180～250 瓦。

4. 饮水设施　奶牛场的饮水设施主要由水槽和阀门式自动式饮水器。它由饮水杯、阀门机构、压板等组成。当牛需要饮水时，将嘴伸入饮水杯内，并将压板压下，压板在克服阀门弹簧的压力后，将阀门推入，水即通过阀门口流入饮水杯内。牛饮完水后，将头抬起，在阀门弹簧的作用下，阀门杆和片板间到原来的位置，阀门口被阀门重新封住，水就停止流出。饮水器安装在牛床的支柱上，离地面 60 厘米，两头牛合用 1 个。在隔栏牛舍内，如有舍内饲槽，可将饮水器安装在槽架上，以 6～8 头奶牛安装 1 个饮水器计算。

5. 拴系设备　拴系设备将牛限制在床内的一定活动范围，使其前蹄不能踏入饲槽，后蹄不能踩入粪沟，不能横卧在牛床上，但拴系设备也不能妨碍牛的正常站立、躺卧、饮水和采食。软链式是常见的拴系设备，链的下端较长（约 76 厘米），穿在两侧牛栏的立柱上，可自由上、下滑动；上端较短（50 厘米）可以扣在牛颈部，使牛头部只能上、下、左、右活动，不能拉长铁链，限制牛使其不能抢食。这种拴系设备较简单，但不易实现自动化，需要较多的手工操作来完成拴系或放牛的工作。

6. 保定设备

（1）保定架。保定架是牛场不可缺少的设备，在打针、灌药、编耳号及治疗时使用。通常用圆钢材料制成。架的主体高1厘米，前颈枷支柱高200厘米，立柱部分埋入地下约40厘米，架长150厘米，宽65～70厘米。

（2）鼻环。我国农村为便于抓牛，尤其是未去势的公牛，有必要给公牛戴鼻环。鼻环有两种类型：一种为铁或铜材料制成，质地较粗糙，材料直径4毫米左右，价格便宜；农村用铁丝自制的圈，易生锈，不结实，往往将牛鼻拉破引起感染。另一种为不锈钢材料制成，质量好又耐用，但价格较昂贵。

7. 吸铁器 由于牛采食时大口吞咽，若草中混杂有细铁丝、铁钉等杂物时容易误食，一旦吞入，无法排出，积累在瘤胃内对牛的健康造成伤害。吸铁器分为两种：一种用于体外，即在草料传送带上或草叉上安装磁力吸铁装置，清除草料中混杂的小铁器。另一种用于体内，称为磁棒吸铁器。该设备由磁铁短棒、细尼龙绳、开口器、推进杆以及学生用的指南针各1件组成。使用时将磁铁短棒放入病牛口腔近咽喉部，灌水促使牛吞咽入瘤胃，随着瘤胃的蠕动，经过一定的时间，慢慢取出，瘤胃内混杂有异物的牛均可利用此设备治疗。

8. 饲喂设备

（1）储料塔。设在畜舍一端外侧，用于临时储存从饲料加工厂运来的干燥粉状或颗粒状配合饲料。塔身多为圆形，塔顶开有装料口，通过连杆机构从塔底能自动启闭顶盖。塔的下部呈圆锥形或斜锥形，以防饲料架空而影响排料。底部是一个长方形出料槽，通过运饲器把塔里的饲料运送到喂食机的饲料箱内，再由喂食机将饲料分送到食槽，供奶牛食用。运饲器有螺旋弹簧式、普通螺旋式、塞盘式或链板式等多种类型。通常采用螺旋弹簧式和普通螺旋式。一般运送距离25～50米，生产率为400～1 400千克/小时。

（2）喂食机。种类很多，常用的是螺旋弹簧式喂食机和饲料车。螺旋弹簧式喂食机由螺旋弹簧输料管、驱动器和食槽等组成。驱动器装在输料管的末端，直接与螺旋弹簧相接，输料管上每隔一个牛床的距离安装一个食槽，在末端食槽内装有压板微动开关。喂食时，驱动器使螺旋弹簧在输料管中转动，把饲料不断向前推送，饲料通过输料管底部的孔口充满食槽，当最末端的食槽充满饲料时，饲料推挤压板，触动微动开关，断开电流，使喂食机停止转动。饲料车是移动式喂饲设备，一般用内燃机或拖拉机动力输出轴驱动，料箱底部设有排料螺旋，在行走过程中将饲料送到食槽。设备费用低，且能一机多用。一般适用于大型奶牛场。

9. 除粪设备　有机械除粪和水冲除粪两种。奶牛舍的排粪沟一般设在牛床后部，多为明沟。机械除粪常用的有链杆刮板式、环形链刮板式和双翼形推粪板式等类型。链杆刮板式除粪设备由驱动装置、推粪杆和刮板等组成。刮板销连在推粪杆上，由驱动装置驱动刮板除粪，适用于在单列牛舍的粪沟内除粪。环形链刮板式除粪设备，由水平运转的环形链刮板式输送器、倾斜链刮板式升运器和驱动装置等组成。水平刮板输送器将粪沟内的粪便刮到牛舍的一端，再由倾斜链刮板式升运器送入拖车。适用于在双列牛舍的粪沟内除粪。双翼形推粪板式除粪设备由驱动装置通过钢丝绳牵引双翼形推粪板，在粪沟内除粪，适用于宽粪沟的隔栏散养牛舍的除粪作业。

10. 输送设备　包括奶泵和输奶管道。奶泵通过输奶管道将牛奶从一个容器送到另一容器。要求在运转时不打碎牛奶中的脂肪颗粒，送奶量的大小可调整。常用的离心泵泵体用铝合金或不锈钢制成，易于拆洗。输奶管通常采用镀锡铜管、不锈钢管或玻璃管，以防管道锈蚀而影响牛奶的质量和卫生。适用于大型奶牛场和专用挤奶间作业。

第三节　奶牛品种与选育

一、国外优良奶牛品种

1. 荷斯坦牛　纯乳用品种，原产于荷兰，由于其出色的生产性能和良好的适应性目前已遍布全球，是全世界奶牛业饲养量占绝对优势的品种，以产奶量高为突出特点，以色列荷斯坦牛的平均胎次产奶量已超过 10 000 千克。中国荷斯坦牛也属于这一品种。

2. 娟姗牛　纯乳用品种，原产于英国，在全世界分布广泛，平均胎次产奶量 3 000～4 000 千克，乳脂率高，平均为 5.3%，适于热带地区饲养。

3. 更赛牛　纯乳用品种，原产于英国，分布于世界许多地区，平均胎次产奶量 3 500～4 000 千克，乳脂率 4.4%～4.9%。

4. 西门塔尔牛　世界最著名的奶肉兼用品种，原产于瑞士，在全世界广泛分布，产奶性能高，平均年产奶量 4 070 千克，乳脂率 3.9%，产肉性能也十分突出，是我国目前黄牛改良中的首选父本。

二、我国奶牛优良品种

1. 中国荷斯坦牛　由国外引进的荷斯坦牛纯繁后代及与中国黄牛级进杂交选育后代共同形成的我国唯一的乳用品种牛，适于舍饲饲养，分布于全国各地，305 天平均产奶量 6 359 千克，乳脂率 3.56%。

2. 三河牛　由以西门塔尔牛为主的多品种杂交选育而成的奶肉兼用品种牛，适于高寒地区"放牧＋补饲"饲养，主要分布于内蒙古的呼伦贝尔市，305 天产奶量 2 868 千克，乳脂率 4.17%。

3. 中国草原红牛　由短角牛与蒙古牛级进杂交而培育的奶肉

兼用品种牛，适于草原地区"放牧＋补饲"饲养，主要分布于吉林省的白城、内蒙古的赤峰、锡林格勒南部及河北的张家口等地区，挤奶期为 220 天，平均产奶量为 1 662 千克，乳脂率 4.02％。

4. 新疆褐牛　由瑞士褐牛与哈萨克牛杂交在新疆育成的奶肉兼用品种牛，主要分布于伊犁、塔城等地区，舍饲条件下年平均产奶量 2 000 千克左右，乳脂率 4.4％。

5. 科尔沁牛　由西门塔尔牛、蒙古牛、三河牛杂交培育而成的奶肉兼用品种牛，适于草原地区"放牧＋补饲"饲养，主要分布于内蒙古通辽市的科尔沁草原地区，一般饲养条件下，胎次平均产奶量 1 256 千克，乳脂率 4.17％。

三、奶牛外貌鉴定与生产性能测定

1. 奶牛外貌鉴定　牛的外貌鉴定，传统上采用 3 种方法，即观察鉴定、测量鉴定和评分鉴定。其中，以观察鉴定应用最广，我国农村中广大劳动人民都广泛地采用这种方法来鉴定家畜的好坏。后两种是辅助性鉴定的方法。种畜场鉴别家畜时，三者常结合进行，以弥补观察鉴定的不足。近年来，一些先进国家在奶牛外貌鉴定上采取线性鉴定方法，以代替过去沿用的记述式鉴定法，使结果更为可靠，现将各种方法介绍如下：

（1）观察鉴定。这是用肉眼观察牛的外形及品种特征。同时，辅之以手的触摸以初步判断牛的品质好坏和生产能力的高低。例如，富有经验的鉴定员，通过肉眼观察及手的触摸，根据牛体大小、体躯各部的发育程度，判断出肉及脂肪的产量和品质。肉眼判断的产肉量和实际相比，相差不到几千克，脂肪相差也不过 1 千克左右。

进行肉眼鉴定时，应使被鉴定的牛自然地站在宽广而平坦的场地上。鉴定员站在距离被鉴定牛 5～8 米的地方。首先进行一般观察，对整个牛体环视一周，以便对牛体形成一个总体的印象和掌握牛体各部位发育是否匀称；然后站在牛的前面、侧面和后面分别进行观察。从前面可观察牛头部的结构、胸和背腰的宽度、肋骨的扩张程度和前肢的肢势等；从侧面观察胸部的深度，整个体型，肩及尻的倾斜度，颈、背、腰、尻等部的长度，乳房的发育情况以及各部位是否匀称；从后面观察体躯的容积和尻部发育情况。肉眼观察完毕，再用手触摸，了解皮肤、皮下组织、肌肉、骨骼、毛、角和乳房等发育情况。最后让牛自由行走，观察四肢的动作、姿势和步样。

肉眼鉴定简单易行，但鉴定人员必须具有丰富的经验，才能得出比较正确的结果。对于初次担任鉴定的工作人员，除了肉眼鉴定外，还须辅以其他的鉴定方法。

（2）测量鉴定。

①活重测量。一般采用的测重方法有以下几种：

a. 实测法。也叫称重法，即应用平台式地磅，令牛站在上面，进行实测，这种方法最为准确。对犊牛的初生重，尤其应采取实测法，以求准确，一般可在小平台秤上，围以木栏，将犊牛赶入其中，称其重量。犊牛应每月称重1次，育成牛每3个月称重1次，成年牛则在放牧期前、后和第一、三、五胎产后30～50天各测1次活重。每次称重时，应在喂饮之前，泌乳牛则应在挤奶之后进行。为了尽量减少误差，应连续在同一时间称重2天，取其平均值。

b. 估测法。这一方法是在没有地磅的条件下应用的。体重估算的方法很多，但都是根据活重与体重的关系计算出来的。由于牛的品种和用途不同，其外形结构各有差异。因此，某一估重公式可能适合于甲品种，但不一定能适合于乙品种，甚至估测结果与实测活重相差很大，根本不能用。由此可见，在实际工作中，不论采用哪个估重公式，都应该事先进行校正，有时对公式中的常数（系数），也要做必要的修正，以求其准确。现将常用的估重公式介绍如下：

凯透罗氏法：体重（千克）＝胸围 2（米）×体直长（米）×87.5

此公式可用于乳牛和乳肉兼用牛。

约翰逊法：体重（千克）＝胸围 2（厘米）×

体斜长（厘米）/10 800

此法以往多用于黄牛，经验证明，此公式所估测的体重与实测重差异较大，故不适用。

校正的约翰逊法：体重（千克）＝胸围 2（厘米）×

体斜长（厘米）/11 420

经多次应用此公式估测黄牛（秦川牛）活重的结果，与实重相差均在 5%以下。

肉牛估重公式：体重（千克）＝胸围（米）×体直长（米）×100

此公式适用于肉牛和奶肉兼用牛。

上述约翰逊估重公式中的系数（10 800），不适于我国所有黄牛品种及各种年龄的黄牛。因此，必须在实践中进行核对，予以修正，以求得比较适用的系数。一般体重估测的公式是：

体重（千克）＝胸围 2×体斜长÷估测系数

估测系数＝胸围 2(厘米)×体斜长(厘米)×实际体重（千克）

各种年龄的黄牛，均可按此公式求得其估测系数，可获得与实际体重误差极小的估测体重，比约翰逊公式估测法精确得多。

c. 犊牛断奶体重。是各种类型犊牛饲养管理的重要指标之一。肉用犊牛一般随母牛哺乳，断奶时间很难一致。所以，在计算断奶体重时，须校正到同一断奶时间，以便比较。校正的断奶体重计算公式如下：

校正的断奶体重（千克）＝校正的断奶天数＋初生重

因母牛的泌乳力随年龄而变化，故计算校正断奶重时应加入母牛的年龄因素。

校正的断奶体重（千克）＝（校正的断奶天数＋初生重）×

母牛年龄因素

母牛的年龄因素：2 岁＝1.15；3 岁＝1.10；4 岁＝1.05；5～10 岁＝1.0；11 岁以上＝1.05。

d. 犊牛断奶后体重。断奶后体重是肉牛提早肥育出栏的主要依据，为比较断奶后的增重情况，常采用校正的 365 天体重，其计算公式如下：

校正的 365 天体重（千克）＝（365 天－校正断奶天数）＋
校正断奶体重

作为种用公母牛，断奶后的体重测定年龄为：1 岁、1.5 岁、2 岁、3 岁和成年。

②体尺测量。体尺测量是牛外貌鉴别的重要方法之一，其目的是为了填补肉眼鉴别的不足，且能使初学鉴别的人提高鉴别能力，它是观察肉牛生长发育和体型的重要数据，也是选种的重要依据之一。对于一个牛的品种及其类群或品系，如欲求出其平均的、足以代表其一般体型结构的体尺时，也必须运用体尺测量。测量后应将其所得数据加以整理和生物统计处理，求出其平均值、标准差和变异系数等，然后用来代表这个牛群、品种或品系的平均体尺，是比较准确的。体尺测量所用的仪器有下列几种：测杖、卷尺、圆形测定器（与骨盘计相似）、测角（度）计。在测杖、卷尺、圆形测定器上都刻有厘米刻度，测角计上则有度与分刻度。

测量体尺与称重可同期进行，一般在初生、6 月龄（断奶）、周岁、1 岁半、2 岁、3 岁和成年时测定。测量体尺时必须使被测量的牛直立在平坦的地面上，四肢的位置必须垂直、端正，左、右两侧的前后肢均须在同一条直线上；在牛的侧面看时，前后肢站立的姿势也必须在一直线上。头应自然前伸，既不左右偏，也不高仰或下俯，头骨近端与鬐甲接近于水平。只有这样的姿势才能得到比较准确的体尺数值。

测量部位的数目，依测量目的而定。例如，估测牛的活重时，只测量体斜长（软尺）和胸围两个项目即可。为了观察及检查在生产条件下的生长情况，测量部位可由 5 个（鬐甲高、体斜长、坐骨端宽、腰角宽、管围）到 8 个（鬐甲高、尻高、体斜长、胸围、管围、胸宽、胸深、腰角宽）。而在研究牛的生长规律时，则测量部位可增加到 13～15 个，即除上述 8 个部位外，再加头长、最大额宽、背高、十字部高、尻长、髋关节和坐骨端宽 7 个部位。现着重介绍一般常用的几项体尺的测量方法：

a. 体斜长。从肱骨前突起的最前点（即肩关节的前端）到坐骨结节之间的距离。用测杖或硬尺测量。

b. 胸围。肩胛骨后缘处做一垂线，用卷尺绕一周测量，其松紧度以能插入食指和中指上下滑动为准。

c. 鬐甲高（简称体高）。自鬐甲最高点垂直到地面的高度。用测杖测量。

d. 前管围。在前掌骨上 1/3 最细处的水平周径长度。用卷尺测量。

e. 胸深。肩胛后缘胸部上、下间的距离。用卡尺或测杖测量（测杖测量读宽一面的距离）。

f. 胸宽。肩胛后缘胸部最宽处左、右两侧间的距离。用卡尺或测杖量。

g. 尻长。腰角前缘至臀端的距离。用卡尺测量。

h. 腿围。主要用于肉牛的测量。从一侧后膝前缘，绕臀后至对侧后膝前缘突起的水平半周长。测量时一定要使牛的后肢站立端正，否则误差极大。应连续测量两次求其平均值。

i. 腰角宽。两腰角外缘间的直线距离。

j. 坐骨端宽。两坐骨结节间的宽度。用圆形测定器测量。

k. 乳房的测量。乳房容积的大小，与产奶量有密切的关系。因此，测定母牛乳房的最大生理容积，可作为评定产奶量高低的参考。测量应在最高泌乳胎次和泌乳高峰期（产后 1～2 个月）及在挤奶前进行。一般测量以下几个部位：乳房围，乳房的最大周径；乳房深度，后乳房基部（乳镜下部突出处）起至乳头基部；乳房半围，由前乳房基部至后乳房基部的长度；前、后乳房两乳头间的距离；左、右乳房两乳头间的距离；前（后）乳头后方的乳房半径。

③体尺指数的计算。研究家畜外貌时，为了进一步明确畜体各部位在发育上是否匀称、不同个体间在外貌结构上是否有差异，以及为了更明确地判断某些部位是否发育完全，在体尺测量后，常采用体尺指数计算的方法。所谓体尺指数，就是畜体某一部位尺寸对另一部位体尺的百分比，这样可以显示出两个部位之间的相互关系。

用指数鉴定外貌时，通常都是应用畜体某两个部位来相互比较的，而这两个相互比较的部位应该是彼此间关系最密切，并且按其解剖构造和生理机能来说是具有一定关系的。例如，为了判断家畜体高与体长的比例，可使用体长指数，即体斜长与髻甲高度之比，再乘以 100，为了确定家畜体量发育的情况，可使用胸围与体斜长的对比等。现将生产上最常用 5 种指数的计算方法介绍如下：

a. 体长指数。体躯的长度对髻甲高度的比例，即：体斜长/髻甲高×100。

一般乳用牛的体长指数较肉用牛小。胚胎期发育不全的家畜，由于高度上发育不全，此指数也相当大；而在生长期发育不全的牛，则与此相反，其体长指数远比该品种所固有的平均值为低。

b. 体躯指数。此指数是表明家畜体量发育情况的一种很好的指标。一般役用牛和肉牛的体躯指数比奶用牛大，原始品种的牛，此指数最小，即：胸围/体斜长×100。

c. 尻宽指数。坐骨结节间的宽度对两腰角间宽度的比例，即：坐骨端宽/腰角宽×100。

这一指数在鉴别公、母牛时特别重要。尻宽指数越大，表示由腰角至坐骨结节间的尻部越宽。高度培育的品种，其尻宽指数较原始品种要大。如西门塔尔牛的尻宽指数最大，即这种牛的尻部较宽；中国黄牛的尻宽指数较小，所以尻部狭窄，多有尖尻现象。

d. 胸围指数。胸围对鬐甲高的比例,即:胸围/鬐甲高×100。

在鉴别役牛时,此指数应用较多。因为胸围大小是耕牛役用能力大小的重要指标之一。由这一指数可以判断出役牛在体躯高度和宽度上相对发育的情况。

e. 管围指数。前管围对鬐甲部高度的比例,即:前管围/鬐甲高×100。

由这一指数可判断家畜骨骼相对发育的情况,这在鉴别役用牛时有着特别重要的意义。通常肉用品种牛的管围指数较乳用品种要小,役用牛的管围指数又较乳用品种要大。

(3)评分鉴定。评分鉴定是将牛体各部位依据其重要程度分别给予一定的分数,总分是 100 分。鉴定人员根据外貌要求,分别评分,最后综合各部位评得的分数,即得出该牛的总分数。然后按给分标准,确定外貌等级。

中国荷斯坦奶牛外貌鉴定评分及等级标准见表 3-3～表3-5。

表 3-3　母牛外貌鉴定评分表

项　目	细目与给满分要求	标准分
一般外貌与乳用特征	1. 头、颈、鬐甲、后大腿等部位棱角和轮廓明显	15
	2. 皮肤薄而有弹性,毛细而有光泽	5
	3. 体高大而结实,各部结构匀称,结合良好	5
	4. 毛色黑白花,界线分明	5
	小计	30
躯体	1. 长、宽、深	5
	2. 肋骨间距宽,长而张开	5
	3. 背腰平直	5
	4. 腹大而不下垂	5
	5. 尻长、平、宽	5
	小计	25

（续）

项　目	细目与给满分要求	标准分
泌乳系统	1. 乳房形状好，向前后延伸，附着紧凑	12
	2. 乳房质地：乳腺发达，柔软而有弹性	6
	3. 四乳区：前乳区中等大，4 个乳区匀称，后乳区高、宽而圆，乳镜宽	6
	4. 乳头：大小适中，垂直呈柱形，间距匀称	3
	5. 乳静脉弯曲而明显，乳井大，乳房静脉明显	3
	小计	30
肢蹄	1. 前肢：结实，肢势良好，关节明显，蹄质坚实，蹄底呈圆形	5
	2. 后肢：结实，肢势良好，左右两肢间宽，系部有力，蹄形正，蹄质坚实，蹄底呈圆形	10
	小计	15
总计		100

表 3-4　公牛外貌鉴定评分表

项　目	细目与给满分要求	标准分
一般外貌与乳用特征	1. 色黑白花，体格高大	7
	2. 有雄相，肩峰中等，前躯较发达	8
	3. 各部位结合良好而匀称	7
	4. 背腰：平直而坚实，腰宽而平	5
	5. 尾长而细，尾根与背线呈水平	3
	小计	30
躯体	1. 中躯：长、宽、深	10
	2. 胸部：胸围大，宽而深	5
	3. 腹部紧凑，大小适中	5
	4. 后躯：尻部长、平、宽	10
	小计	30

（续）

项　目	细目与给满分要求	标准分
乳用特征	1. 乳房形状好，向前后延伸，附着紧凑	6
	2. 颈长适中，垂皮少，鬐甲呈楔形，肋骨扁长	4
	3. 皮肤薄而有弹性，毛细而有光泽	3
	4. 乳头呈柱形，排列距离大，呈方形	4
	5. 睾丸：大而左右对称	3
	小计	20
肢蹄	1. 前肢：肢势良好，结实有力，左右两肢间宽；蹄形正，质坚实，系部有力	10
	2. 后肢：肢势良好，结实有力，左右两肢间宽；飞节轮廓明显，系部有力，蹄形正，蹄质坚实	10
	小计	20
总计		100

表3-5　外貌鉴定等级标准

性别	特等	一等	二等	三等
公	85	80	75	70
母	80	75	70	65

说明：对公、母牛进行外貌鉴定时，若乳房、四肢和体躯其中1项有明显生理缺陷者，不能评为特级；有2项时不能评为一级；有3项时不能评为二级。对于乳用犊牛及周岁育成牛，由于泌乳系统尚未发育完全，泌乳系统可作为次要部分，而把重点放在一般外貌、乳用特征和体躯容积3个部分上。

（4）奶牛的线性鉴定。奶牛线形外貌评定方法起源于美国，它是指一头奶牛的各种生物性状（如尻部的水平程度和后乳房附着的宽度），按0～50分，从性状的一个极端到另一个极端来衡量。这一方法共评定15个主要外貌性状和14个次要外貌性状，提供了每头评定奶牛线形描述的体型轮廓。综合和分析这些资料，可对荷斯坦种公牛得出正确而详细的遗传预测，有利于公牛和母牛的矫正选配。

经过 3 年的研究、试用和修改，美国荷斯坦奶牛协会于 1983 年 1 月在奶牛群中开始实行线性外貌评定方法。线性外貌评定方法是目前在美国为 35 名官方鉴定员所使用的唯一外貌评定方法。荷兰、日本、英国、加拿大、德国等 9 个国家也已开始推广应用。目前在美国使用的线性外貌评定方法，与过去所使用的"描述性方法"所鉴定的性状基本上是一致的，但是线性外貌评定方法是按 1～50 分，从一个性状的生物学极端向另一生物学极端来衡量的。除使用线性外貌评定方法外，还继续按 4 大特征，即总体表现、乳用特征、体躯容积和泌乳系统计算出体型外貌的最后分数（以理想型的百分数表示）。荷斯坦牛的线性性状被分为 15 个主要性状和 14 个次要性状。主要性状是那些具有经济价值、变化性强、结合起来可以作为选择种公牛依据的性状。次要性状的确立是为进一步估计其经济和遗传价值的研究收集更多的信息。次要性状是用于试验性目的的，鉴定员只在工作笔记本上注明生物学极端状况。线性外貌评定方法所包括的 15 个主要性状可归纳为 5 个主要系统：体型、尻部、肢蹄、乳房和乳头。

①15 个主要性状。

体型：体高、强壮度、体深、棱角。

尻部：尻角、尻长、尻宽。

腿蹄：后肢、蹄的角度。

乳房：前乳区附着、后乳房高度、后乳房宽度、乳房悬垂状况、乳房深度。

乳头：乳头位置。

②14 个次要性状（二级性状）也可归纳为 5 个系统：体型、尻部、肢蹄、乳房和乳头。

体型：前躯高度、肩、背。

尻部：尾根、阴门角度。

　　肢蹄：后肢踏着、后肢后望、系部、蹄尖、动作。

　　乳房：前乳房长度、乳房匀称。

　　乳头：乳头侧望、乳头长度。

　　后来，主要性状中的尻长由于与体高线成正比而被删除，乳头后望变更为前乳房位置，14个次要性状仅作为调查项目，保留后肢踏着和后肢后望。从而成为主要性状14个、调查性状2个，共16个项目。

　　日本于1984年改变以往记述式鉴定方法，直接采用美国29项的线性评定方法。1986年删除了5个次要性状，并对个别极端性状不做鉴定（有的次要性状受管理和环境影响较大），以主要性状作为鉴定的主体。

　　线性性状单一明确，能确切了解奶牛的机能特点，评分拉得开，牛体间部位性状差别鲜明，便于统计。

　　研究表明，线性方法通过更为准确的衡量手段提高了种牛的遗传力。因而，奶牛饲养者也能够更易识别出种公牛间的区别。

　　（5）体况评分鉴定。

　　①体况评分的概念。牛体况评分是世界上一些养牛业发达国家，近年来开始推行的一套对牛体状况或牛体脂肪积累量的衡量方法，是推测牛群生产力的一项重要指标。它可用于检验和评价饲养管理水平，为生产经营者、市场交易者以及兽医工作人员等提供了一种科学、准确、简便易行、可操作性强的评价牛营养状况的统一标准。牛体况评分是用一系列的分数单位来表示牛的体况，其优点是不需要任何特殊的工具和设备，就可快速得出结果，对于一般的生产管理和研究来说，都具有可靠的准确性。更重要的是当描述牛体况时，每个评价者都能应用同一种术语来表达，这就比那些含糊其词的级别术语，例如，"肥""中等肥""稍肥"或"瘦""较瘦"等描述，更为准确和统一。

②评分方法。牛体况的评分级别是从 1 分（非常瘦）到 5 分（较肥）。在牛腰角和最后肋之间的腰部区域覆盖的脂肪是用于体况评分的主要部位，尤其是在较瘦的动物，更具有典型性。测定时将手放在牛的腰部，手指的指向与腰角骨相对，用大拇指去触摸和感觉短肋（腰椎骨横突）部末端的脂肪覆盖量。由于在短肋和皮肤之间没有肌肉组织，所以大拇指触觉到的任何沉积物就是脂肪。在较肥胖的牛，由于脂肪的沉积较厚，所以尽管施加压力也触摸不到短肋。除短肋部以外，尾根部的脂肪覆盖程度也被用于评价体况。

③评分标准。按照英国的标准，为 5 分制。具体描述如下：

1 分：用手触摸牛的每一短肋，感觉轮廓清晰明显凸出，呈锐角，没有脂肪覆盖其周围。腰角骨、尾根和肋骨眼观突起鲜明。

2 分：用手触摸，可分清每一单独的短肋，但感觉其端部不如 1 分体况那样锐利，有一些脂肪覆盖于尾根周围，腰角骨和肋骨不明显。

3 分：只有当用力下压时，才能触摸到短肋，很容易触摸到尾根部两侧区域有一些脂肪覆盖。

4 分：触摸尾根周围覆盖的脂肪，柔软，略呈圆形，尽管用力下压也难以触摸到短肋，可见更多的脂肪覆盖于肋骨，牛的整体脂肪量较多。

5 分：牛体的骨架结构不明显，躯体呈短粗的圆筒状，尾根和腰角骨几乎完全埋在脂肪里，肋骨和大腿部明显沉积大量脂肪，短肋被脂肪包围，牛体因积累大量脂肪而影响运动。

在实践中，某一动物的体况可能介于两个等级之间，上下为半分之差，如 2.5 分，表示被测动物的体况是介于 2～3 分。由于被毛丰满时，会从视觉上掩盖较差的体况，所以，体况评分不仅要靠眼观，更主要的是根据手的触觉，对动物体表某些特定部位的脂肪覆盖程度进行衡量而决定的。

④体况评分时间。繁殖母牛需要在每个生产年度的如下3个时期进行一次体况评分。

第一次：秋季妊娠检查时或冬季饲养开始前进行一次评分，其理想分数为3.0分。

第二次：产犊后评分一次，成年母牛的适宜分数应为2.5分，初产母牛为3.0分。

第三次：配种开始前的30天评分一次，此时以2.5分为宜。

2. 奶牛生产性能鉴定　奶牛生产性能测定（DHI）技术是通过技术手段对奶牛场的个体牛和牛群状况进行科学评估，依据科学手段适时调整奶牛场饲养管理，最大限度发挥奶牛生产潜力，达到奶牛场科学化管理和精细化管理。DHI技术是奶牛场管理和牛群品质提升的基础。通过对DHI技术报告层层剖析，使问题得以暴露。主要着眼于反映出的奶牛隐性乳房炎、乳脂乳蛋白含量、泌乳天数变化等几个关键环节的指标数据，采取相应的技术措施，适时调整奶牛场管理，从而提高牛群生产水平和生鲜乳质量，最终达到提高牛场经济效益的目的。

（1）我国奶牛生产测定简况。我国奶牛生产性能测定工作开始于1992年，最早开始于天津；1995年随着中国-加拿大综合育种项目实施，先后在上海、北京、西安、杭州等地开展；截至2008年底，全国参加生产性能测定的奶牛超过30万头。2008年，农业部立项在16个省（直辖市、自治区）建立了18个DHI实验室推广该项技术。到2009年12月，全国参测的牛场1 024个，参测奶牛52.8万头。这项技术在我国起步虽晚，但正在迅速推广，越来越多的牛场开始接受和应用。上海市1995—2005年参加DHI技术应用的日产奶量、乳脂率、乳蛋白率和体细胞数变化情况见表3-6。可明显看出，日产奶量和乳脂率分别由1995年的19.01千克和3.68%提高到2005年的24.8千克、3.80%；乳蛋白率和体细胞数分别由1995年的3.13%和118.25万个/毫升改善到2005年的3.01%和51.09万个/毫升。DHI测定在西安市草滩奶牛二场的使用效果见表 3-7。

表 3-6 上海市参加生产性能测定牧场测试情况

年份	日产奶量（千克）	乳脂率（%）	乳蛋白率（%）	体细胞数×1 000/毫升
1995	19.01	3.68	3.13	1 182.50
1996	20.73	3.44	2.29	921.58
1997	21.50	3.29	2.92	858.64
1998	21.70	3.26	3.01	591.60
1999	24.13	3.37	2.99	548.90
2000	23.72	3.63	2.96	459.61
2001	25.47	3.59	2.92	501.30
2002	25.62	3.71	2.99	523.68
2003	24.76	3.81	3.03	659.24
2004	24.15	3.80	3.07	544.68
2005	24.85	3.80	3.01	510.90

表 3-7 DHI 测定在西安市草滩奶牛二场的使用效果

项　　目	农垦系统 9 个奶牛场		草滩奶牛二场	
年份	1988	1998	2000	2007
成年母牛数（头）	2 450		382	443
平均头年产（头）	5 841	6 906	6 461	8 135
平均进展量（千克）	106.5（未用 DHI）		239.1（参加 DHI）	

（2）奶牛生产性能测定(DHI)操作流程。生产性能测定流程主要包括牧场的初期工作、实验室分析以及数据处理 3 个部分。

①样本采集。

a. 测定牛群要求。参加生产性能测定的牛场，应具有一定生产规模，最好采用机械挤奶，并配有流量计或带搅拌和计量功能的采样装置。生产性能测定采样前必须搅拌，因为乳脂比重较小，一般分布在牛奶的上层，不经过搅拌采集的奶样会导致测出的奶成分偏高或偏低，最终导致生产性能测定报告不准确。

b. 测定奶牛条件。测定奶牛应是产后 1 周以后的泌乳牛。牛场、小区或农户应具备完好的牛只标识（牛籍图和耳号）、系谱和繁殖记录，并保存有牛只的出生日期、父号、母号、外祖父号、外祖母号、近期分娩日期和留犊情况（若留养的还须填写犊牛号、性别、初生重）等信息，在测定前须随样品同时送达测定中心。

c. 采样。对每头泌乳牛一年测定 10 次，测试奶牛为产后 1 周这一阶段的泌乳牛，因为奶牛基本上 1 年 1 胎，连续泌乳 10 个月，最后 2 个月是干奶期。每头牛每个泌乳月测定 1 次，2 次测定间隔一般为 26～33 天。每次测定须对所有泌乳牛逐头取奶样，每头牛的采样量为 50 毫升，一天 3 次挤奶一般按 4：3：3（早：中：晚）比例取样，2 次挤奶按 6：4（早：晚）的比例取样。测试中心配有专用取样瓶，瓶上有 3 次取样刻度标记。

d. 样品保存与运输。为防止奶样腐败变质，在每份样品中须加入重铬酸钾 0.03 克，在 15℃ 的条件下可保持 4 天，在 2～7℃ 冷藏条件下可保持 1 周。采样结束后，样品应尽快安全送达测定实验室，运输途中须尽量保持低温，不能过度摇晃。

②样本测定。

a. 测定设备。实验室应配备奶成分测试仪、体细胞计数仪、恒温水浴箱、保鲜柜、采样瓶、样品架等仪器设备。

b. 测定原理。实验室依据红外原理做奶成分分析（乳脂率、乳蛋白率），体细胞数是将奶样细胞核染色后，通过电子自动计数器测定得到结果。生产性能测定实验室在接收样品时，应检查采样记录表和各类资料表格是否齐全、样品有无损坏、采样记录表编号与样品箱（筐）是否一致。如有关资料不全、样品腐坏、打翻现象超过 10% 的，生产性能测定实验室将通知重新采样。

c. 测定内容。主要测定日产奶量、乳脂肪、乳蛋白质、乳糖、全乳固体和体细胞数。

③生产性能测定报告提供的内容。数据处理中心，根据奶样

测定的结果及牛场提供的相关信息，制作奶牛生产性能测定报告，并及时将报告反馈给牛场或农户。从采样到测定报告反馈，整个过程需3～7天。奶牛生产性能测定（DHI）报告的项目指标：日产奶量、乳脂率、乳蛋白率、泌乳天数、胎次、校正奶量、前次奶量泌乳持续力、脂蛋白比、前次体细胞数、体细胞数（SCC）、牛奶损失、总产奶量、总乳脂量、总蛋白量、高峰奶量、高峰日90天产奶量、305天预计产奶量、群内级别指数（WHI）、成年当量等（图3-1）。

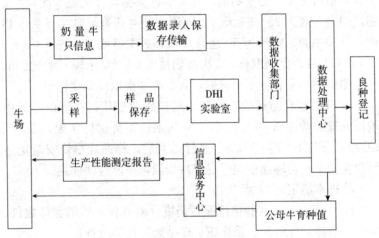

图3-1　奶牛生产性能测定（DHI）操作流程

（3）奶牛生产性能测定的意义。

①提高原料奶质量。原料奶的质量好才能保证乳制品质量，只有高质量的原料奶才能生产出高质量的乳制品并带来最好的经济效益。原料奶质量的好坏主要反映在生鲜乳的主要成分和卫生达标两个方面。在生产性能测定中，通过调控奶牛的营养水平有效地控制了牛奶乳脂率和乳蛋白率，生产出理想成分的牛奶。

②乳房炎的发病率得到有效控制。奶牛发生任何机体部分病

变或生理变化都会减少奶的产量，由于生产性能测定能及时监控个体奶牛生产性能表现，因此可以大大提高兽医的工作效率。通过每月的奶牛生产性能测定报告可以获知以下信息：一是掌握奶牛产奶水平的变化、了解奶牛是否受到刺激、准确把握奶牛健康状况；二是分析奶成分的变化、判断奶牛是否患酮病、慢性瘤胃酸中毒等病；三是通过测量体细胞数的变化，及早发现乳房炎、特别是为及早发现隐性乳房炎，并且为制订防治计划提供科学合理的依据，从而有效减少牛只淘汰，降低治疗费用。截至目前，4个奶牛场奶牛乳房炎发病率已降低到9%以下。

③推进奶牛品种改良。生产性能测定得到的数据是进行种公牛遗传评定的主要依据，只有可靠准确的性能记录才能保证不断选育出真正遗传素质水平高的优秀种公牛用于牛群品种改良。针对于某个奶牛场而言，可以根据奶牛个体性状的表现，在保留优点、改进不足的前提条件下，选择配种公牛并做好选配工作，从而提高品种改良的成效。例如，可根据个体奶产奶量、乳脂率、乳蛋白率的不同选用不同的种公牛进行配种。对那些乳脂率低的，可选用提高乳脂率的种公牛；乳蛋白低的，选用提高乳蛋白的种公牛等。而如果没有准确而全面的生产性能记录作为参照，就不可能实现针对个体牛进行科学的选种选配。通过对个体牛的选种选配从而不断提高整个牛群后代的质量。

④有利于制订科学的管理制度。生产性能测定报告不仅可以及时反映个体的生产表现，还可以记录牛只的以往表现。人们就可以依据牛只生产表现及所处不同的生理阶段进行科学的分群饲养。奶牛生产性能测定已经成为奶牛场决策的依据，为饲养繁殖、控制疾病、管理奶牛场等提供了技术共享的平台。

（4）现阶段我国奶牛生产性能测定存在的问题。

①产奶量记录和采样不规范。大多数采样员在记录产奶量时，由于流量计读数不规范产奶量记录存在误差。流量计使用后必须进行清洗，并定期加以校正，以确保计量的准确性，但目前

只有少数奶牛场能做到这一点。DHI 采样集中，工作量大，不可避免地出现了各种各样的不规范操作。如对产后 7 天以内的泌乳牛进行采样，奶样未严格按照 4∶3∶3 或 6∶4 比例进行；取样前流量计中牛奶未充分混合；采取后的奶样未加摇晃；奶样未放置于 2～7℃冷藏室或通风阴凉处等导致检测结果失真。

②目前大部分奶牛场不会解读 DHI 报告。DHI 报告解读者不仅要有扎实的专业知识，而且要有长期从事 DHI 工作的丰富经验。一般奶牛场缺少专业人才，无法对 DHI 报告进行解读。因此，目前国内各奶牛生产性能测定中心请专家对 DHI 报告进行解读，然后将 DHI 报告和解读一起发送至奶牛场使用。奶牛生产性能测定中心还定期进行专家回访，使 DHI 报告与生产实际相结合。但是，专家回访的次数有限，只有奶牛场学会解读 DHI 报告，才能够充分发挥 DHI 报告的指导作用。

③奶牛场管理软件和 DHI 报告不能很好结合。规模化奶牛场一般都使用奶牛场管理软件，如阿菲牧（aftrarln）牛场管理软件、乳业专家奶牛场管理系统、Dairy Comp 305 软件等对奶牛场进行信息化管理。两者的侧重点不同，奶牛场管理软件模块涉及的方面比较广泛，侧重于整体的管理，实现全程化的计算机监控管理；而 DHI 报告侧重于通过对奶样的检测，反映牛只及牛群配种繁殖、生产性能等方面的信息，科学有效地加强管理。充分发挥牛群的生产潜力，进而提高经济效益。由于两者的兼容性差，奶牛场很难将奶牛场管理软件出的报表与 DHI 报告结合起来使用。

四、奶牛选种选配技术

在我国奶业由传统奶业向现代奶业转变的过程中，如何搞好奶牛场选种选配是不断提高奶牛场经济效益的基础工作。有资料报道，随着人工授精技术的广泛应用，种公牛对奶牛生产性能遗传改良的贡献，可达到总遗传进展的 75%～95%。因此，选择优秀种公牛冷冻精液和适合的选配对牛群改良至关重要。

1. 选种　奶牛场选用种公牛的好坏直接关系着 3 年以后该牛场中将会有怎样的产奶能力的母牛及生产效益的好坏。合理科学地选择种公牛对一个奶牛场而言至关重要。目前，我国各地种公牛站所饲养的种公牛来源主要有 4 种：从国外直接进口青年公牛或胚胎在国内培养进而选育种公牛；引进国外优秀验证种公牛的冷冻精液，再选择国内的优秀种子母牛进行交配，选育种公牛；利用国内后裔测定成绩优秀的种公牛选配优秀种子母牛，从而选育种公牛；直接进口国外验证的优秀种公牛。选择公牛的方法有 2 种，即根据后裔测定结果选择验证公牛和通过系谱选择青年公牛。

（1）验证公牛的选择。目前，后裔测定是国际上迄今选择优秀公牛最可靠的方法。北京市奶用种公牛后裔测定中评价种公牛的主要性状为：产奶量、乳脂量、乳脂率、乳蛋白量、乳蛋白率及体型外貌整体评分。衡量种公牛优劣的主要指标是 PTA 值，即预测传递力（predicted transmitting ability），它反映了公牛能传递给女儿的遗传优势值。在评定中，产奶性状和整体评分的 PTA 值越高越理想。

①公牛的三代系谱。系谱记录了公牛的血统来源、牛号、名字、出生日期、生长发育情况、生产性能和鉴定成绩等。系谱的选择主要是为了避免近交。

②PTA 值。PTA 值是选择公牛的主要指标，包括产奶量预测传递力（PTAM）、乳脂量预测传递力（PTAF）、乳脂率预测传递力（PTAF%）、乳蛋白量预测传递力（PTAP）、乳蛋白率预测传递力（PTAP%）和体型整体评分预测传递力（PTAT）。总性能指数（TPI）是将上述生产性状的 PTA 值根据相对经济重要性加权构成的一个综合育种指数，公牛的选择通常按 TPI 值的大小顺序排列。一般来说，作为一个可以信赖的估计育种值，其可靠性至少要达到 75%。

③公牛后裔柱形图。柱形图是通过线性以鉴定员鉴定公牛女儿的体型性状为基础，然后将各体型性状的预期传递力（PTA）进行标准化后的数据以图形形式直观表示公牛对各个性状的改良能力。它是以性状平均数为轴，以标准差为单位绘制而成。通常，99%的标准化的传递力（STA）数值在－3和＋3之间。如果一头公牛某个性状的STA值等于零，说明该公牛该性状处于群体的平均水平。但STA的极端取值只表明公牛性状与群体均值差异很大，并不表明性状一定理想或不理想，两者之间没有此类确切关系。对某些性状如悬韧带，以极端正值为好，极端负值为差；另外一些性状如后肢侧望，则以适中的STA值为理想，极端正值和负值都不好。通过柱形图可明确显示该公牛女儿的各部位性状，从而选择公牛的优秀性状，避免公母牛的缺陷重合。

④避免近交。避免近交是选择公牛最基本的要求。由于近交会使隐性有害基因纯合，使有害性状表现出来（主要表现有繁殖力减退、死胎、畸形多、生活力下降、适应性差、体质差、生长慢和生产力降低），因此，一般奶牛场应该控制近交系数不能超过4%。近交系数的计算方法如下：

$$Fx = \sum \left[(1/2) N (1+FA) \right]$$

式中，Fx为个体X的近交系数；N为通过共同祖先把父母联系起来的途径链上的所有个体数；FA为共同祖先本身的近交系数。

如果共同祖先本身不是近交个体，则公式简化为：

$$Fx = \sum \left[(1/2) N \right]$$

⑤公牛的遗传评定。注重种公牛的遗传评定方法和结果。目前，全国各地公牛站对公牛的测定方法和结果各不相同，比较的遗传基础也不一样，选用种公牛时应注意区别。目前，北京市的奶牛遗传评定工作一直居全国领先地位。北京市以国有奶牛场所属的3万多头奶牛为依托，广泛开展生产性能测定（DHI），保证基础数据可靠。1995年，北京市在国内率先应用"动物模型

BLUP"法进行种公牛育种值的估计，并且以"公牛概要"的形式每年公布1次，从2000年开始，为了更加及时准确地反映北京市公牛遗传进展情况，每年公布2次后裔测定结果。2006年1月，北京市在国内首次统计了公牛的受胎率、产犊难易及犊牛出生重要性状，供奶牛场选种选配参考。高产奶牛具有高的经济效益，因为高产牛每千克牛奶所需的饲料量比低产牛少。例如，北京著名的验证种公牛94107的产奶量PTAM＋2 051千克。它的遗传基础是以北京市1979—2001年间产奶成绩记录的最小二乘群体平均值6 987千克，即该公牛在一个平均产量为6 987千克的牛群中使用，其女儿可有2 051千克的遗传改进量，即达到6 987＋2 051＝9 038千克。与同期的其他公牛女儿相比较，94107的女儿每胎有望多产奶1 000～1 500千克。目前，北京三元绿荷奶牛养殖中心经过多年的选育，成母牛全群年平均单产量已达8 800千克以上，代表了国内的最先进水平。

（2）待测青年公牛的选择。仔细查看公牛的系谱，了解公牛的血统（父亲、外祖父和外曾祖父），计算系谱指数。系谱指数＝1/2父亲育种值＋1/4外祖父育种值（父亲育种值的可靠性必须达到85％以上）。

个体生长发育与健康。公牛个体生长发育正常，12月龄体重350千克以上。体质健壮，外貌结构匀称，无明显缺陷。成年种公牛的体型要求体高达到155～165厘米，体斜长180～190厘米，胸围230～240厘米，管围20～24厘米，体重1 000～1 200千克。凡四肢不够强壮结实、肢势不正、背线不平、颈线薄、胸狭、腹大而下垂、尖斜尻、生殖器官畸形和睾丸大小不一等均不符合种用。经检疫无任何疾病。

查看母牛的一胎305天产奶量、脂肪、蛋白质、乳房指数和母牛综合效益指数。

如果有条件的话，了解公牛的半同胞姐妹的产奶量等生产性能。

（3）进口验证公牛冷冻精液的使用。目前，随着奶牛业的快速发展，奶牛场可以选择的进口冻精也越来越多。其中大多数是从美国和加拿大进口的验证公牛冻精。全世界每年后裔测定公牛5 000头左右，其中美国1 500头，加拿大500头。在奶业发达国家，如北美和欧洲的奶用种公牛约在6月龄进入人工授精中心（种公牛站），并在11月龄时第一次采集精液，在14月龄时至少要能产2 000份精液，这些精液将作为后裔测定用，使用这些精液公牛至少有100头以上具有泌乳能力的子代母牛（即公牛女儿）。4年多以后，公牛才完成后裔测定。当公牛的后测结果出来后，95%左右的公牛被淘汰。因此，进口冻精100%是经过后裔测定的，选择强度高，遗传水平高。有经济条件的奶牛场可以适当地选用进口冻精，有助于加快牛场的遗传改良速度。

（4）性控精液。性控精液是通过精液分离技术分离出人们可以自由控制性别的单性精液，就奶牛来说，就是雌性为主的精液。目前，性别控制雌性牛平均准确率90%，人工授精母牛情期受胎率45%，精子数是每支0.25毫升细管含200万个精子。因此，与常规精液的输精不同之处在于：常规精液的输精部位在子宫颈内口即可，精子可以向双侧子宫角移动，性控精液最好将其输在卵泡发育侧的子宫角，以提高精子密度，有助于提高受胎率。由于奶牛场以出售牛奶为主，生下的公犊没有饲养价值，性控精液可以极大地提高母犊比例，避免资源浪费，迅速扩大种群。因此，性控精液在我国有较好的发展前景。

（5）验证公牛和待测青年牛的使用比例。在奶业发达国家，验证公牛的使用比例一般可以达到60%～70%，待测青年公牛占30%～40%。而我国奶牛场使用的验证公牛的比例非常低。随着最近几年奶牛养殖业的大发展，人们越来越重视种公牛的后裔测定，逐渐加大了后裔测定成绩优异的种公牛的使用比例和范围，以加快奶牛群体遗传改良速度。

（6）种公牛站的选择。目前，全国有70多家种公牛站。奶牛场应该选择有农业部颁发冷冻精液生产经营许可证的单位去购买奶牛冷冻精液。国内最大的种公牛站主要有北京奶牛中心种公牛站、黑龙江种公牛站、上海公牛站和天津公牛站等。

2. 选配　选配是在奶牛群鉴定的基础上进行的，有计划地让具有优良遗传特性的公母牛进行交配，得到能产生较大遗传改进的理想后代。

（1）分析牛群情况，确定育种目标。在确定选配方案前，首先对本场牛群进行仔细调查分析，包括本场牛群的血统系谱图、使用过历史公牛（在群牛的父亲）、胎次产奶量、乳脂率、乳蛋白率和体型外貌的主要优缺点等。确定本场最近几年的育种目标，应结合本牛群母牛的生产性能及体型外貌情况，以改良2～3个性状为主，不要面面俱到，才能获得较理想的改良效果。目前，我国的多数奶牛场的育种目标主要以产奶量和乳蛋白率为主，兼顾外貌中乳房结构、肢蹄和体躯结构等性状。

（2）选配原则。根据育种目标，为提高优良特性和改进不良性状而进行选配；应考虑牛只的个体亲和力和种群的配合力进行选配；公牛的生产性能与外貌等级（遗传素质）应高于与配母牛等级；优秀公母牛采用同质选配，品质较差的母牛采用异质选配。但是，一定要避免相同缺陷或不同缺陷的交配组合，一般牛群应控制近交系数在4%以下。

（3）选配的方法。根据母牛基本体型和生产水平，选择与配公牛；根据母牛乳房、肢蹄等表现最差的外貌缺陷，选择具相对优点公牛；其他性状表现，选择最具相对优点的种公牛；同质选配，具有相同优良性状的公母牛间选配，目的是巩固优秀性状；异质选配，矫正不良性状，多用于生产群；亲缘选配，控制近交系数≤4%，避免近交衰退。

（4）选种选配应注意的问题。国内各地种公牛站饲养的种公牛大多数是引进国外的验证公牛冻精和冷冻胚胎培育的。尤其以美国和加拿大血统居多，许多公牛相互之间都有血缘关系。通过选择不同公牛站避免近交是不可能的，笔者 2005 年分析了上海和北京 2 个公牛站的在群种公牛，血缘关系相近的公牛占 98%。尤其是世界著名公牛黑星（To-Mar Blackstar）和空中之星（Madawaska Aerostar）的后代多。因此，一定要做好本牛场的育种资料记录，了解所选公牛的血统，避免近交，从而避免后代个体的生产性能下降。

在选配时，若母牛的缺陷较多，选择改良首选主要性状，若一次改良多个缺陷，会降低选择差，使遗传改良速度降低，达不到牛群的预期改良。

群体制订选配计划时，应注意待测青年公牛和验证公牛的使用比例，青年牛精液由于没有经过后裔测定，所以价格相对较低，它的后代在各方面的表现还是未知数，在牛群中大面积使用有一定的风险。而有后裔测定成绩的种公牛，虽说冻精的价格高，但它是经过后裔测定已证明其女儿在各方面遗传效果都是良好、稳定的，大面积使用比较稳妥，所以奶牛场做选配计划时建议待测青年公牛占 40%，而有后裔测定成绩的验证种公牛占 60%。优良品种作为奶牛生产的物质基础对奶牛生产的影响占 40%。对奶牛场来说，优良品质在很大程度上依赖于种公牛冷冻精液的选择。经济效益是奶牛场的核心，牛场应根据自己的实际情况考虑牛群的育种改良目标，最终选择理想的种公牛，获得优秀的后代母牛。只有通过恰当的选种选配，加强饲养管理、繁殖管理、疾病防治等，才能培育出高产、优质、健康和长寿的牛群。

第四节　奶牛的营养与饲料

一、奶牛营养需求

奶牛的营养需要可以分为维持需要和生产需要两大部分。生产需要包括妊娠、泌乳和生长发育等需要。奶牛的营养需要随着体重、年龄、泌乳阶段等因素不同有较大的差别。奶牛的日粮配合应考虑以下指标：干物质采食量、能量、蛋白质、矿物质、微量元素、维生素。同时，尤其应重视过瘤胃蛋白和中性洗涤纤维等的需要量。

奶牛的营养需要也可参照料奶比1：（3～4）。以下为每产1千克4%标准乳的营养需要和不同产奶量的营养需求（表3-8、表3-9）。

表3-8 每产1千克4%标准乳的营养需要

项 目	干物质（DM）（千克）	奶牛能量单位（NND）（千克）	粗蛋白质（CP）（克）	钙（Ca）（克）	磷（P）（克）	胡萝卜素（毫克）
营养需要	0.4～0.45	1.0	55	4.5	3	1.26

表3-9 奶牛不同产奶量的营养需求

营养需求	泌乳量（千克/天）		
	15	25	35
干物质采食量（DMI）（千克/天）	17.3	20.3	23.6
奶牛能量单位（NND）	27.8	37.2	46.4
粗蛋白（CP）（克/天）	2 151	2 870	3 589
钙（Ca）（克/天）	103.80	125.86	143.96
磷（P）（克/天）	51.9	64.96	82.6
中性洗涤纤维（NDF）（%）	25～33	25～33	25～33
酸性洗涤纤维（ADF）（%）	17～21	17～21	17～21

注：表中为体重650千克/只，每天产奶量为15千克或25千克或35千克3.5%乳脂率的奶牛的营养需要。

1. 干物质采食量 干物质采食量受体重、泌乳阶段、产奶量、健康状况、日粮水分、饲料品质、气候、采食时间等因素的影响。一般用占体重的百分比来表示。

奶牛在产后30～60天达到产奶高峰，而最大干物质采食量发生在产后 70～90 天。因此，泌乳早期能量处于负平衡，体重减轻；在泌乳的中期、后期，随着干物质进食量的增加，产奶量保持平稳并趋于下降，奶牛体况恢复，体重增加。

日粮中水分含量影响干物质的进食量，日粮中水分一般掌握在 45%～50%（当日粮含水量在 50% 以上时，每增加 1% 的含水量，每 100 千克体重干物质进食量降低 0.02 千克）。

粗饲料质量是奶牛干物质采食量的限制因素，优质粗饲料可以提高奶牛干物质采食量。

2. 能量需求 能量是奶牛维持、生长、生产和繁殖必不可少的营养需要。我国使用奶牛能量单位（NND）。

（1）维持能量需要。在中立温度下，逍遥运动的维持需要为 $85W^{0.75}$ 千卡；在低温、高温或运动情况下，能量消耗增长，这些增加的能量需要，可列入维持需要中计算。

（2）产奶能量需要。每生产 1 千克乳脂率 4% 的标准乳需要的产奶净能 750 千卡。

（3）体重变化与能量需要。奶牛日粮能量不足时，动用体储备能量去满足产奶需要，体重下降；当日粮能量过多时，多余能量在体内储存起来，则体重增加。体重每增 1 千克相当于 8 千克 4% 标准乳的产奶净能；体重每减 1 千克能产生 4.92 兆卡的产奶净能，相当于 6.56 千克 4% 标准乳。

（4）妊娠的能量需要。妊娠后期胎儿发育迅速，能量需要增加，妊娠 6 月、7 月、8 月、9 月时，每天应在维持基础上增加 1.00 兆卡、1.70 兆卡、3.00 兆卡和 5.00 兆卡的产奶净能。

（5）生长的能量需要。应根据不同的生长发育阶段和生长速度，确定生长的能量需要。

3. 蛋白质需要 用于提供动物所必需的氨基酸。氨基酸是体内所有细胞和组织的构成单位，奶牛体内各种酶、激素、精液及牛奶，均需要各种氨基酸。氨基酸来自于日粮中非降解蛋白质和瘤胃内合成的微生物蛋白。

奶牛日粮由混合饲草和富含淀粉的精料组成，保持瘤胃最有效的消化和发酵需要 11%～12% 的粗蛋白质。日粮的蛋白质水平过低，整个日粮的消化率将降低，其结果会降低饲料采食量，并使饲料的能量利用效率下降；当日粮蛋白水平过高，会造成蛋白质和能量的浪费。蛋白质的利用受日粮能量的限制，保持日粮的能氮平衡十分重要。

饲料蛋白包括真蛋白和非蛋白氮。进入瘤胃后非降解蛋白通过瘤胃；而降解蛋白和非蛋白氮分解为氨，被瘤胃微生物利用，合成菌体蛋白，在小肠吸收。瘤胃能合成菌体蛋白的日最高量约达 2.4 千克。高产奶牛所需要的日粮蛋白应含有较高的非降解蛋白，这样才能满足奶牛高产对蛋白质的需要。

4. 矿物质需求　矿物质元素可分为常量和微量两类，常量元素包括钙、磷、钠、氯、钾、镁和硫；微量元素包括钴、铜、碘、铁、锰、钼、硒和锌。矿物质过量会造成元素间的拮抗作用，甚至有害。

（1）钙。钙是组成骨骼的一种重要矿物成分，其功能主要包括肌肉兴奋、泌乳等。奶牛对钙的吸收受许多因素的影响，如维生素 D 和磷，日粮过多的钙会对其他元素如磷、锰、锌产生拮抗作用。成奶牛应在分娩前 10 天饲喂低钙日粮（40～50 克/天）和产后给予高钙日粮（148～197 克/天）。钙缺乏会导致犊牛佝偻病、成母牛产褥热等。

（2）磷。除参与组成骨骼以外，是体内物质代谢必不可少的物质。磷不足可影响生长速度和饲料转化率，出现乏情、产奶量减少等现象，补充磷时应考虑钙、磷比例，通常钙磷比为（1.5～2）∶1。

（3）钠和氯。在维持体液平衡，调节渗透压和酸碱平衡时发挥重要作用。泌乳牛日粮氯化钠需要量约占日粮总干物质的 0.46%，干奶牛日粮氯化钠的需要量约占日粮总干物质的 0.25%，高含量的盐可使奶牛产后乳房水肿加剧。钾是细胞内液的主要阳离子，与钠、氯共同维持细胞内渗透压和酸碱平衡，提高机体的抗应激能力。

（4）硫。对瘤胃微生物的功能非常重要，瘤胃微生物可利用无机硫合成氨基酸。当饲喂大量非蛋白氮或玉米青贮时，最可能发生的就是硫的缺乏，硫的需要量为日粮干物质的 0.2%。

（5）碘。参与许多物质的代谢过程，对动物健康、生产均有重要影响。日粮碘浓度应达到 0.6 毫克/千克（以干物质计）。同时，有研究认为碘可预防牛的腐蹄病。

（6）锰。功能是维持大量的酶的活性，可影响奶牛的繁殖。需要量为 40～60 毫克/千克（以干物质计）。

（7）硒。与维生素 E 有协同作用，共同影响繁殖机能，对乳房炎和乳成分都有影响。在缺硒的日粮中补加维生素 E 和硒可防止胎衣不下。合适添加量为 0.1～0.3 毫克/千克（以干物质计）。

（8）锌。是多种酶系统的激活剂和构成成分。锌的需要量为日粮的 30～80 毫克/千克（以干物质计）。在日粮中适当补锌，能提高增重、生产性能和饲料消化率，还可以预防蹄病。

5. 维生素需求 维生素对机体调节、能量转化、组织新陈代谢都有重要作用，分脂溶性（维生素 A、维生素 D、维生素 E、维生素 K）和水溶性（B 族维生素、维生素 C）两类。反刍动物可以在瘤胃组织合成多种维生素。

维生素缺乏容易引起多种疾病：维生素 A 缺乏能引起夜盲、胎衣滞留等问题。维生素 D 缺乏影响钙磷代谢，导致骨骼钙化不全，引起犊牛佝偻病。在分娩前 1 周喂大剂量的维生素 D 可以降低乳热症的发生。维生素 E 和硒有协同作用，维生素 E 缺乏时出现肌肉营养不良、心肌变性、繁殖性能降低等症状。B 族维生素、维生素 C 奶牛可在体内自己合成，一般不会缺乏。

对高产奶牛补充烟酸是有利的，可以减少应激，对增加牛奶产量、提高牛奶质量、控制酮病有辅助作用。

推荐量每千克饲料干物质维生素 A 不低于 5 000 国际单位，维生素 D 不低于 1 400 国际单位，维生素 E 不低于 100 国际单位。

6. 水的需求　水是奶牛必需的营养物质。奶牛的饮水量受干物质进食量、气候条件、日粮组成、水的品质及奶牛的生理状态的影响。水的需要量按干物质采食量或产奶量估算，每千克干物质采食量（DMI）需要 5.6 千克的水或每产 1 千克的奶需要 4~5 千克的水。环境温度达 27~30℃时泌乳母牛的饮水量显著上升。日粮的组成显著地影响奶牛的饮水量，母牛采食含水分高的饲料，饮水量减少，日粮中含较多的氯化钠、碳酸氢钠和蛋白质时，饮水量增加；日粮中含有高纤维素的饲料时，从粪中损失的水增加。水的温度也影响奶牛的饮水量和生产性能，炎热的夏季防止阳光照射造成水温升高；在寒冷天气，饮水适当加温可增加奶牛饮水量。饮水应保持清洁卫生。

7. 奶牛的特殊营养

（1）脂肪。脂肪可以提高日粮的能量浓度，缓解高峰期奶牛的能量负平衡。脂肪类饲料包括全棉籽、饱和脂肪酸、脂肪酸钙类制品。如果脂肪添加量过高，会影响瘤胃的发酵，特别是影响粗纤维的分解，使牛奶非脂固体率（特别是乳蛋白率）降低。

（2）粗纤维。奶牛在日粮中需要一定量的粗纤维来维持正常的瘤胃机能，防止代谢病的发生。当粗纤维水平达 15%，酸性洗涤纤维（ADF）在 19% 时能够维持正常的生产水平和乳脂率。粗料的长度影响奶牛的瘤胃机能，在日粮中至少有 20% 的粗料长度大于 3.5 厘米。

8. 推荐奶牛日粮营养浓度　成母牛各阶段营养浓度需要见表 3-10，后备牛日粮浓度见表 3-11。

表 3-10　成母牛各阶段营养浓度需要

营养需要	干奶前期	干奶后期	围产后期	泌乳早期	泌乳中期	泌乳末期
			0～21 天	22～80 天	80～200 天	>200 天
干物质采食量 (DMl)（千克）	13	10～11	17～19	23.6	22	19
总能（NEL）（兆卡/千克）	1.38	1.5	1.7	1.78	1.72	1.52
脂肪（Fat）（%）	2	3	5	6	5	3
粗蛋白（CP）（%）	13	15	19	18	16	14
非降解蛋白 (UIP)（%）	25	32	40	38	36	32
降解蛋白 (DIP)（%）	70	60	60	62	64	68
酸性洗涤纤维 (ADF)（%）	30	24	21	19	21	24
中性洗涤纤维 (NDF)（%）	40	35	30	28	30	32
粗饲料提供的中性洗涤纤维（NDF）（%）	30	24	22			
可消化总养分 (TDN)	60	67	75	77	75	67
钙（Ca）（%）	0.6	0.7	1.1	1	0.8	0.6
磷（P）（%）	0.26	0.3	0.33	0.46	0.42	0.36
镁（Mg）（%）	0.16	0.2	0.33	0.3	0.25	0.2
钾（K）（%）	0.65	0.65	0.25	1	1	0.9
钠（Na）（%）	0.1	0.05	0.33	0.3	0.2	0.2
氯（Cl）（%）	0.2	0.15	0.27	0.25	0.25	0.25
硫（S）（%）	0.16	0.2	0.25	0.25	0.25	0.25
维生素 A（IU）	100 000	100 000	110 000	100 000	50 000	50 000
维生素 D（IU）	30 000	30 000	35 000	30 000	20 000	20 000
维生素 E（IU）	600	1 000	800	600	400	200

表 3-11　后备牛日粮浓度

阶段划分	月龄	体重（千克）	奶牛能量单位（NND）	干物质（千克）	粗蛋白质（克）	钙（Ca）（克）	磷（P）（克）
哺乳期	0	35～40	4.0～4.5		250～260	8～10	5～6
	1	50～55	3.0～3.5	0.5～1.0	250～290	12～14	9～11
	2	70～72	4.6～5.0	1.0～1.2	320～350	14～16	10～12
犊牛期	3	85～90	5.0～6.0	2.0～2.8	350～400	16～18	12～14
	4	105～110	6.5～7.0	3.0～3.5	500～520	20～22	13～14
	5	125～140	7.0～8.0	3.5～4.4	500～540	22～24	13～14
	6	155～170	7.5～9.0	3.6～4.5	540～580	22～24	14～16
育成期	7～12	280～300	12～13	5.0～7.0	600～650	30～32	20～22
	13～16	380～400	13～15	6.0～7.0	640～720	35～38	24～25
青年期	17月至预产	420～500	18～20	7.0～9.0	750～850	45～47	32～84

二、饲料的加工调制及利用

1. 物理调制法

（1）切豆和切碎。各种青绿饲料、块根、块茎和秸秆，饲喂奶牛前应切短、切碎，一般以 3～4 厘米为宜。块根、块茎等多汁饲料饲喂前先洗涤，切成厚 8～12 毫米、宽 50 毫米以下的薄片，对于犊牛厚度应在 5～10 毫米、宽度 10～20 毫米以下。

（2）粉碎。谷实饲料应磨成较粗的碎粒，颗粒大小为 1～2 毫米。

（3）蒸煮或膨化。生黄豆及生饼粕含有抗胰蛋白酶，饲喂前应煮熟。玉米经过膨化可提高消化率。

（4）颗粒。奶牛喜欢吃颗粒化饲料，颗粒化饲料可以增加饲料密度，降低了灰尘。

（5）焙炒。大麦和豆类经焙炒后其中部分淀粉变成糊精，产生香甜味，可增加适口性，对幼畜还有促进食欲和止泻的作用。

2. 化学调制法 应用酸、碱、生石灰等化学药剂对秸秆等粗饲料处理，可以改善其适口性，提高其消化率。用碱处理的秸秆，对奶牛等反刍家畜有机物的消化率可增加到 $70\% \sim 75\%$，粗纤维可增加到 80%。但在碱化过程中饲料中的部分蛋白质可能被溶解，维生素受到破坏，因此，此法只适用于营养价值较差的粗饲料。

3. 饲料发酵法 即发酵饲料，可广泛地应用在各种农副产品和野生饲料，增加饲料的酸甜软香，提高适口性。常用的有自然发酵和盐水发酵。方法简便，将粗饲料切碎或粉碎，用热水（30℃）以 $1 : 1.5$ 的比例，将饲料浸湿，紧紧地装填入缸内或水泥池内，封闭缸口，经过 $5 \sim 7$ 天发酵后即可饲用。

4. 青贮饲料的调制 青贮是利用微生物的发酵作用，长期保存青绿多汁饲料的营养特性，扩大饲料来源的一种简单可靠而经济的方法，是保证奶牛常年均衡供应青绿多汁饲料的有效措施。

5. 干草的调制 干草是家畜冬季舍饲期间的主要饲料。品质优良的干草营养价值很高，如调制不当即可使干草的营养价值接近于秸秆。通常有人工干燥法和自然干燥法。

6. 根茎、瓜类的储藏 根茎、瓜类指甘薯、马铃薯、胡萝卜、甜菜、南瓜等，在合理的储藏条件下，一般可存放半年甚至 1 年左右。

安全储藏基本要求：一是注意适时收获；二是防止擦伤；三是储藏条件适宜，可用地窖、棚窖等储藏。

7. 配合饲料 配合饲料是由多种饲料配合而成的混合饲料。它是根据牛一天内所需的营养要求和所采食的饲料总量即日粮，再借助现代科学原理的指导配制而成。奶牛的日粮配合根据其饲养标准和饲料营养价值，选择若干种饲料按一定的比例相互配合，使其中所含的能量和营养物质能符合奶牛的营养需要。

三、饲养标准和日粮配合

1. 饲养工艺

（1）拴系饲养。有固定牛床及拴系设施，牛只平时在舍外运动场自由运动，不能自由进出牛舍。采食、刷拭和挤奶在舍内进行。按奶牛生长发育阶段和成母牛泌乳期、泌乳量等分群饲养。

（2）散栏饲养。按照奶牛的自然和生理需要，不拴系，无固定床位，自由采食，自由饮水，自由运动，并与挤奶厅集中挤奶、TMR 日粮相结合的一种现代饲养工艺。需要牛舍、挤奶设备、搅拌车、铲车等设备设施配套才能发挥作用。成母牛群的散栏饲养一般将牛群分成 5 种，即头胎牛群、泌乳盛期群、泌乳中期群、泌乳末期群和干奶牛群。后备牛的散栏饲养可根据牛群规模分群，为各群牛分别提供相应日粮。

2. 犊牛的饲养管理

（1）犊牛哺乳期（0～60 日龄）。

①饲养。犊牛饲喂必须做到"五定"，即定质、定时、定量、定温、定人，每次喂完奶后擦干嘴部。新生犊牛出生后必须尽快吃到初乳，并应持续饲喂初乳 3 天以上；1 周以后开始补饲，以促进瘤胃发育。

②饮水。保证犊牛有充足、新鲜、清洁卫生的饮水，冬季饮温水。每头每天饮水量平均为 5～8 千克。

③卫生。应做到"四勤"，即勤打扫、勤换垫草、勤观察、勤消毒。犊牛的生活环境要求清洁、干燥、宽敞、阳光充足、冬暖夏凉。哺乳期犊牛应做到一牛一栏单独饲养，犊牛转出后应及时更换犊牛栏褥草、彻底消毒。犊牛舍每周消毒 1 次，运动场每 15 天消毒 1 次。

④去角。犊牛出生后，在 20～30 天去角（用电烙铁或药物去角）。

⑤去副乳头。在犊牛 6 月龄之内进行，最佳时间在 2～6 周，

最好避开夏季。先清洗消毒副乳头周围，再轻拉副乳头，沿着基部剪除副乳头，用2%碘酒消毒。

（2）犊牛断奶期（断奶至6月龄）。

①饲养。犊牛的营养来源主要依靠精饲料供给。随着月龄的增长，逐渐增加优质粗饲料的喂量，选择优质干草、苜蓿供犊牛自由采食，4月龄前禁止饲喂青贮等发酵饲料。干物质采食量逐步达到每头每天4.5千克。

②管理。断奶后犊牛按月龄体重分群散放饲养，自由采食。应保证充足、新鲜、清洁卫生的饮水，冬季饮温水。保持犊牛圈舍清洁卫生、干燥，定期消毒，预防疾病发生。

3. 育成牛饲养管理（7～15月龄）

（1）饲养。日粮以粗饲料为主，每头每天饲喂混合精料2～2.5千克。日粮蛋白水平达到13%～14%；选用中等质量的干草，培养耐粗饲性能，增进瘤胃机能。干物质采食量每头每天应逐步达到8千克，日增重为0.77～0.82千克。

（2）管理。适宜采取散放饲养、分群管理。保证充足新鲜的饲料供给，非TMR日粮饲喂时，注意精饲料投放的均匀度。应保证充足、新鲜、清洁卫生的饮水。应定期监测体尺、体重指标，及时调整日粮结构，以确保17月龄前达到参配体重（≥380千克），保持适宜体况，并注意观察发情，做好发情记录，以便适时配种。

4. 青年牛饲养管理

（1）饲养。16～18月龄的日粮以中等质量的粗饲料为主，混合精料每头每天饲喂2.5千克，日粮蛋白水平达到12%，日粮干物质采食量每头每天控制在11～12千克。19月龄至预产前60天的混合精料饲喂量每头每天为2.5～3千克，日粮粗蛋白水平12%～13%。预产前60天至预产前21天的日粮干物质采食量每头每天控制在10～11千克，以中等质量的粗饲料为主，日粮粗蛋白水平14%，混合精料每头每天3千克。预产前21天至分娩采用干奶后期饲养方式，日粮干物质采食量每头每天控制在10～11 千克，日粮粗蛋白水平 14.5％，混合精料每头每天 4.5千克左右。

（2）管理。应做好发情鉴定、配种、妊娠检查等工作并做好记录。应根据体膘状况和胎儿发育阶段，合理控制精料饲喂量，防止过肥或过瘦。应注意观察乳腺发育，保持圈舍、产房干燥、清洁，严格执行消毒程序。注意观察牛只临产症状，以自然分娩为主，掌握适时、适度的助产方法。

5. 成母牛各阶段的饲养管理

（1）干奶前期（停奶至产前 21 天）。

①饲养。日粮应以中等质量粗饲料为主，日粮干物质采食量占体重的 2％～2.5％，粗蛋白水平 12％～13％，精粗比以 30：70 为宜。混合精料每头每天 2.5～3 千克。

②管理。停奶前 10 天，应进行妊娠检查和隐性乳房炎检测，确定怀孕和乳房正常后方可进行停奶。配合停奶应调整日粮，逐渐减少精料供给量。停奶采用快速停奶法，最后一次将奶挤净，用消毒液将乳头消毒后，注入专用干奶药，转入干奶牛群，并注意观察乳房变化。此阶段饲养管理的目的是调节奶牛体况，维持胎儿发育，使乳腺及机体得以休整，为下一个泌乳期做准备。可根据个体不同体况，增减精料饲喂量。控制饲喂食盐、苜蓿。

（2）干奶后期（产前 21 天至分娩）。

①饲养。日粮应以优质干草为主，日粮干物质采食量应占体重的 2.5％～3％，粗蛋白水平 13％，可适当降低日粮中钙的水平，添加阴离子盐产品，促进泌乳后日粮钙吸收和代谢，不补喂食盐。

②管理。此阶段为围产前期，应防止生殖道和乳腺感染以及代谢病发生，做好产前的一切准备工作。产房产床保持清洁、干燥，每天消毒，随时注意观察牛只状况。产前 7 天开始药浴乳

头，每天 2 次，不能试挤。

（3）泌乳早期（分娩至产后 21 天）。

①饲养。应注意产前、产后日粮转换，分娩后视食欲、消化、恶露、乳房状况，每头每天增加 0.5 千克精饲料，自由采食干草。提高日粮钙水平，每千克日粮干物质含钙 0.6%、磷 0.3%，精粗比为以 40∶60 为宜。喂 TMR 日粮时，应按泌乳牛日粮配方供给，并根据食欲状况逐渐增加饲喂量。

②管理。应让牛只尽快提高采食量，适应泌乳牛日粮；排尽恶露，尽快恢复繁殖机能。

（4）泌乳盛期（产后 21 天至 100 天）。

①饲养。日粮干物质采食量应从占体重的 2.5%～3.0% 逐渐增加到 3.5% 以上。粗蛋白水平 16%～18%，钙 0.7%，磷 0.45%。精粗比由 40∶60 逐渐过渡到 60∶40。应多饲喂优质干草，对体重降低严重的牛适当补充脂肪类饲料（如全棉籽、膨化大豆等）并多补充维生素 A、维生素 D、维生素 E 和微量元素，饲喂碳酸氢钠等缓冲剂以保证瘤胃内环境平衡。应适当增加饲喂次数，运动场采食槽应有充足补充料和舔砖供应。

②管理。应尽快使牛只达到产奶高峰，保持旺盛的食欲，减少体况负平衡。搞好产后监控，及时配种。

（5）泌乳中期（产后 101 天至 200 天）。

①饲养。日粮干物质采食量应占体重 3.0%～3.5%，粗蛋白 13%，钙 0.6%，磷 0.35%，精粗比以 40∶60 为宜。

②管理。此阶段产奶量渐减（月下降幅度为 5%～7%），精料可相应渐减，尽量延长奶牛的泌乳高峰。此阶段为奶牛能量正平衡，奶牛体况恢复，日增重为 0.25～0.5 千克。

（6）泌乳后期（产后 201 天至停奶）。

①饲养。日粮干物质应占体重的 3.0%～3.2%，粗蛋白水平 12%，钙 0.6%，磷 0.35%，精粗比以 30∶70 为宜。调控好精料比例，防止奶牛过肥。

②管理。该阶段应以恢的牛的体况为主，加强管理，预防流产。做好停奶准备工作，为下胎泌乳打好基础。

6. 奶牛夏季的饲养管理

（1）饲养。应确保新鲜、清洁、充足的饮水供应。可适当提高日粮精料比例，但精料最高不宜超过 60%。可在日粮中添加脂肪，如添喂 1～2 千克全棉籽。使用瘤胃缓冲剂，在日粮干物质中添加 1%～1.5% 的碳酸氢钠或 0.4%～0.5% 的氧化镁。应注意补充钠、钾、镁，提高维生素添加量。

（2）管理。运动场应有凉棚，可减少 30% 的太阳辐射热。牛舍应打开门窗，必要时应安装排风扇，保证通风。对高产牛、老弱体质差的牛要及时淋浴降温。在牛舍周围、运动场四周植树绿化。应定期灭蝇，至少每月 1 次。应调整牛只的活动时间，中午尽量将牛留在舍内，避免辐射热。

7. 奶牛日粮配合的方法

（1）粗饲料组合模式的确定方法。奶牛日粮一般以粗饲料满足奶牛的维持需要。粗饲料组合模式的确定按以下 3 个步骤进行。

①先按粗饲料干物质中青贮占 50%、干草占 50% 的原则，再根据所选青贮、干草品种的干物质含量，确定粗饲料中青贮和干草所占的比例。

以青贮、干草干物质含量分别为 22% 和 90% 为例：

青贮占粗饲料的比例 =（青贮、干草干物质含量之和－青贮干物质含量）÷青贮、干草干物质含量之和 =（0.22＋0.9－0.22）÷（0.22＋0.9）= 0.9÷1.12 = 0.8（即 80%）

干草占粗饲料的比例 =（青贮、干草干物质含量之和－干草干物质含量）÷青贮、干草干物质含量之和 =（0.22＋0.9－0.9）÷（0.22＋0.9）= 0.22÷1.12 = 0.2（即 20%）

根据以上比例，青贮给量÷0.8＝粗饲料给量，粗饲料给量－青贮给量＝干草给量，计算粗饲料的组合模式见表 3-12。

表 3-12　粗饲料的组合模式

青贮给量（千克）	粗饲料给量（千克）	干草给量（千克）
25	31.25	6.25
20	25	5
15	18.75	3.75
10	12.5	2.5

②根据所选青贮、干草 DM、NND、CP 的含量，计算 1 千克按以上比例组合粗饲料的 DM、NND、CP 含量。

以粗饲料由玉米青贮和羊草组合为例：

1 千克粗饲料 DM 含量 $= 0.22 \times 0.8 + 0.9 \times 0.2 = 0.356$ 千克

1 千克粗饲料 NND 含量 $= 0.35 \times 0.8 + 1.36 \times 0.2 = 0.552$ 个

1 千克粗饲料 CP 含量 $= 16 \times 0.8 + 53 \times 0.2 = 23.4$ 克

③根据 1 千克粗饲料 DM、NND、CP 含量和按体重计算出的 DM、NND、CP 维持需要量计算出同时满足 DM、NND、CP 维持需要量的粗饲料给量。再按青贮、干草在粗饲料中所占的比例计算出玉米青贮给量、羊草给量。

例如：600 千克体重成母牛 DM、NND、CP 维持需要量分别为 7.52 千克、13.73 NND、559 克。

满足 DM 需要的粗饲料给量 $=$ DM 维持需要量 $\div 1$ 千克粗饲料 DM 含量 $= 7.52 \div 0.356 = 21.12$ 千克

满足 NND 需要的粗饲料给量 $=$ NND 维持需要量 $\div 1$ 千克粗饲料 NND 含量 $= 13.73 \div 0.552 = 24.9$ 千克

满足 CP 需要的粗饲料给量 $=$ CP 维持需要量 $\div 1$ 千克粗饲料 CP 含量 $= 559 \div 23.4 = 23.9$ 千克

由此可见，为同时满足 600 千克体重成母牛 DM、NND、CP 维持需要量，粗饲料给量应为 25 千克，其中玉米青贮 20 千克、羊草5千克。

（2）精饲料组合模式的确定方法。奶牛日粮一般以精饲料满足奶牛的产奶营养需要，精饲料组合模式的确定方法按以下2个步骤进行：

①根据产奶量计划、奶料比计划及产1千克奶NND、CP的需要量计算出1千克混合精料NND含量和CP含量。

1千克混合精料NND含量＝（产1千克奶NND需要量×日产奶量）÷（日产奶量÷奶料比）

1千克混合精料CP含量＝（产1千克奶CP需要量×日产奶量）÷（日产奶量÷奶料比）

例如：计划日产奶量20千克（含脂3.5%）、奶料比2.5：1，已知产1千克含脂3.5%的奶需NND 0.93个、CP 80克。则：

1千克混合精料NND含量＝（0.93×20）÷（20÷2.5）＝2.3千克

1千克混合精料CP含量＝（80×20）÷（20÷2.5）＝200克

②根据混合精料NND和CP含量及计划选用精饲料品种的NND和CP含量，确定各种精饲料品种在混合精料中所占比例。最后用矿物质和动物性饲料调整混合精料中的钙、磷含量。可用代数法进行计算。

例如：选用玉米、麸皮、豆饼组成混合精料，已知1千克玉米、麸皮、豆饼的NND含量分别为2.28个、1.91个、2.6个，CP含量分别为86克、144克、418克。设 X、Y、Z 分别为玉米、麸皮、豆饼在1千克混合精料中的比例，可列出三元一次方程组：

$$\begin{cases} X+Y+Z=1 \\ 2.28X+1.91Y+2.6Z=2.3 \\ 86X+144Y+418Z=200 \end{cases}$$

解以上三元一次方程得：

$X = 0.48$（即 48%），$Y = 0.21$（即 21%），$Z = 0.31$（即 31%）

从而可确定在混合精料中玉米占 48%、麸皮占 21%、豆饼占 31%。由于计划头日产奶 20 千克，奶料比 2.5∶1，因此，以上混合精料的头日喂量为 8 千克（计划头日产奶量 20÷奶料比 2.5）。

（3）日粮配合试差法。采用试差法配合日粮的步骤是：

①根据奶牛的体重、产奶量、乳脂率，查奶牛饲养标准中的维持营养需要表和产奶营养需要表，确定日粮干物质、产奶净能（或奶牛能量单位）、粗蛋白（或可消化粗蛋白、小肠可消化粗蛋白）、钙、磷的维持需要量、产奶需要量及维持产奶合计的营养需要量。

②根据准备采用的饲料品种，查奶牛饲养标准中的常用饲料成分与营养价值表，确定各种选用饲料的干物质、产奶净能（或奶牛能量单位）、粗蛋白（或可消化粗蛋白、小肠可消化粗蛋白）、粗纤维、钙、磷的含量。

③根据牛群的一般采食量，先确定粗饲料（干草、秸秆、青贮、青绿饲料）、多汁饲料、糟粕料的日粮组成及日饲喂量，然后计算出这些饲料的干物质、产奶净能（或奶牛能量单位）、粗蛋白（或可消化粗蛋白、小肠可消化粗蛋白）、粗纤维、钙、磷的进食量，并与维持产奶合计营养需要量对比，差额部分由混合精料补齐。

④根据混合精料干物质、产奶净能（或奶牛能量单位）、粗蛋白（或可消化粗蛋白、小肠可消化粗蛋白）、粗纤维、钙、磷的含量，确定能补足以上各种营养成分需要的混合精料喂量。混合精料的配方可按照产奶营养需要预先制订，也可根据营养成分的差额临时制订。混合精料一般由玉米、麸皮、饼粕类、动物性饲料（如鱼粉）、矿物质饲料（石粉、骨粉、食盐）、添加剂（维

生素、微量元素）和瘤胃缓冲剂（碳酸氢钠）组成。按照满足能量、粗蛋白、钙、磷的顺序确定混合精料的组成。能量来源以玉米、麸皮为主，粗蛋白补充以饼粕类、鱼粉为主，钙、磷补充以矿物质为主。

⑤最后检查日粮的干物质、能量、粗蛋白、钙、磷是否满足维持产奶的营养需要量。并检查干物质中粗纤维含量、精粗干物质比、草贮干物质比、钙、磷比是否符合日粮配合原则的要求。

四、饲料的卫生与安全对奶牛健康的影响

饲料卫生安全是指饲料在转化为畜产品的过程中对动物的健康、正常生长、生态环境的可持续发展，人类生活等环节不产生负面影响。不安全的饲料中含有有毒有害物质，对畜产品有着非常大的危害，它不仅影响到对营养物质的吸收和利用，而且还严重威胁人类的身体健康。

1. 饲料中的有毒有害物质

（1）饲料源性有毒有害物质。饲料源性有毒有害物质是指来源于动物性饲料、植物性饲料、矿物质饲料和饲料添加剂中的有害物，包括饲料原料本身存在的抗营养因子，以及饲料原料在生产、加工、储存、运输等过程中发生理化变化产生的有毒有害物质。

①植物源性饲料中的有毒有害物质。饲用植物是奶牛的主要饲料来源。但在有些饲用植物中，存在一些对动物不仅无益反而有毒、有害的成分或物质，这些有毒化学成分或抗营养因子，大致可以分为：

a. 生物碱，生物碱是一类特殊或强效的甘露糖酶抑制剂，能使奶牛产生甘露糖病。种类繁多，具有多种毒性，特别是具有显著的神经系统毒性与细胞毒性。

b. 苷类，饲料中可能出现有毒有害物质的苷类有氰苷和硫葡萄糖苷。氰苷本身不表现毒性，但含有氰苷的植物被动物采食

后，植物组织的结构遭到破坏，在有水分和适宜温度条件下，氰苷经过与共存酶作用，水解产生氢氰酸，而引起动物中毒。

c. 毒蛋白，饲用植物中，影响较大的毒蛋白有植物红细胞凝集素和蛋白酶抑制剂，大豆中的植物红细胞凝集素具有较大的毒性。

d. 酚类衍生物，植物中酚类成分非常多，其中与饲料关系比较密切的有棉酚和单宁。

e. 有机酸，有机酸广泛存在于植物的各个部位，抗营养作用较强的有草酸、植酸。

f. 非淀粉多糖，水溶性非淀粉多糖具有明显的抗营养作用，其中最重要的抗营养因子是混合链 β-葡聚糖和阿拉伯木聚糖。

②动物源性饲料中的有毒有害物质。动物性饲料中存在的有毒有害物质因原料种类、加工及储藏条件不同而有很大的差异，对动物健康影响较大的有以下几种：

a. 鱼粉，鱼粉由于所用原料、制造过程与干燥方法不同，其品质也不相同。鱼粉在高温多湿的状况下容易发霉，并且可进而使细菌繁殖，从而发生腐败变质。因此，鱼粉必须充分干燥，同时应当加强卫生监测，严格限制鱼粉中的霉菌和细菌含量。

b. 肉骨粉，肉骨粉是以动物屠宰后不宜食用的下脚料以及肉品加工厂等的残余碎肉、内脏等为原料，经高温消毒、干燥粉碎制成的粉状饲料。肉骨粉的品质变异很大，若以腐败的原料制成产品，品质更差，甚至可导致中毒。加工过程中热处理过度的产品的适口性和消化率均下降。肉骨粉的原料很容易感染沙门氏菌，在加工处理畜禽副产品过程中，要进行严格的消毒。目前由于疯牛病的原因，许多国家已禁止用反刍动物副产品制成的肉粉饲喂反刍动物。

③矿物质源性饲料中的有毒有害物质。矿物质饲料的种类很多。不论是天然的还是工业合成的矿物质饲料，常常可能含有某些有毒的杂质，对动物呈现毒害作用。矿物质饲料使用过多时，

其本身也会对动物产生毒性。主要的矿物质饲料有磷酸盐类、碳酸盐类、骨粉等。

（2）非饲料源性有毒有害物质。非饲料源性有毒有害物质，既不是饲料原料本身存在的，也不是人为有意添加的有毒有害物质，它是指在饲料生产链条中，会对饲料产生污染的外界有毒有害物质，包括霉菌毒素、病原菌、有毒金属元素、多环芳烃等。

2. 影响饲料卫生质量的因素　影响饲料卫生质量的因素，主要包括饲料原料本身因素、环境因素、加工工艺因素和人为因素。

（1）饲料原料本身因素的影响。饲料原料是影响饲料安全的根源。饲料本身因素，主要是指饲料本身含有有毒有害物质。它们在饲料中的含量则因饲料植物种属、生长阶段、耕作方法、加工和搭配不同而有很大的差异。有条件的饲料企业，应检测其含量，并进行脱毒处理减少其危害。

（2）环境因素的影响。饲料在生长、加工、储藏与运输等过程中，被环境中有毒有害物质所污染。如工业产生的废水、废气、废渣，生存环境的日益污染，无节制和不合理使用农药、化肥的污染以及环境中的有害菌与致病菌，如沙门氏菌、大肠杆菌、结核菌、链球菌等，时时刻刻在威胁饲料的安全。因此，从现实状况来看，环境因素的危害程度比饲料本身的有害程度更为严重，其中以生长期、储藏期霉菌繁殖产生毒素、农药、灭鼠药重金属的污染更为突出。

（3）加工工艺因素的影响。饲料搭配不当，而导致其相互产生拮抗作用。因为矿物质之间、维生素之间、矿物质与维生素之间存在着相互关系，如钙、锌间存在拮抗作用，饲料中钙量过多会引起锌不足，饲料中铁过高会降低铜的吸收。饲料混合不均匀，特别是微量元素，如硒，量小毒性大。研究表明，其混匀度低于 7%，常发生中毒现象。在加工过程中，温度控制不好，温度过高产生有毒物质。研究证明，鱼粉若加热过度，如蒸汽压力高到 8～10 个大气压，温度 180℃以上，加热时间超过 2 小时，就会产生一种有害物质——肌胃糜烂素。

（4）人为因素的影响。由于部分养殖户在养殖生产中产生一些错误认识，常在饲料中过量添加某些微量元素添加剂、驱虫剂、杀毒剂等；部分饲料生产企业为追求自己的经济效益，误导养殖户，在饲料中添加高铜、高铁、砷制剂等，使用违禁药品或促生长制剂，人为地污染了饲料。

五、饲料质量的监测方法

1. 饲料水分和其他挥发性物质含量的测定

（1）适用范围。适用于动物饲料，但奶制品、动物和植物油脂、矿物质、谷物除外。

（2）原理。根据样品性质的不同，在特定条件下对试样进行干燥所损失的质量在试样中所占的比例。

（3）注意事项。

①对于高水分含量（水分含量高于 17％）须进行预干燥，可采用空气风干法或参照饲料水分的测定方法。高脂肪含量的样品测定前要进行脱脂处理。对于高水分、高脂肪含量样品，要先进行预干燥，再进行脱脂处理。

②在干燥过程中因化学反应而造成不可接受的质量变化（一般饲料样品经第二次干燥后质量变化大于试样质量的 0.2％，以油脂为主要成分的饲料经第二次干燥后质量变化大于试样质量的 0.1％）时，须使用 80℃的真空干燥箱进行处理。

2. 饲料中粗蛋白的测定

（1）适用范围。适用于配合饲料、浓缩饲料和单一饲料。

（2）原理凯氏法测定试样中的含氮量。即在催化剂作用下，用硫酸破坏有机物，使含氮物转化成硫酸铵。加入强碱进行蒸馏使氨逸出，用硼酸吸收后，再用酸滴定，测出氮含量，将结果乘以换算系数 6.25，计算出粗蛋白含量。

（3）注意事项。

①混合催化剂在使用前要进行充分的磨碎混匀。

②根据蛋白含量称取试样，一般为 0.5～1.0 克，对于高蛋白含量试样如鱼粉、血粉等，称样量可适当降低到 0.3 克。

③试样消煮要保证完全，可适当延长消煮时间，消煮完全后，试样消煮液呈透明的蓝绿色。

④在蒸馏过程中，要注意密封，防止氨气泄露。蒸馏时要保证氢氧化钠溶液过量，将消煮液中过量的硫酸全部中和，以保证消煮液中氨能够全部逸出。当消煮液中加入过量氢氧化钠溶液后，会出现黑色沉淀，如消煮液还保持澄清，须适当补充氢氧化钠溶液。

3. 饲料粗脂肪的测定

（1）适用范围。适合用于油籽和油籽残渣以外的动物饲料。

（2）原理。索氏（Soxhlet）脂肪提取器中用石油醚提取试样，通过蒸馏和干燥，残渣称重。残渣中除脂肪外还有有机酸、磷脂、脂溶性维生素、叶绿素等，因而测定结果称粗脂肪。

（3）注意事项。

①对于本方法提到的产品包括纯动物性饲料（如乳制品）；脂肪不经预先水解不能提取的纯植物性饲料（如谷蛋白、酵母、大豆及马铃薯蛋白以及加热处理的饲料）；含有一定数量加工产品的配合饲料，其脂肪含量至少有 20% 来自这些加工产品。以上产品在测定前需要水解。

②使用自动脂肪提取仪提取脂肪时，要适当延长浸提时间，保证脂肪被充分浸提出来。

4. 饲料中粗纤维含量的测定

（1）适用范围。适用于粗纤维含量大于 10 克/千克的饲料。

（2）原理。用固定量的酸和碱，在特定条件下消煮样品，再用醚、丙酮除去醚溶物，经高温灼伤扣除矿物质质量称为粗纤维。其中以纤维素为主，还有少量半纤维素和木质素。

（3）注意事项。

①如试样是多汁的鲜样，或无法粉碎时，应预先干燥处理，方法参照水分测定。

②如果试样脂肪含量超过 100 克/千克，或试样中脂肪不能用石油醚直接提取，须进行预先脱脂处理。

③如果试样中碳酸盐（碳酸钙形式）超过 50 克/千克，在测定前须除去碳酸盐。

5. 饲料中钙的测定

（1）适用范围。适用于饲料原料和饲料产品。本方法钙的最低限量为 150 毫克/千克（取试样量为 1 克时）。

（2）原理。将试样中有机物破坏，钙变成溶于水的离子，用草酸铵定量沉淀，用高锰酸钾法间接测定钙含量。

（3）注意事项。

①试样分解时要小心加热，防止样品爆沸溅出。湿法处理时，一定不能蒸干，加热温度要低于 250℃，防止高氯酸出现爆燃，发生危险。

②试样处理液经沉淀后，沉淀要用氨水溶液充分洗涤，保证沉淀中无酸根离子。

6. 饲料中总磷的测定

（1）适用范围。适用于饲料原料（除磷酸盐外）及饲料产品中磷的测定。

（2）原理。将试样中有机物破坏，使磷元素游离出来，在酸性溶液中，用钒钼酸铵处理，生成黄色的络合物，在波长 400 纳米下进行比色测定。

（3）注意事项。钒钼酸铵显色剂配置后应避光保存，若生成沉淀，则不能继续使用。

7. 饲料中粗灰分的测定

（1）适用范围。适用于动物饲料中粗灰分的测定。

（2）原理。试样中的有机质经 550℃灼伤分解，对所得残渣进行称量即为粗灰分。

（3）注意事项。试样在马福炉中灼烧 3 小时后，如果有碳粒存在，须将坩埚冷却后用蒸馏水润湿，在（103±2）℃的干燥箱中仔细蒸发至干，再放入马福炉中灼烧 1 小时后冷却称重。

第五节　科学饲养管理

一、犊牛的饲养管理

奶牛从初生到断奶前这一阶段称犊牛期。一般为 4 个月左右。犊牛的饲养管理要点是：精心照顾，喂足初乳。

1. 初生牛犊要喂足初乳。

2. 引诱 2 周龄犊牛舔食混有食盐、骨粉的拌奶精料。

3. 注意犊牛保暖，勤换垫草，防止雨淋。圈舍干净清洁，做好"三查"即查食欲、查精神、查粪便。

4. 人工哺乳弱犊，腹泻犊牛要定时、定温、定量。牛奶须加热消毒并加入抗生素药物，室内温度保持 0℃以上。

5. 及时预防接种。

6. 犊牛 4 月龄断奶。断奶应逐渐进行并供给充足营养。

二、育成牛的饲养管理

犊牛断奶后直到母牛分娩前这一阶段称育成牛期。其中包括 15～18 个月配种后 10 个月的怀孕期。育成牛一般 21～23 个月。育成牛的饲养管理技术非常重要，有的人往往忽视，喂一些质量差、量也不足的饲料，使生长母牛中躯和体高生长发育受阻，以致影响其泌乳遗传潜力的发挥。育成牛的饲养管理技术要点是：充分运动，多吃青干草。

1. 强制断奶后公、母牛分圈进入育成牛舍。

2. 供应较好品质粗饲料。

3. 调换饲料，改换日粮在 3～5 天逐渐进行，不能变换过快，不喂湿、霉、变质饲料。

4. 育成牛舍勤打扫、干燥通风，饮水清洁。

5. 冬、春季中午时分让牛晒太阳 2～3 小时，并刷拭牛体，每天 1～2 次。

6. 及时修蹄防止腐蹄病。

7. 对留作种用公牛加强蛋白质和矿物质元素供应，促使其多运动。

8. 育成牛精料组成：玉米 49%、麸皮 17%、豆饼 18%、棉籽饼或菜籽饼 13%、碳酸钙 2%、食盐 1%。

三、产奶牛的饲养管理

产奶牛指母牛分娩后到干奶前这一时期。产奶牛的饲养管理技术要点是：青料多喂、饮水充足、保证适温、科学挤奶。①以干草和青绿饲料为基础配制多样化全价饲料，干草和青绿饲料占奶牛体重 2%。②按"定时定量、少喂勤添"和"先粗后细、先喂后饮"原则饲喂。③保证饮水充足。产奶期 3～4 次/天，夏季 5～6 次/天。平均每天需水 50～70 升/头，高产牛可达 120 升/天，在春、秋季可按每千克奶需 2.5～4 千克水计算。④挤奶次数按产奶量计算。⑤熟练挤奶方法，做好乳房保健。⑥加强奶牛运动和刷拭。⑦掌握奶牛各个泌乳期的变化规律，合理调节各个时期的饲料组成和管理工作，保持产奶量上升。⑧确定干奶时间和配种时间。⑨产奶母牛饲料组成：玉米 50%、麸皮 25%、豆饼 10%、菜籽饼 12%、贝壳粉 2%、食盐 1%。⑩适量喂添加剂。

产奶牛分为围生期、产奶早期、产奶中期、产奶后期和干奶期等几个阶段，应根据牛的生理状况、产奶量、体况膘情等因素，结合饲料供应状况，采取相应的饲养管理方法。

1. 围生期的饲养管理 围生期一般指奶牛产前 21 天到产后

14 天这一段时间。这一时期的饲养管理对母牛产后身体健康和泌乳期泌乳性能的发挥至关重要，70%～80%的成年母牛死亡发生在这个时期。饲养管理上有两个要点：一是使瘤胃适应产后高能量的日粮；二是要注意产后疾病的发生。

2. 泌乳前期的饲养管理　泌乳前期指产后 2 个月这一段时间。这一时期的饲养管理，对于促进奶牛泌乳高峰期的到来、延长产奶高峰期时间以及提高泌乳期的产奶量，都有非常重要的作用。

3. 泌乳中期的饲养管理　泌乳中期指从产后第 61 天到 200 天这个时期。泌乳中期奶牛食欲最旺，日粮干物质进食量达到最高（以后稍有下降），泌乳量由高峰逐渐下降。为了使奶牛泌乳量维持在一个较高水平，不至于下降过快，体重逐步恢复而不至于增重太多，饲养上应做到以下几点：

（1）"料跟奶走"，随着泌乳量的减少逐步相应减少精料用量。

（2）喂给多样化、适口性好的全价日粮。在精料逐渐减少的同时，尽可能增加粗饲料用量。以满足奶牛的营养需要。

（3）对瘦弱牛稍增加精料，以利于恢复体况；对中等偏上体况的牛适当减少精料，以免过度肥胖。

（4）日粮营养水平调整到：日粮干物质进食量占体重 3%～3.3%，产奶净能为每千克 2.1～2.25 个奶牛能量单位，钙 0.6%～0.8%，磷 0.35%～0.6%，粗蛋白 14%～15%，粗纤维 16%～17.5%，精粗料干物质比为（45∶55）～（50∶50）。

第六节　泌乳生理与挤奶

一、乳房结构与乳汁分泌

1. 乳腺的解剖　乳腺的发育始于胚胎早期，在妊娠的第二个月乳头就开始形成，其发育一直持续到妊娠的第六个月。当幼崽胎儿发育到 6 个月时，乳房已经发育完全：有 4 个不同的乳腺、韧带中间体、乳头和乳池。

乳导管和牛奶泌乳组织在奶牛青春期和分娩期开始发育，乳房细胞的大小和数量在前 5 个泌乳期里均持续有所增加，而产奶量也相应地提高，但当前许多奶牛的产奶能力通常持续 2.5 个泌乳期，所以可以看到这种潜力并没有被充分利用。

奶牛的乳腺包括 4 个不同的乳区，每个乳区都有一个乳头。在一个乳区中形成的牛奶不能转移到另外一个乳区。乳房的左右两侧也被中间韧带隔开，而前部和后部被分隔得更加明显。

乳房是个非常大的器官，含奶和血液时其重量约为 50 千克。然而重达 100 千克的乳房也曾被报道过。所以，乳房必须很好地跟骨骼和肌肉连在一起。中间韧带由弹性纤维组织组成，而侧面韧带则由弹性稍弱一些的结缔组织组成。要是这些韧带弹性减弱的话，就不适合用机器挤奶，因为它们的乳头往往向外突出（图3-2）。

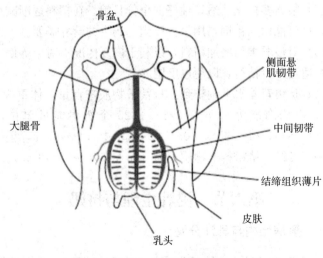

图 3-2　奶牛乳房结构

乳腺由泌乳组织和结缔组织组成。泌乳组织的数量，即泌乳细胞的数量，是制约乳房产奶能力的因素之一。人们通常认为体积较大的乳房产奶能力也较高，事实并非如此，因为体积较大的乳房或许含有许多结缔组织和脂肪组织。牛奶在泌乳细胞里合成，而泌乳细胞以单层形式排列，位于一种被称为气泡的球形结构的基膜上。每个气泡的直径为50～250微米。多个气泡就可以组成小叶，这个地方的结构类似于肺的结构。在两次挤奶之间，牛奶不停地在气泡区域合成并储存于气泡、牛奶泌乳管、乳房和乳池中。60%～80%的牛奶储存在气泡和细小的牛奶泌乳管中，只有20%～40%储存在乳池。然而说到乳池的储奶能力时，不同的奶牛差异也比较大。因此，挤奶程序的应用就显得至关重要(图3-3)。

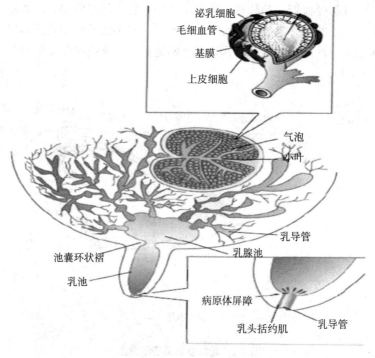

图3-3 乳房解剖示意图

乳头由乳池和乳导管组成。乳池和乳导管汇合处有 6～10 条纵向的褶皱形成所谓的病原体屏障（称为 furstenberg's rosette）来协助预防乳房炎。乳导管由很多平滑肌纤维包围着，有纵向的也有环状的。平滑肌纤维的作用是保证两次挤奶之间乳导管处于闭合状态。乳导管带有角蛋白或类似的物质，保证在两次挤奶之间免受病原体细菌的感染。

乳腺尤其是乳头上有密集的神经。乳头皮肤上分布有许多对幼崽的吮吸非常敏感的触觉神经，这些神经末梢对压力、热度和吮吸频率比较敏感。乳房也有神经组织，这些神经组织与血液循环系统和乳导管的平滑肌相连，但是没有直接控制泌乳组织的神经。

乳腺受血管、动脉和静脉系统支持。乳房的左侧和右侧通常都有自己的动脉系统供给血液，但也有一些小动脉将左右两侧连通起来。动脉系统的主要作用是不断地给牛奶合成细胞提供养分（图 3-4）。

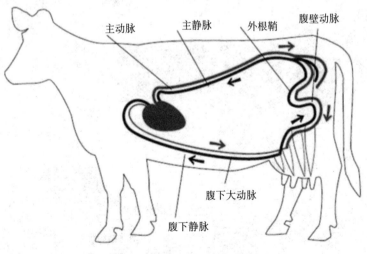

图 3-4　乳房血管系统示意图

每生产 1 升牛奶需要流过乳房的血液为 500 升，当奶牛的日产量达到 60 升时，就要求有 30 000 升的血液循环流过乳腺。所以，这给当今高产奶牛提出了很高的要求。

乳房也包含负责清除残余物的淋巴系统。淋巴结就好比一个过滤器，既可以消灭外来杂质，也可以制造淋巴细胞来防止细菌感染。头胎牛有时候会得水肿，部分原因是由于乳房中的牛奶挤压了淋巴组织所致（图 3-5）。

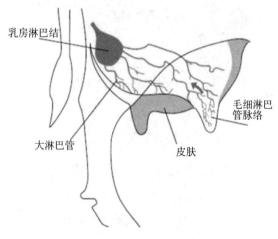

图 3-5　乳房的淋巴组织

2. 牛奶的分泌及其成分　牛奶在乳房气泡中合成，在这里，乳腺中的泌乳细胞可以不断地吸收养分（图 3-6）。

牛奶脂肪主要包括甘油三酯，由甘油和脂肪酸合成。长链脂肪酸从血液里吸收，短链脂肪酸则由血液中的醋酸盐和 β-丁醇在乳腺里合成。牛奶中的蛋白质由血液中的氨基酸合成。这些蛋白质包含大部分的酪蛋白以及少量的乳清蛋白。乳糖则由泌乳细胞中的葡萄糖和半乳糖合成。由血液中转化而来的维生素、矿物质、盐分和抗体通过细胞质进入气泡内腔。牛奶的中间产物，由牛奶脂肪、牛奶蛋白质和乳糖合成处转到乳房

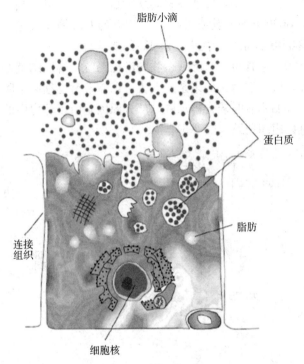

图 3-6　乳房气泡细胞结构示意图

（图 3-7）。

　　不仅不同品种奶牛生产的牛奶成分不同（表 3-13），而且同一品种奶牛不同泌乳阶段产生的牛奶成分也不相同。

表 3-13　3 种不同品种奶牛的牛奶成分对比

品种	总固形物（%）	脂肪（%）	酪蛋白（%）	乳清蛋白（%）	乳糖（%）	奶渣（%）
瑞士布朗	12.69	3.80	2.63	0.55	4.80	0.72
荷斯坦	11.91	3.56	2.49	0.53	4.61	0.73
娟珊牛	14.15	4.97	3.02	0.63	4.70	0.77

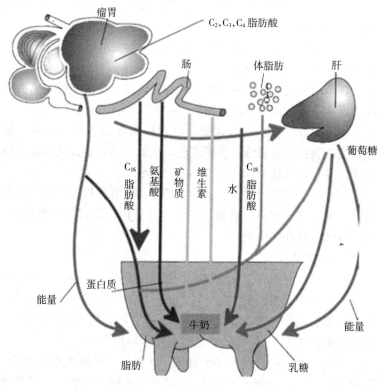

图 3-7 牛奶的成分

二、挤奶技术

（一）手工挤奶

1. 挤奶前准备

（1）挤奶员身着工作服、帽，洗净双手。

（2）经常修剪奶牛乳房上过长的毛。

（3）温和地将躺卧的牛赶起，待牛站起后，立即用粪铲清除牛床后 1/3 处的垫草和粪便。

（4）经常刷拭牛的后躯，避免黏附在牛身上的泥垢、碎草等杂物落入奶中。

（5）准备好清洁的集乳桶、盛有温消毒液的乳房和乳头擦洗桶及毛巾或一次性纸巾。

（6）用专用消毒湿毛巾擦拭乳头和乳房。每次洗后应用消毒液消毒毛巾（每头牛一条毛巾），并拧干后再用。

（7）用双手按摩乳房表面，以后轻按乳房各部，使乳房膨胀，皮肤表面血管怒张，呈淡红色，皮温升高，这是乳房放乳的象征，要立即挤乳。

（8）挤奶前乳汁检查：将前3把奶挤在乳汁检查杯中，观察乳汁有无异常。如有，应收集在专门容器内，不可挤入奶桶内，也不可随便挤在牛床上。

2. 挤奶操作

（1）挤奶前用消毒液消毒好手指（也可采用一次性橡胶手套）。

（2）在牛的右侧后 $1/3 \sim 1/2$ 处，与牛体纵轴呈 $50° \sim 60°$ 的夹角。要将奶桶夹在两腿之间，左膝在牛右后肢关节前侧附近，两脚向侧方张开（呈八字），这时就可开始挤奶。

（3）一般是先挤前侧2个乳头，这叫"双向挤乳法"。此外，还有单向（先挤一侧2个乳头）、交叉（一前一后乳头）以及单乳头挤乳法，只有在特殊情况下才应用。

（4）挤乳时，要用手的全部指头把乳头握住，从手底几乎看不见乳头，用全部指头和关节同时进行。

（5）使握拳的下端与乳头的游离端齐平，以免乳汁溅到手上而被污染。尽量做到用力均匀。挤乳速度以每分钟 $80 \sim 140$ 次为宜，特别在母牛排乳速度快时应加快挤乳。

（6）对于乳头短小的母牛，以拇、食指挟住乳头颈部，向下滑动，将奶捋出。

3. 挤奶后乳头药浴

（1）使用乳头专用药浴液，保证消毒液的浓度，做好相关记录。

（2）药液浸没乳头根部，并停留 30 秒。

（二）机器挤奶

1. 手推车式机器挤奶

（1）挤奶前准备。本操作方法和手工挤奶的挤奶前准备相关内容适用。将前 3 把奶挤在专用乳汁检查杯中，观察乳汁有无异常。用乳头消毒液对乳头进行药浴消毒，过 30 秒后用消毒毛巾或纸巾擦去消毒液。启动挤奶机机组，检查真空泵的运行状态，稳压器是否进气，真空度是否正常，一般应在 40 000～55 000帕，系统是否漏气，确认无异常情况后，调节脉动器脉动频率，应严格按照产品说明书进行。

（2）挤奶操作。准备好挤奶杯组后，开始套杯，套杯采用"S"形套杯法。套好杯后调整好奶杯组的位置，挤奶开始，在挤奶过程中，应复测脉动频率是否稳定，必要时重新调节。根据不同情况对奶杯组进行手动脱杯，不得过度挤奶。

（3）挤奶后乳头消毒。本操作方法和手工挤奶后乳头药浴相关内容适用。

2. 管道式机器挤奶

（1）挤奶前准备。本操作方法和手工挤奶的挤奶前准备相关内容适用。在牛奶过滤器内装入一次性牛奶过滤袋。关闭奶水分离器上的喷水阀及自动排水阀（严格按产品说明书操作）。关闭浪涌放大器处的吸水真空扣夹（中置式）。打开挤奶台入口牛门，关闭出口牛门。准备干净的毛巾（每头牛一条）。准备好乳头消毒液。检查真空泵油位是否正常。将转换器转换到奶罐方向。

（2）挤奶操作。待挤奶牛进入挤奶台。站好位后，关闭进口门。将前 3 把奶挤在乳汁检查杯中，观察乳汁有无异常。用乳头消毒液对乳头进行消毒，过 30 秒后用干净毛巾或纸巾擦去消毒液。用消毒的毛巾清洁牛只的乳头准备好挤奶杯组后，尽快将挤奶杯紧紧地安装在每个乳头上，套杯采用"S"形套杯法。套好杯后调整好奶杯组的位置，挤奶开始。挤完奶后，根据不同情况对奶杯组进行手动或自动脱杯，防止过挤。

（3）挤奶后乳头消毒。本操作方法和手工挤奶后乳头药浴相关内容适用。

三、鲜奶的初步处理

1. 鲜奶的过滤　牛奶在挤出后不免要落入一定数量的尘埃、牛毛、饲料、粪屑及上皮细胞等。这些杂物的混入不仅使牛奶外观不洁，并且带入相应数量的微生物，从而加速牛奶的变质。因此，在鲜奶挤出后或冷却储存之前必须首先过滤，除去杂质。

牛场的鲜奶过滤一般不需要什么设备，主要用纱布进行过滤，要求所用纱布清洁，折成 3～4 层。一个过滤面所过滤的奶量不能太大，要不断更换清洗，否则不能保证过滤质量并降低过滤速度。在手工挤奶的牛舍，过滤可在挤奶时进行，将纱布扎在奶桶口上，将挤出的奶倒入扎有纱布的奶桶中即可。在机器挤奶的牛场可在鲜奶处理站进行过滤，可用专用的牛奶过滤筛。其构造为漏斗形，筛子底部为两层金属网，过滤时网间夹上纱布。

2. 鲜奶的冷却

（1）水池冷却。是最简易的冷却方法，是将装有鲜奶的奶桶置于水池中，在池中通入冷水或冰水进行冷却。冷却过程中应不时搅拌牛奶，使桶内牛奶冷却均匀，水池中的水应不断更换以加快冷却速度。此法冷却速度慢，耗水量大，效率低，只适于小牛场使用。

（2）冷排冷却。冷排是由金属排管组成的表面冷却器，内通冷却剂，使排管表面降温，牛奶自上而下经排管表面流下，使牛奶降温。冷却效率高，构造简单，使用方便，价格低廉。

（3）浸没式冷却剂冷却。是一种可以插入储奶罐或奶桶中的冷却装置，本身带有搅拌器和定时搅拌控制系统，可使牛奶均匀冷却，又可防止稀奶油上浮。

3. 鲜奶的存储　冷却后鲜奶中的微生物并未被杀死，而是暂时受到了抑制，如果温度回升，仍会开始快速繁殖，因而冷却后的鲜奶仍须在 4～5℃下进行储存。其方法有二：

（1）将奶桶一直储存于前面所介绍过的冷却水池中，并通过更换水池中的冷水将奶温控制在 4～5℃，直至将奶运出。

（2）将通过冷排降温的奶储存于装有浸没式冷却器的储奶罐中，或将鲜奶直接在储奶罐中直接用浸没式冷却器冷却后继续储存其中，并控制奶温保持在 4～5℃。

4. 鲜奶的运输　奶牛场生产的鲜奶往往需要运至乳品厂进行加工。如果运输不当，会导致鲜奶变质，造成重大损失。因此，鲜奶运输中应注意以下几点：

（1）防止鲜奶在运输中温度升高，尤其在夏季运输，最好选择在早晚或夜间进行。运输工具最好用专用的奶罐车。如用奶桶运输应用隔热材料遮盖。

（2）容器内必须装满盖严，以防止在运输过程中因震荡而升温或溅出。

（3）尽量缩短运输时间，严禁中途停留。

（4）运输容器要严格消毒，避免在运输过程中污染。

四、牛奶的质量与价值

据研究，每 100 克牛奶中，含有脂肪 3.1 克、蛋白质 2.9 克、乳糖 4.5 克、矿物质 0.7 克。

牛奶中的脂肪营养价值非常高，其中的脂肪球颗粒很小，所以喝起来口感细腻，极易消化。此外，乳脂肪中还含有人体必需的脂肪酸和磷脂，是营养价值很高的脂肪。

牛奶含有人体成长发育的一切必需氨基酸和其他氨基酸。组成人体蛋白质的氨基酸有 20 种，其中有 8 种是人体本身不能合成的，它们称为必需氨基酸。人们进食的蛋白质中如果包含了所有的必需氨基酸，这种蛋白质便叫作全蛋白，牛奶中的蛋白质便属于全蛋白。牛奶中蛋白质的消化率可达 100%，而豆类所含的蛋白质消化率仅为 80%。

牛奶中的碳水化合物是乳糖，它的营养功能是提供热能和促进金属离子如钙、镁、铁、锌等的吸收，对于婴儿智力发育非常重要。人体中钙的吸收程度与乳糖数量成正比。此外，乳糖还能促进人体肠道内乳酸菌的生长，抑制肠内异常发酵造成的中毒，保证肠道健康。乳糖优于其他碳水化合物。

牛奶中的矿物质种类非常丰富，除了人们所熟知的钙以外，磷、铁、锌、铜、锰、钼的含量都很多。最难得的是，牛奶是人体钙的最佳来源，而且钙、磷比例非常适当，利于钙的吸收。

牛奶对于补充维生素的作用也很大。其中含所有已知的维生素种类，尤其是维生素 A 和维生素 B_2 含量较高，能弥补人们在膳食中的缺乏。

作为一种天然食品，牛奶经过杀菌后，不须任何加工，可直接供人食用。而人们喝后几乎能全部消化吸收，不会产生多余的废弃排泄物。这都有利于牛奶中丰富的营养物质的利用。

牛奶所含的碳水化合物中最丰富的是乳糖，乳糖使钙易于被人体吸收。牛奶中含有品质很好的蛋白质，包括酪蛋白、少量的乳清蛋白和共同沉淀物，其生物学价值（蛋白质生物学价值指蛋白质经消化吸收后，进入机体可以储留和利用的部分，数值越高说明机体对该种蛋白质的利用率越高）为 85，而谷蛋白介于 $50\sim65$。牛奶中包括人体生长发育所需的全部氨基酸，是其他食物无法比拟的。此外，牛奶中的蛋白质与热量之比很完善，能保证饮用者不至摄入"纯"热量。

牛奶中的乳脂约提供全奶热量的 48%，脂肪也使奶具备特有的香味。乳脂是高度乳化的，有利于消化，其中含有 500 多种不同的脂肪酸和脂肪酸衍生物。一般而言，乳脂含 66% 的饱和脂肪酸、30% 的单不饱和脂肪酸和 4% 的多不饱和脂肪酸。牛奶中的钙含量高且容易被人体吸收。另外，磷、钾、镁等多种矿物质的搭配也十分合理。从营养角度来讲，所有的蛋白质，除了鸡蛋蛋白质以外剩下就是牛奶，而牛奶的消费人群很广，其蛋白质含量很高，如果每个人每天喝 0.5 千克奶，人体所需要的 8 种氨基酸有 7 种都可以满足。另外，牛奶里面钙含量很高，一个正常的成年人一天需要的钙为 1 000 毫克，如果一天能喝 1 千克奶，那么身体所需的钙就可以从牛奶中得到。

牛奶中的某些物质对中老年男子有保护作用，喝牛奶的男子身材往往比较匀称，体力充沛，高血压和脑血管病的发病率也较低。牛奶中的钙最容易被吸收，孕妇多喝牛奶对自身及宝宝的健康都很有益处，绝经期前后的中年妇女常喝牛奶可减缓钙质流失。牛奶加蜂蜜可改善儿童贫血症状。睡前饮用牛奶能帮助睡眠。牛奶也是美容护肤的佳品。

五、牛奶质量控制

1. 控制牛奶质量的措施——奶牛环境要求

（1）运动场。运动场要经常修整，保持干燥、平整、无积水，粪便及时清除。运动场及周围每周要消毒 1 次，清除蚊蝇滋生地。

（2）牛舍。牛舍要经常打扫，保持干净、干燥，定期灭鼠、灭蚊蝇。牛舍定期消毒，每周 1 次。

（3）卧床。保持卧床清洁、平整，垫料充足。定期消毒，每周 1 次。

（4）牛体。刷拭牛体，保持牛体干净、卫生。

2. 控制牛奶质量的措施——挤奶的要求

（1）挤奶机的基本部件。

①真空系统。

a. 真空泵。作用是将奶管和乳头杯内的空气抽出，使之形成真空状态以便挤奶。

b. 真空调节器。功能是保持挤奶系统真空度的稳定。在真空压力超过标准值时，让空气进入真空系统以维持适当的真空度（真空压力维持在 4.5～5.0 兆帕）。

c. 脉动器。控制乳头杯组阀门的开关，使空气交替进出脉冲腔，乳头杯的运转由脉动器调控。脉动器分单节拍和双节拍。单节拍脉动器使 4 个奶杯同时工作，双节拍脉动器使 4 个奶杯前后交替工作。脉动频率一般为 55～65 次/分，脉动比为 60∶40。

d. 挤奶杯组。包括 4 个挤奶杯和集乳器，奶杯由奶衬和不锈钢外套组成，奶衬直接与牛乳头接触，其质量好坏直接影响挤奶质量和乳头健康。其材质有天然橡胶、合成橡胶等，按其材质不同使用寿命长短不一，一般使用 2 500 头次后都须进行更换。

e. 集乳器。收集输送奶杯组挤出的牛奶，通过集乳器把牛奶输送到挤奶管道。集乳器上有一个细小的气孔让空气进入，有助于稳定挤奶期间乳头杯内的真空水平并顺利地将牛奶输送走。挤奶前应检查小孔是否通畅。

牛奶收集系统由集乳罐、奶泵、牛奶过滤器组成。

②自动清洗系统。

a. 清洗器。挤奶完毕，自动清洗挤奶杯组和管道。

b. 清洗剂。分为专用酸性清洗剂和碱性清洗剂。

（2）挤奶程序。统一使用"两次药浴，纸巾干擦"的挤奶工艺，其过程如下：

①清洁检查。挤奶前先观察或触摸乳房外表是否有红、肿、热、痛症状或创伤。

②挤头几把奶。把头几把奶挤到专用容器中，检查牛奶是否有凝块、絮状物或水样，牛奶正常的牛方可上机挤奶；异常的，及时报告兽医治疗，单独挤奶，挤出的奶严禁混入正常牛奶中。

③乳头预药浴。挤掉头几把奶后，对乳头进行预药浴，选用专用的乳头药浴液，药液作用时间应保持在 20～30 秒（注：乳房特别脏时，可先用含消毒水的温水清洗干净，再药浴乳头）。

④擦干乳头。用一次性纸巾在药浴后擦干乳头及基部，要求

每头牛至少一张。

⑤上机挤奶。上述工作结束后，及时套上挤奶杯组（套杯过程中尽量避免空气进入杯组中），时间是从刺激乳头开始 1 分钟内。挤奶过程中观察真空稳定情况、挤奶杯组奶流情况，适当调整奶杯组的位置。排乳接近结束，先关闭真空，再移走挤奶杯组。严禁下压挤奶机，避免过度挤奶。

⑥挤奶后药浴。挤奶结束后，应迅速进行乳头药浴，停留时间为 3～5 秒。

（3）其他注意事项。固定挤奶顺序，切忌频繁更换挤奶员。挤奶结束后，保证奶牛站立 45～60 分钟。药浴液每班挤奶前现用现配，并保证有效的药液浓度。每班药浴杯使用完毕应清洗干净。应用抗生素治疗的牛只，应单独用一套挤奶杯组，每挤完一头牛后应进行消毒，挤出的奶放置容器中单独处理。初乳不能混入商品奶中。

3. 控制牛奶质量的措施——清洗、消毒

（1）清洗、消毒的四大要素。

①冲刷力。只有保证充足的水量，才能有足够的冲刷力。根据管道的长短和挤奶杯组的多少计算出清洗所需水量。

②水温。预冲洗温度 35～40℃，洗涤温度 80～85℃，洗涤后出水口温度保持 40℃以上。

③药液浓度。按照药品说明书进行配置，保证药液的浓度。

④时间。清洗时间保证 30 分钟以上。

（2）清洗、消毒的程序。加入适量清水于平衡罐或奶罐中，水温为 40℃，打开排污阀，将管道及罐内残留奶、废液直接用温水冲洗排出，不得进行循环清洗，直至排出水变清澈为止。

加 80～85℃热水，加浓度为 6/1 000 的碱性清洗消毒剂。循环 8 分钟，同时排出水温不得低于 40℃，打开排污阀，将管道及罐内残留废液排出。

加温水进行冲洗，不得进行循环清洗，打开排污阀，将管道内的废液直接排出，同时确保排出水变清澈为止。

加冷水，加浓度为 6/1 000 的酸性清洗消毒剂，循环 8 分钟。打开排污阀，将管道及罐内残留废液排出。

加温水进行冲洗，不得进行循环清洗，打开排污阀，将管道内的废液直接排出，同时确保排出水变清澈为止。

（3）奶车、奶罐的清洗、消毒。奶车、奶罐每次用完后内外彻底清洗、消毒一遍。温水清洗，水温要求 35～40℃。用热碱水（温度 50℃）循环清洗消毒。清洗前必须关闭制冷电源。清水冲洗干净。

（4）奶泵、奶管、节门的清洗、消毒。奶泵、奶管、节门每用一次用清水冲刷 1 次。奶泵、奶管、节门定期拆开手工清洗，每周 2 次。

六、生鲜牛奶的质量监测

1. 鲜奶的感官检查

（1）取样。混匀牛奶，取适量于烧杯中。

（2）检查。观察色泽、组织状态，闻其气味。

（3）评价。外观呈乳白色或微黄色的均匀液体，无沉淀无凝块，气味为乳香味。

2. 鲜奶相对密度的测定

（1）原理。鲜奶主要由水、脂肪、蛋白质、碳水化合物、盐类等按一定比例构成，这些成分构成其固有的理化性质。相对密度（比重）是指某物质的重量与同温度、同容积的水的重量之比。

（2）操作步骤。

①取样。将乳样混匀，沿筒壁小心倒入 250 毫升量筒中，尽量不产生泡沫，倒入量以达量筒的 3/4 体积为宜。

②测温度。用温度计测乳样温度，一般在 10～25℃。

③读数。将乳稠计轻轻放入乳样中，让其自然浮动，勿使乳稠计与筒内壁贴附，静置 2～3 分钟后，平视液面，读出刻度。

④计算。

$$P_4^{20} = X/1\,000 + 1.000$$

式中，P_4^{20} 为样品相对密度；X 为乳稠计读数。

乳样温度超过 25℃，则每升高 1℃读数增加 0.2。

（3）注意事项。

①鲜奶相对密度为 1.027。

②奶中掺水其比重降低；因脱脂或掺入比重更大的物质（如淀粉）而增加。测鲜奶的比重可以判断单纯掺水或掺淀粉等。而如果牛奶既脱脂又加水，则相对密度可能无变化，即牛奶的"双掺假"。

3. 鲜奶酸度的测定

（1）原理。通过测定牛奶的酸度即可确定牛奶的新鲜程度，同时可反映出奶质的实际状况。奶的酸度一般以中和 100 毫升牛乳 0.1 摩尔/升氢氧化钠溶液的毫升数来表示，正常牛奶的酸度随奶牛的品种、饲料、泌乳期的不同而略有差异，但一般均在 14～18°T。如果牛奶放置时间过长，因细菌繁殖而致使牛奶酸度降低。因此，牛奶的酸度是反映奶质量的一项重要指标。

（2）试剂及仪器。

①试剂。1％酚酞指示剂、0.1 摩尔/升氢氧化钠标准溶液、pH＝6.88 标准缓冲溶液。

②仪器。量筒、锥形瓶、碱式滴定管、pHS-25 型酸度计。

（3）测定方法。

①滴定法。量取 50 毫升鲜奶，注入 250 毫升锥形瓶中，用 50 毫升中性蒸馏水稀释，加入 1％酚酞指示剂 5 滴，混匀。用 0.1 摩尔/升氢氧化钠标准溶液滴定，不断摇动，直至微红色在 1 分钟内不消失为止。计算酸度以 100 毫升牛奶消耗的 NaOH 克数表示，或量取 250 毫升酸牛奶充分搅拌均匀，然后准确称取此酸牛奶 15～20 克于 250 毫升锥形瓶中，加入 50 毫升热至 40℃的蒸馏水摇匀，加 0.1％酚酞指示剂 3 滴，用 0.1 摩尔/升 NaOH 标准溶液滴至微红色在 30 秒内不消失，即为终点，重复

3 次，计算酸度（以 100 克酸牛奶消耗的 NaOH 的克数表示）。

②酸度计法。按照 pH 计的使用说明用标准缓冲溶液 pH＝6.88 定位，用蒸馏水洗净电极，擦干。取 50 毫升鲜牛奶放入 100 毫升烧杯中，在酸度计上测定 pH。

4. 鲜奶钙含量的测定

（1）原理。测定牛奶中的钙采取配位滴定法，用乙二胺四乙酸（EDTA）溶液滴定牛奶中的钙。用 EDTA 测定钙，一般在 pH＝12～13 的碱性溶液中，以甲基百里酚蓝为指示剂，采用返滴定法，指示剂从无色变为蓝色为指标终点。

（2）试剂及仪器。

① 试剂。EDTA 标准溶液（0.02 摩尔/升）、NaOH（20％）、铬蓝黑 R（0.5％）或 MgY-EBT 作指示剂。

②仪器。移液管（25 毫升）、锥形瓶（250 毫升）、滴定管。

（3）操作步骤。

①EDTA 溶液的标定（用标准锌溶液标定）。

②钙含量的测定。准确移取牛奶试样 25.00 毫升 3 份分别加入 250 毫升锥形瓶中，加入蒸馏水 25 毫升，加入 2 毫升 20％ NaOH 溶液，摇匀、再加入 10～15 滴铬蓝黑 R 指示剂，用标准 EDTA 滴定至溶液由粉红色至明显灰蓝色，即为终点，平行测定 3 次，计算牛奶中的含钙量，以每 100 毫升牛奶含钙的毫克数表示。将纯鲜牛奶换成高钙牛奶，重复做 3 次，计算高钙牛奶中的含钙量。

$$Ca（每 100 毫升，毫克）=\frac{C_{EDTA}V_{EDTA}\times40}{25}\times100$$

第七节　奶牛的繁殖

一、奶牛的生殖器官

1. 公牛的生殖器官及其功能　公牛的生殖器官由睾丸、附睾、输精管、精索、尿生殖道、副性腺、阴茎和阴囊组成。

睾丸由许多粗细不同、形态不一的管道构成，包括曲精细管、精小管和睾丸网。曲精细管是精子生成的场所。

附睾与睾丸相连，睾丸产生的精子主要在附睾内成熟和储存。

输精管、精索是连接附睾和尿生殖道的通道。输精管壁具有发达的平滑肌纤维，公牛在射精时借其强有力的收缩作用将精子排出。

尿生殖道兼有排尿与排精的双重作用。公牛尿道的尿肌在阴茎球附近尤为发达，称球海绵体肌，其收缩对排精和排空潴留尿有重要作用。

公牛的副性腺包括前列腺、成对的精囊腺及尿道球腺，它们的分泌物与输精管壶腹的分泌物以及睾丸生成的精子共同组成精液。副性腺的分泌物有稀释精子、营养精子及改善阴道环境作用。

阴茎处于公牛生殖器官的末端，为公牛的交配器官。阴茎是由阴茎海绵体和尿道阴茎部构成。阴囊为带状的腹壁囊，内有睾丸、附睾及部分精索。

2. 母牛的生殖器官及其功能　母牛的生殖器官由卵巢、输卵管、子宫、阴道前庭和阴门组成。

母牛的卵巢呈圆形，可以分为内、外侧面，卵巢为实质器官，实质为各级卵泡，包括原始卵泡、初级卵泡、生长卵泡和成熟卵泡。母牛性成熟后，这些卵泡呈规律性、周期性的生长发育，直至生殖机能退化。虽然原始卵泡数量很多，但牛一生中所形成的成熟卵泡数量很少，绝大部分退化成为闭锁卵泡。成熟卵泡排出卵细胞（卵子）后，因血管破裂而形成红体，随后形成黄体。若母牛受孕，黄体（称为妊娠黄体）的功能将维持到分娩前；如未受孕，黄体经2周左右时间后退化（这种黄体称为周期黄体），并由结缔组织填充而成为白体。

输卵管是一对细长而弯曲的管道，位于卵巢和子宫角之间，虽不与卵巢直接相连，但其前端膨大，呈漏斗状而包裹卵巢。输卵管除输送卵细胞外，还是受精和卵裂的场所。

子宫前端与输卵管相连，后端则通过子宫颈与阴道相同。牛的子宫属于双角子宫，可分子宫角、子宫体和子宫颈三部分。子宫是胎儿生长发育和娩出的器官。成年奶牛的大部分子宫位于腹腔内，子宫颈位于盆腔，背侧为膀胱。

阴道为母牛的交配器官及产道，位于骨盆腔内。其背侧为直肠，腹侧为膀胱及尿道。阴道前庭为尿道外口向后的短管道，终于阴门。

二、母牛的发情与配种

1. 发情鉴定方法　世界上的奶牛品种主要以黑白花奶牛为主。黑白花奶牛体型最大，产奶量也最高，因此，黑白花奶牛在世界上分布最广、数量最多。如何抓好奶牛的配种繁殖技术是发展奶牛产业的关键。要想使奶牛保持正常的生产性能，就要保证奶牛的正常生理机能，要进行适时的配种和做好奶牛的发情鉴定工作，最后达到连年产犊的目的。

研究证明，在奶牛的不孕症中，70%以上是饲养管理失误而造成的，所以要实行科学的饲养方法，提高母牛的体质，从而提高奶牛的受胎率。要想获得更多的高产后备奶牛，做好平时的发情鉴定和进行适宜的配种显得尤其重要，这也是当前奶牛饲养者应当更加关注的问题。只有做好了奶牛的发情鉴定和适时的配种，才有可能获得更多的高产奶牛和生产更多的优质牛奶，也为培育优秀的后备母牛群奠定了基础，从而获得更多的收益。在奶牛生产中繁殖状况的好坏直接关系到奶牛的及时更新和产量的提高。影响奶牛繁殖的问题很多，如遗传性因素、激素紊乱、子宫炎症、营养、人工授精技术、精液质量、生理缺陷等。

母牛性成熟后，每隔21天发情1次，每次发情持续时间，黑白花奶牛平均为6～36小时。母牛出现第一次发情，尚不能配种，因刚达到性成熟，个体较小，处于生长发育阶段，必须等到体重达到成年体重的70%时，才能进行第一次配种。

在正常饲养管理条件下的健康牛群一般的母牛具有正常发情周期和明显的发情表现，而某些饲养管理较差、严冬盛夏季节的舍饲牛群、产奶量高的母牛往往会出现发情不规律和发情表现不明显等情况，给发情鉴定带来一定的困难。因此，提高母牛发情鉴定的技术水平，掌握有关方法是十分必要的。奶牛的发情鉴定的目的是将发情母牛找出来，进行适时配种，提高受胎率。兽医临床中常用的发情鉴定方法主要有以下3种：

（1）外部观察法。主要根据母牛的外部表现和精神状态来观察判断母牛的发情状况。发情前期，母牛表现不安，从阴道中流出稀薄透明的黏液，发情早期表现母牛表现兴奋不安，比较敏感易躁动，活动量增加。而未发情的母牛比较懒散，发情早期母牛吼叫频繁，放牧时经常离群，频繁走动，两耳直立弓背，腰部凹陷。闻嗅其他母牛的生殖器官，体温升高。发情早期母牛常常追赶其他母牛试图爬跨，在凉爽的季节以及其他母牛存在的条件下爬跨频率比较高，但其本身并不接受其他牛爬跨，发情母牛可能饲料摄入量下降，有些发情母牛在挤奶时紧张，产奶量下降，有时也可作为某些母牛的发情征兆。发情中期，阴门出现湿润且有轻度红肿和松弛。这一阶段为发情旺期，此期表现母牛愿意接受其他牛爬跨，并且在被其他牛爬跨时站立不动，后肢叉开并举尾，阴道流出半透明黏液，而且量多。旺情期母牛的子宫颈和阴道分泌大量蛋白样黏液并从阴门处流出，经常可见阴门处有黏液分泌物并常黏在尾上，有时在母牛臀部粪尿沟处也可见清亮黏液，黏液具有很强的牵缕性。发情后期，接近排卵时，部分母牛会继续表现发情行为，母牛不愿接受爬跨，发情结束后2天左右，一些母牛可能从阴门流出带血的黏液。假如发情没有被发现，出血时才给母牛配种就太晚了，这个特征可帮助确定漏配的发情牛。

值得一提的是，在被爬跨牛当中，应该说绝大多数是发情牛，但也有少数是非发情牛。许多研究结果表明，爬跨频率在白天最低而夜间最高。研究证明，大多数的爬跨行为发生在傍晚到凌晨。

（2）试情法。利用试情公牛，根据母牛的性欲表现来判断发情的状况。通常将结扎输精管的试情公牛按 1：20 的比例放入牛群中，以此来发现发情母牛。

（3）直肠检查法。直肠检查法通过直肠壁触摸母牛卵巢上卵泡发育的情况来判断母牛发情的进程，并确定输精的时间。此法准确有效。但由于这项检查比较烦琐、劳动强度大而多用于发情表现不甚明显或输精后再发情的母牛。个体饲养的奶牛群体小难于观察时也常用此法。直肠检查技术需要有较长时间的训练和实践过程才能熟练掌握。将手伸入母牛直肠内，隔着直肠壁触摸卵泡的发育程度，以判断母牛发情的情况。母牛的卵泡较小，发育的过程也短些，但突出于卵巢的表面，较易触摸。对于母牛在发育过程中卵泡的发育可分为出现期、发育期、成熟期和排卵期。母牛发情时，通过直肠检查可摸到有黄豆大小的卵泡突出于卵巢表面。如果卵巢表面光滑，且有波动感，表明卵泡已经发育成熟即将排卵，是配种的最好时间。

奶牛的卵泡发育可分为 4 期，特点分别是：

第一期（卵泡出现期）：卵巢稍增大，卵泡直径为 0.50～0.75 厘米，触诊时感觉卵巢上有一隆起的软化点，但波动不明显，此时母牛开始有发情表现。

第二期（卵泡发育期）：卵泡增大到 1.0～1.5 厘米，呈小球状，波动明显，突出于卵巢表面，此时母牛发情表现明显。

第三期（卵泡成熟期）：卵泡不再增大，但卵泡壁变薄，紧张性增加，触诊时有一触即破的感觉，似熟葡萄。

第四期（排卵期）：卵泡破裂，卵泡液流失，卵巢上留下一个明显的凹陷区或扁平区。排卵多发生在性欲消失后 10～15 小时，夜间排卵较白天多，右边卵巢排卵较左边多。排卵后 6～8 小时可摸到肉样感觉的黄体，其直径为 0.5～0.8 厘米。

以上 3 种鉴定方法，以直肠检查法最可靠，是确定适时配种的最好依据。

2. 配种方法　母牛发情后最适宜的配种时间应在性欲结束时进行第一次输精，间隔 8～12 小时进行第二次输精。在生产实践中，准确掌握母牛性欲结束是比较困难的，但性欲高潮容易观察，应根据母牛接受爬跨情况来判定适宜的配种时间。黑白花奶牛一般采用早上爬跨，下午配种，第二天上午视其情况再复配 1 次，下午爬跨，翌日早上配种，下午务必再复配 1 次。育成牛的初配时间过早会影响母牛的生长发育及头胎产奶量，过晚会影响受胎率，增加饲养成本。缩短了产犊间隔，节约了成本，提高了牧场生产效益。产犊后配种时间，成母牛产后第一次配种时间要适宜，低产牛可适当提前，高产牛可适当推迟，但过早或过晚配种都可能影响受胎率。奶牛理想的繁殖周期是一年产一胎。胎间距过短，影响当胎产奶量。胎间距过长，影响终生产奶量。适宜的输精时间，发情开始后或排卵前旺情期之后进行人工授精母牛的受孕率最高。一般掌握清晨观察到奶牛发情当天傍晚输精，傍晚观察到奶牛发情翌日清晨输精。情期内输精两次为宜。输精次数和间隔时间是依据输精时间与母畜排卵时间的间距以及精子在母畜生殖道内保持受精能力的时间长短决定的。

（1）自然交配。指发情母牛直接与公牛交配。

（2）人工授精。人工授精是用冷冻精液进行的一种授精方法。现在供应的冷冻精液多为细管，可将其直接投入 38～40℃ 温水中，见管内精液颜色改变，立即取出，剪去封口的一端，然后直接装在专用的细管金属输精器上，用直肠把握授精法进行输精。使用人工授精技术，将精子放置在母畜生殖道内，精子仅仅可以存活数小时，需要掌握适时的输精时间，同时强调适时配种，做到适时输精。在人工授精技术过程中，准确的发情鉴定和适时的配种是使母牛获得受胎并维持高繁殖率的关键。目前，在养牛业中人工授精技术应用已经非常普及，在操作过程中准确有效地判断奶牛发情和适时配种是提高奶牛受胎率的基础。要正确判断奶牛是否发情，并把握配种时间，不断提高繁殖率，才能增加牧场效益。

三、人工授精技术

1. 优质冻精的选择

（1）查看系谱，避免近交。通常使用的冷冻精液都会带有系谱，所谓系谱就是公牛的遗传信息，可以知道所使用的公牛三代内亲缘关系。如果待配母牛是这头公牛的近亲，则尽量避免使用。

（2）查看该公牛是否有后裔测定记录。后裔测定是评定种公牛好坏最有效的方法，只有通过后裔测定的公牛，其冷冻精液才能被广泛采用，其后代的产奶水平才会有明显的提高。

（3）优质优价。经过后裔测定的公牛冷冻精液价格是不等的。对后代产奶量有显著提高的冷冻精液，其价格自然要高，而表现平庸的公牛，其价格就低。农民朋友要根据自身需要，有选择地购买公牛的冷冻精液。

（4）选用奶牛细管冻精。因为细管冻精是经鉴定为良种奶牛并编号的冻精，系谱档案清晰，能避免近亲繁殖，防止生产性能降低，并便于档案登记。细管冻精输精操作简便，受胎率也高于颗粒冻精。

2. 授精前的准备

（1）授精器械物品的准备。液氮罐、液氮、输精枪、输精枪外套、镊子、细管冻精、细管剪、温度计、温水、一次性手套、常用消毒剂等。

（2）母牛的准备。将母牛置于保定栏内，把牛尾拉向一侧，用温水冲洗奶牛外阴部，再用 2％的来苏儿或 0.1％的新洁尔灭溶液消毒，最后用干净的毛巾擦干消毒液。

（3）精液的准备。用镊子从液氮罐中迅速取出一支细管冻精，立即投入 38～40℃的温水中，摆动 10 秒左右使其融化，擦干细管上的水珠，用细管剪剪掉细管封口端 1 厘米左右，装入输精枪外套中，细管冻精封口端在前，棉塞端朝后，然后把输精枪伸入外套中，使输精枪的直杆插入细管的棉塞端，缓慢向后移动外套，把外套固定在输精枪的螺丝扣处。

3. 输精 操作者提前将指甲剪短修平，两手及手臂充分洗净消毒，手指并拢成锥形，缓缓插入直肠，排出宿粪（最好采用空气排粪法，即用手指扩张肛门让空气进入，诱导母牛排出宿粪），一般用左手伸入直肠后，手心向下，手掌展开，手指微曲，在骨盆底部下压，先找到像软骨一样手感的子宫颈，然后握住子宫颈后端，左手肘臂向下压，压开阴裂，右手持输精枪，由阴门插入。先向上前方插入一段，以避开尿道口，然后再向前方插入至子宫颈口，左右手配合绕过子宫颈螺旋皱褶，通过子宫颈内口，到达子宫体的底部，然后将输精枪再向后稍微后撤一点，推动输精枪直杆，将精液注入子宫内，最后缓慢抽出输精枪。整个输精完毕。

4. 输精部位的选择 正常情况下输精枪只要通过子宫颈口，到达子宫体底部即可输精，这样无论哪侧卵巢排卵，都可以保证有精子抵达受精部位。如果直肠检查技术熟练，并可以确定卵泡位置，也可将精液输到卵泡侧子宫角基部。

5. 输精时注意事项 隔着直肠握子宫时，如直肠壁过于紧张，不要硬抓，要稍停片刻，待肠壁平缓松弛后再抓，以免导致直肠破裂或损伤。

母牛摆动较剧烈时，应把输精枪放松，手要随牛的摆动而移动，以免输精枪损伤生殖道内壁。

输精器进入阴道后，当往前送受到阻滞时，在直肠内的手应把子宫颈稍往前推，把阴道拉直，切不可强行插入，以免造成阴道破损。

6. 常见输精技术障碍

（1）输精枪不能顺利插入阴道。这种现象多是因为输精枪插入方向不对、受阴道壁弯曲所阻、母牛过敏、误入尿道或母牛抵抗、操作粗莽引起。如果插入方向不对，可先由斜下方插入阴道10厘米，再向平或向下方插入（因为老母牛阴道松弛，多向腹腔下部沉降）。如果是被阴道壁弯曲所阻，可用在直肠内的左手整理，向前拉直阴道。如果母牛过敏，可有节律地抽动左手或轻搔肠壁，以分散母牛对阴部的注意力。对于误入尿道的，抽回后，让输精枪尖端沿阴道壁前进，即可插入。

（2）找不到子宫颈。多见于育成牛、老龄母牛或生殖道闭缩的母牛。青年母牛子宫颈往往细小如手指，多在近处可以触到，老龄母牛子宫颈粗大，往往随子宫沉入腹腔。须提出的是，凡是生殖道闭缩的母牛，如果检查骨盆前无索状组织（即子宫颈），则一定是团缩在阴门最近处，用手按摩，使之伸展。

（3）输精枪对不上子宫颈口。多由左右手配合不当，有皱褶阻挡，偏入子宫颈外围或被中间口内皱襞阻挡所致。操作者可将手臂稍后退，把握住子宫颈口，防止子宫颈口游离下垂，随即自然导入。如有皱襞阻挡，须把子宫颈管前推，以便拉直皱襞。若偏入子宫颈外围，须退回输精枪，用左手拇指定位引导插入子宫颈口。若被子宫颈口内壁阻挡，可用左手持子宫颈上下扭动，扭转校对后慢慢伸入。

7. 发情鉴定技术 发情鉴定是养好奶牛的重要环节。这项工作做得不好，就会使牛群漏配牛只增加，从而延长产犊间隔，增加饲养成本，降低繁殖率，降低经济效益。准确的发情鉴定更是成功地进行人工授精、超数排卵及胚胎移植的关键。确定奶牛的发情期普遍采用外部观察法和直肠检查法。外部观察法，一般可总结为"五看"：

一看外部表现。处于发情初期的母牛表现兴奋不安、敏感躁动，寻找其他发情母牛，活动量、步行数大于常牛5倍以上。反应敏感、哞叫，不接受其他牛爬跨。发情盛期则嗅闻其他母牛外阴，下巴依托它牛臀部并摩擦；压捏腰背部下陷，尾根高抬；接受爬跨，被爬跨时举尾，四肢站立不动。进入发情末期，母牛逐渐转入平静期，渐渐地不再接受爬跨。

二看外阴的变化。母牛发情时，阴户由微肿而逐渐肿大饱满，柔软而松弛，继而阴户由肿胀慢慢消退，缩小而显出皱纹。60％左右的发情母牛可见阴道出血，大约在发情后两天出现。这个征候可帮助确定漏配的发情牛，为跟踪下次发情日期或调整情期提供依据。

三看阴道黏膜和子宫颈口的变化。发情初期阴道壁充血而潮红有光泽。发情盛期子宫颈红润，颈口开张，约能容纳一个手指。末期阴道黏膜充血、潮红现象逐渐消退，子宫颈口慢慢闭合。

四看阴户流出黏液的变化。发情初期排出的黏液比较清亮，像鸡蛋清，牵缕性差。发情盛期母牛阴户排出如玻璃棒样，具有高度的牵缕性，易黏于尾根、臀端或后肢关节处的被毛上。排卵前排出的黏液逐渐变白而浓厚黏稠，量也减少，牵缕性又变差。可用拇指和食指沾取少量黏液，若牵拉5～7次不断（距离5～7厘米），此时母牛已接近排卵，应在3～4小时输精，若牵拉8次以上不断者为时尚早，3～5次即断则为时已晚。

五看产奶量。大多数母牛在发情时，产奶量均有所下降。直肠检查法主要通过触摸卵巢和子宫的变化来进行鉴定。母牛发情初期，直肠检查子宫变软，卵巢有一侧增大，在卵巢上有卵泡，无弹性。此期维持10小时左右。发情中期直肠检查子宫松软，卵泡体积增大，直径1.0～1.5厘米，突出于卵巢表面，弹性强，有波动感。此期维持8～12小时。发情末期直肠检查子宫颈变松软，卵泡壁变薄，波动很明显，呈熟葡萄状，有一触即破的感觉。此期维持 8～10 小时。

8. 发情后配种最佳时间的选择 大多数的母牛发情持续 10～24 小时 [(18±12) 小时]。有研究表明，母牛表现发情的时间分布为：0：00～6：00 占 43% 左右，6：00～12：00 占 22% 左右，12：00～18：00 占 10% 左右，18：00～24：00 占 25% 左右。具体还要结合当地的气候环境条件及牛只的状况而定。

母牛最佳的输精时间是母牛发情末期或排卵前 6 小时。此时直肠检查可摸到卵泡突出于卵巢表面，壁薄，紧张，有弹性，有波动感，像熟透的葡萄，有一触即破的感觉。外部观察时母牛静立、接受爬跨、阴户流出透明具有强拉丝性黏液（黏丝提拉可达 6～8 次，二指水平拉丝可成"y"状），此时是输精的最佳时期。在生产实践中，一般一个发情期输精两次。具体来说，上午发现母牛发情，晚上输精 1 次，翌日上午再输 1 次；中午发现母牛发情，翌日上下午各输精 1 次；下午发现母牛发情，翌日中午和夜晚各输精 1 次。

9. 临床常见病理性发情

（1）隐性发情。母牛发情时，缺少性欲表现。多见于产后母牛和体质瘦弱的母牛。另外，冬季母牛舍饲时间长，也易发生隐性发情现象。

（2）假发情。一般指妊娠 5 个月左右的母牛，突然有性欲表现。但阴道检查时，外口收缩或半收缩，直肠检查时能触摸到胎儿。另一种是母牛虽具备各种发情的外部表现，但卵巢内无发育的卵泡，也不能排卵，常见于患卵巢机能不全的育成母牛和患子宫内膜炎的奶牛。

（3）持续发情。正常母牛发情持续期较短，但有的母牛连续 2～3 天发情不止，主要有以下两种原因：一是卵泡囊肿。由不排卵的卵泡继续增生肿大而成，卵泡不断发育。则分泌过多的雌激素，所以母牛发情延长。二是卵泡交替发育。开始一侧卵巢有卵泡发育产生雌激素，使母牛发情，但不久另一侧卵巢也有卵泡开始发育，前一侧卵泡发育中断，另一侧卵泡继续发育，这样它们交替产生雌激素而使母牛发情延长。

（4）慕雄狂。母牛表现持续而强烈的发情行为，发情期长短不规则，周期不正常，经常见母牛阴部流出透明黏液，阴部浮肿，尾根高举，但配种不能受胎，它与卵巢囊肿有关。

10. 精液的质量、存取要求

（1）质量要求。活力≥0.35 以上，直线运动精子密度≥1 000万个，顶体完整率≥40％，畸形精子率≤20％，非病原细菌数≤1 000个/毫升。

（2）储存要求。精液储存在高真空保温的液氮罐内；液氮罐应放置在清洁、干燥、通风的木质垫板上；液氮水平面应保持在18 厘米以上，至 16 厘米时，即应添加液氮，可用蓝红二色安瓿瓶指示管或固定式磅秤判别液氮水平。

（3）精液的取出。除本次需要取出的冻精外，其他冻精不可提到罐口以下 3.5 厘米线之上，寻找冻精超过 10 秒，应将分装桶放回液氮内，然后再提起寻找，以保持冻精的温度；取出后置38℃水浴瞬时解冻或其他行之有效的解冻方法；每一头公牛精液应放置在同一分装桶内，并有分装清单，清单上包括公牛号、数量和取用记录；在清洗液氮罐时，预备好的清洁液氮罐应并列放置，快速转移，冻精裸露在罐外的时间不能超过 3～5 秒。

11. 验胎　　正确的早期诊断可减少饲料损失、确定妊娠期，计算预产期和安排干奶期。验胎有直肠检查和激素实验两种方法，通常只用直肠检查。授精后第 21～24 天，触摸到 2.5～3 厘米发育完整的黄体，表明 90％已怀孕了；在授精后 60 天、第180～210 天进行两次验胎，第一次是为确诊有胎，第二次是确保有胎，准备干奶，第一次验胎时间在技术保证的前提下，可提早到输精后的 40～60 天进行。

12. 人工输精操作要规范化　　主要在于以下几点：

（1）直肠检查子宫和卵巢（泡）态势及把握子宫颈输精是规

范的人工输精技术。

（2）触摸卵泡成熟状态，在即将排卵或刚刚排卵时输精，会得到高的受精率。

（3）输精前及输精中应保持牛阴户周围的清洁及输精器具的干燥与卫生（输精枪外应使用薄膜防护套）。

（4）子宫创伤出血对精子与受精卵的存活不利，应尽量避免创伤。可用对精子无害、对生殖道黏膜无刺激的润滑剂。

（5）在输精器接近子宫颈外口时，正确的方法是用把握子宫颈的手拉向阴道方，使之接近输精器前端，而不是用力将输精器推向子宫颈。要凭手指的感觉将输精器套入子宫颈。

（6）输精器前端在通过子宫颈横行、不规则排列中褶时的手法是输精的关键技术。可用改变输精器前进方向、回抽、摆动、滚动等操作技巧，使输精器前端通过子宫颈。严禁以输精器硬戳的方法进入。

四、妊娠与分娩

母牛配种成功，胚胎在母牛子宫内发育直至胎儿娩出的这一段时间称为妊娠期。牛的妊娠期一般为 280 天（270～290 天）。母牛是否怀孕，在配种后需要进行诊断，早期妊娠诊断可以减少空怀率，缩短产犊间隔，提高群体牛的繁殖力。

早期妊娠诊断有临床诊断法和实验室诊断法。

临床诊断法是通过观察母牛是否返情、直肠触诊、腹部触诊、听胎心音、超声波和 X 线检查等。

实验室诊断法有血液孕酮测定、子宫颈和阴道黏液理化性状的检查、免疫学检查等。

在生产上常用的妊娠诊断一般是直肠检查法。直肠检查法操作简单、准确率高，尤其是在配种 65 天以后。

母牛配种 20 天以后，偶尔有假发情的现象出现。直肠检查应注意是否有卵泡发育，阴道是否有黏液流出。要注意怀孕子宫和子宫积液、积脓的区别，注意怀孕子宫和膀胱的区别。直肠检查要仔细触摸，以便区分是否怀孕。

母牛在分娩前会有一些预兆。根据这些预兆可以判断和预测母牛的分娩时间，以便做好助产、接产工作。

分娩前母牛的乳房迅速膨大，乳头变粗，产前可有乳汁挤出。阴户肿胀、柔软、增大，皱褶展平，皮肤变红，子宫颈栓软化，黏液外流，并变稀、变薄、变滑。骨盆松弛，臀部塌陷明显。母牛变得神态不安，时起时卧，食欲减退，频频排尿排粪，出现阵缩与努责。

根据预产期的推算，母牛产前1周应进产房。产房及产床应干净、卫生、干燥、安静。接产人员应消毒。尽可能地以自然分娩为主，助产应恰到好处，不过急、不硬拉。接产时应准备好消毒药品、助产器械、红糖及益母草等。母牛阵缩超过4小时而不见尿囊膜破裂，或尿囊膜破裂2小时还不见胎儿外露，就应做产道检查，判断胎位是否正常、子宫颈开张是否不全。如胎儿过大或产道窄小，就应当助产。新出生的犊牛应擦去鼻孔和口腔内的羊水，如出现假死或呼吸困难，应做人工呼吸。断脐后应用碘酊消毒，并结扎。牛犊应在1~2小时内吃到初乳。分娩后的母牛应及时喂给红糖水、当归水、益母草水或温热的麸皮盐水。

预产期已超过1周年的母牛，先兆木乃伊、死胎等，应做诱导分娩。可使用前列腺素、地塞米松、雌激素等药物诱导分娩，待药物起作用时人工开张子宫颈做诱导分娩。

分娩后8~10小时如还不见胎衣排出，就应肌内注射催产素（或缩宫素）100国际单位，同时静脉注射10%的葡萄糖酸钙500~1 500毫升，以增强子宫收缩，帮助胎衣排出。如胎衣不下，应及时进行处理。

五、提高母牛繁殖力的措施

加强母牛繁殖管理，就是要求繁殖管理规范化，配套技术要到位，掌握母牛发情规律，提高人工授精技术。

1. 衡量繁殖力的指标

（1）年受胎率 90% 以上。

（2）情期受胎率 65% 以上。

（3）年繁殖率 85% 以上。

（4）产犊间隔 12～13 个月。

（5）初配年龄 15～16 个月（体重达成年的 70%）。

2. 提高繁殖力的综合措施

（1）重视种公牛的繁殖力选择。要对种公牛的血统来源、体型外貌以及繁殖性能进行考察。

（2）掌握母牛发情规律。对配种前的母牛要了解发情的特征和间隔发情的时间；每天要保持 3～5 次观察发情时间，每次观察的时间要不低于 30 分钟。尤其在 6：00～8：00 之前观察发情检出率较高。

（3）正确掌握发情鉴定和适时配种。一般母牛发情经过半天多时间，由兴奋转入静立接受爬跨，从阴道流出的黏液由多量透明而变成量少黏性强时，直肠检查卵泡发育状况处于成熟期，此时为正适宜配种阶段。

（4）科学地分析和处理繁殖障碍牛只。如母牛发情间隔不到 17 天或超过 24 天以上，年龄已过 14 月未发情或产后 60 天不发情者，输精 3 次情期未孕牛，产后非季节原因而有 5 个月未孕牛，或者未孕而又长期不发情的牛只，都要及时地科学地分析原因，采取对症措施：

①营养失调。一般奶牛场都有不同阶段饲料配合，按饲养标准供应日粮，但在实践中往往存在干奶期间的母牛膘情过肥，产后牛或泌乳高峰期的母牛膘情又过瘦的问题，其原因都是营养失衡，如按五级评分制，干奶期母牛的膘情要维持在 3.5～3.75，泌乳高峰期的母牛要维持在 3～3.5。

②热应激影响。当气温上升到 26℃ 时，奶牛个体散热受阻，

对泌乳和繁殖力都有不同程度的影响。因此，高温阶段要做好牛舍通风排气和用自来水喷雾降温的工作，缓解热应激的影响。

③围生期感染。做好母牛围生期的保健工作，对预防早产、死胎、母牛产前产后感染而诱发的母牛繁殖障碍和不孕症具有重要作用。

必须着重强调，对于繁殖障碍牛只有正确诊断，必要时结合血液内分泌诊断，才能正确地使用生殖激素或药物治疗，不可盲目乱用生殖激素。

六、奶牛繁殖性别控制技术

奶牛性别控制是指通过人为的手段进行干预，使母牛能够按人们的意愿繁殖出特定性别后代的技术。对现代畜牧业生产而言，奶牛业发展需要更多的母牛产奶，肉牛业发展需要更多的公牛长肉，奶牛及肉牛的纯种繁育场则需要更多的母牛育种。由此可见，在奶牛的生产中性别是一个非常重要的经济性状，为了控制牛的性别，人们经过不懈努力，用了几十年的时间来探索、研究和解决性别控制这一难题。

1. 奶牛性别控制的途径　当前，国内母牛的繁育方式主要有3种：一是在许多地区和较大规模的牛场普遍采用的人工授精技术；二是在现代化饲养的牛场采用"胚胎移植＋人工授精"的技术；三是在不太发达的牧区仍然保持自然交配的方式。

与此相对应的性别控制技术也有3种不同的途径：一是在人工授精前通过对X与Y精子的分离以控制性别；二是在胚胎移植前对胚胎的性别进行鉴定以控制。

2. X、Y精子的分离　奶牛有60条染色体，其中58条为常染色体，2条为性染色体。若奶牛受精卵的染色体组合为XX则发育为雌性，若为XY则发育为雄性，所以精卵结合时精子的类型就决定了奶牛的性别。分离X精子、Y精子的主要依据是X精子和Y精子不同的物理性质（体积、密度、电荷、运动性）

和化学性质（DNA 含量、表面雄性特异性抗原），分离方法主要有物理学分离法、免疫学分离法、流式细胞仪分离法。

（1）物理学分离法。早在 20 世纪 70 年代，人们已经开始利用密度梯度离心技术分离 X 精子、Y 精子，如不连续的白蛋白梯度、葡聚糖凝胶梯度、不连续的 Percoll（聚乙烯吡咯烷酮包被的二氧化硅颗粒的无菌胶体悬液）梯度，分选后 X 精子、Y 精子的纯度分别达到 94% 和 73%。Schiling 等（1978）较早利用沉降法分离牛精子，所得后代母犊率为 70%。王亚鸣等（1995）用沉降法分离牛精子所得后代母犊率为 61%。铃木达行（1986）用梯度离心法（Percoll）分离牛的精子，用分离的 X 精子层授精后得到 77.8% 的母犊。徐林平等用 Percoll 梯度法分离奶牛精液，并用分离后的冷冻精液给奶牛输精，产母率为 65.4%。Shroedom（1932）最早报道了利用电泳法分离牛的精子，用向阳极移动的精子受精后所得后代雌性占 71.3%。总体分析表明，以上几种方法分离的精子数少、准确率低且可重复性差，生产中应用较少。

（2）免疫学分离法。免疫学分离法是利用 H-Y 抗体检测精子质膜上存在的 H-Y 抗原，以此来分离 X 精子和 Y 精子。罗承浩等（2004）应用此法对奶牛进行实验，结果表明比自然产母犊性比率理论值提高 10.7%。由于免疫法对精子处理的时间较长，影响精子活力，可导致受胎率下降，推广应用具有一定难度。

（3）流式细胞仪分离法（流式细胞光度法）。该法的理论依据是 X 精子、Y 精子的 DNA 含量不同，用 DNA 特异性染料进行精子染色后，使其逐个通过激光束，探测器根据精子的发光强度通过计算机指令充电使光强度高的 X 精子带正电，Y 精子带负电，当经过高压电场时会向不同方向偏转，达到分离的目的。DNA 含量高，当用专用荧光染料染色时，其吸收的染料就多，发出的荧光也强，反之发出的荧光就弱。用分离后的精子进行人工授精或体外受精对受精卵和后代的性别进行控制，具有重复性、科学性和有效性的特点。Seidel 等（2000）报道用该法分离奶牛精子，用 X 精子输精后所产下的犊牛性别的准确率为 83%，而 Y 精子为 90%。Andersson 等用分离的精液对 157 头产奶期奶牛进行人工授精，母犊率为 82%。王建国等（2006）采用奶牛 X 性控冻精对奶牛进行人工授精，母犊出生准确率为 93.3%，极显著地高于普通冻精的母犊率。阚远征、张振山（2007）采用奶牛 X 性控冻精处理在 571 头犊牛中，母犊牛为 529 头，公犊牛为 42 头，其中母犊牛的比例为 92.6%，比普通精液配种的母犊牛出生率（48%）高出 44.6%，效果十分显著。孙树春（2007）采用性控精液处理母牛性控精液人工授精所产犊牛，其母犊率可达 97.14%（34/35），常规精液相比约高出 47%（常规精液所产犊的性比例按 1∶1 计）。

3. 奶牛胚胎的性别鉴定　胚胎移植技术已经广泛应用于奶牛繁殖与生产中。在移植前对胚胎进行性别鉴定，可以达到控制性别的目的。鉴定的方法主要有细胞遗传学方法、免疫学方法和分子生物学方法。

（1）细胞遗传学方法。通过查明胚胎细胞的性染色体类型为 XX 型和 XY 型来鉴定胚胎的性别。操作的基本过程为：取少量的胚胎细胞经秋水仙素处理固定染色，检查性染色体，根据染色体在细胞分裂中期不同的谱带和 Y 染色体的大小形态来判定性别。这种方法准确率可达到 100%，但操作烦琐，难以在生产中应用。目前主要用来验证其他性别鉴定方法的准确率。

（2）免疫学方法。利用 H-Y 抗血清或 H-Y 单克隆抗体检测胚胎上是否存在雄性特异性 H-Y 抗原，从而进行的胚胎鉴别。

①间接免疫荧光法。先将 8 细胞-桑葚胚期的胚胎与 H-Y 抗体反应 30 分钟，再与异硫氰酸盐荧光素（FITC）标记的免疫球蛋白 IgM 抗体反应，然后在荧光显微镜下检查胚胎是否带有荧光素，若有则判定为 H-Y＋胚胎，不显荧光则为 H-Y－胚胎。牛雌性鉴定准确率为 89%。

②细胞毒性分析法。H-Y 抗血清与补体加入培养液中对胚胎进行培养，将在培养过程中继续发育的胚胎分为 H-Y－（雌性），将出现个别卵裂球溶解，以及不能发育到囊胚期的分为 H-Y＋（雄性）。由于细胞毒性反应对雄性胚胎有杀伤作用，应用范围受到限制。

（3）分子生物学方法。胚胎性别鉴别的实质是检测 Y 染色体上是否存在 SRY 基因，有则判断为雄性，无则判断为雌性，主要包括 DNA 探针法和 PCR 扩增法。

①DNA 探针法。从胚胎上取少量细胞，将其 DNA 与 Y 染色体特异标记的 DNA 序列（探针）杂交，结果显示阳性则为雄性胚胎，否则为雌性胚胎。Leonard 等（1987）首次报道用牛 Y 染色体特异性 DNA 多重复序列探针鉴定牛囊胚期胚胎获得成功，准确率为 95％。Bondioli 等（1989）用此法进行牛胚胎性别的鉴定，其准确率为 100％。但由于 DNA 杂交所需的胚细胞较多，且用时较长，对技术要求也比较高，所以该法的使用受到限制。

②PCR 扩增法。通过合成 SRY 基因片段的寡聚核苷酸片段为引物，在一定条件下进行 PCR 扩增，能扩增出特异 SRY 序列的为雄性，反之为雌性，其准确率可达 95％～100％，具有速度快、灵敏度高（可以检测到单个细胞）、可重复性好等特点。黄淑帧（2000）鉴定 27 枚牛胚胎，准确率为 100％。卢春霞等（2007）以检测 76 枚胚胎，37 枚为雌性，39 枚为雄性，把雌性胚胎进行移植，受胎 11 头，受胎率 29.73％，产出母犊 10 头，准确率为 90.91％。运用 PCR 法进行胚胎性别鉴定时若发生污染，则会出现假阳性。

PCR 鉴定法是目前唯一常规、最具商业价值的胚胎性别鉴定方法，但该法目前最大的问题是采集胚胎细胞样品时的污染问题。因此，要求操作规范，避免外源 DNA 的污染。

胚胎性别鉴定是一种较好的方法，但有一定的局限性。最突出的一个问题就是对技术要求高，在生产中普及困难。另一个问题就是对胚胎的反复操作，易造成胚胎成活率下降。因此，还须进一步优化和完善。

4. 控制母牛受精的外部环境　奶牛外部环境中的某些因素也是性别决定机制的重要条件，这些因素包括营养、体液酸碱度、温度、输精时间、年龄胎次、激素水平等。

（1）控制输精时间。由于 Y 精子在生殖道内的游动速度大于 X 精子，Y 精子首先到达受精部位，若在排卵前输精，等到卵子到达时，Y 精子已接近失活；而 X 精子运动慢，但寿命长，此时 X 精子活力远远大于 Y 精子，有利于 X 精子与卵子的结合，从而提高产母犊的比率。由于 X、Y 两类精子在子宫颈内游动速度不同，因此到达受精部位与卵子结合的优先顺序不同。齐义信等（2005）证明，在排卵期和排卵后期输冻精所产公犊占86.6%，在排卵前 8 小时输冻精所产母犊占 87.5%。采用控制输精时间达到性别控制的方法较简便，为克服适时输精的难题，齐义信等人研制出适时受精性别控制仪，以确定最佳授精时间。

（2）调整子宫颈内黏液的 pH。Y 精子对酸性环境的耐受力比 X 精子差，当母牛生殖道内的 pH 较低时，X 精子的活力较强，会拥有更多的与卵子结合的机会，故后代雌性较多。张岳周等（2006）报道，牛阴道黏液的 pH 与性别有一定的关系，当 pH≤6.8 时，母犊占 63.5%。王光辉、刘海广用 5%L-型精氨酸注入母牛子宫内，并对母牛的生母率和子宫颈内黏液的 pH 进行了测定。结果表明，子宫颈黏液 pH 在 7.16±0.28、8.06±0.32、7.76±0.52 时，生母率分别为78.5%、18.75%、47.90%。

通过控制牛的受精环境来实现性别控制虽然有一定的效果，但重复性差，推广应用价值仍有争议。

5. 中药性别控制　奶牛性别控制胶囊，由天然中（草）药（马齿苋、丹参、益母草、甘草）通过水提醇沉法提取其生物碱、黄酮、酚类以及钾盐类，分别制成千浸膏后加入 β-环糊精干法包接，然后制作成颗粒状装入胶囊，通过^{60}Co照射灭菌而制成。

罗应荣等（2006）用奶牛性控胶囊后输精的14头供体母牛，共采集69枚可用胚胎，对其中64枚胚胎进行性别鉴定，确定雌性胚胎的比例为71.9%。应用奶牛性控液对3头供体母牛宫注后输精，共采集26枚可用胚胎，经阴道鉴定后确定雌性胚胎比例为73.1%。胡明信等（2006）用性控胶囊对奶牛进行性控胶囊已产犊牛总数为345头，其中公犊92头，母犊253头，B超妊娠检查和胚胎性别鉴定均证实在使用性控胶囊后可控制雌性比达70%，产母犊率为73.07%。

第四章

牛群保健与疾病防控

第一节 牛群保健

一、牛群保健

1. 牛群保健目标定义 所谓保健目标，就是指奶牛健康状况所要达到的标准。由于外界环境条件（气候、地理）、饲料安排、饲养水平等不同，各自的牛群管理方法和牛群保健计划也不尽一致。但尽可能有效地生产出数量多、质量高的牛奶，这是每个奶牛场所共同期望达到的最终目标。对于一个饲养技术好、管理水平高的奶牛场来说，疾病控制目标是：①全年总淘汰率在25%～28%；②全年死亡率在3%以下；③乳房炎治疗数不应超过产奶牛的1%；④8周龄以内犊牛死亡率低于5%；⑤育成牛死亡率、淘汰率低于3%；⑥全年怀孕母牛流产率不超过8%。

2. 牛群保健内容 健康奶牛群要达到的目标是高产、稳产和健康，其中健康最为关键。只有奶牛健康，才会有奶牛的高产和稳产。由于环境的改变和饲养管理的疏忽，奶牛发生疾病是不可避免的，最重要的是如何将这种疾病的发生和由此而带来的损失减少到最低程度。

奶牛场应贯彻"以防为主、防治结合、防重于治"的方针，防止和消灭奶牛疾病，特别是传染病、代谢病，使奶牛更好地发挥生产性能，延长使用年限，提高奶牛养殖的经济效益。牛群的健康要有确实的保健计划，就是在于对疾病的提前预防、正确诊断和有效的治疗。

（1）预防。保证奶牛健康，预防是基础；预防措施的建立应以预防医学为基础，其中包括营养、消毒、隔离、诊断、淘汰和免疫。

营养是奶牛健康的物质基础，是机体健康的根本保证。合理的饲养、平衡的日粮，能增强机体抵抗力；营养不良，致使奶牛在临床上发生营养代谢性疾病。牛场环境定期清洁、消毒，特别是在产犊前后，可以减少环境微生物的生长繁殖；对病牛的隔离，或从其他奶牛场购进奶牛时，进行必要的健康检查，确保无病，并继续隔离2～3周，可以大大减少奶牛个体之间和畜群之间的疫病传播。淘汰患有结核病、布鲁氏菌病、口蹄疫的病牛是消灭传染源，防止其流行的有效方法。

（2）临床检查。牛群保健计划中临床检查是不可缺少的一个部分。为此，在牛群保健工作中，应注意以下几点：加强饲养管理，搞好清洁卫生；坚持消毒制度，加强隔离和封锁；建立定期检疫制度；定期执行预防接种制度。

（3）治疗。及时、正确的治疗是奶牛保健措施中的一个不可缺少的环节。治疗方法很多，奶牛生产上常用的治疗是药物治疗。

二、牛场卫生防疫与保健措施

要想做好牛场防疫卫生工作，一定要严格执行防疫、检疫及其他兽医卫生制度。定期进行消毒，保持清洁卫生的饲养环境，防止病原微生物的增加和蔓延，经常观察牛的精神状态、食欲、粪便等情况；及时防病、治病，适时计划免疫接种，制订科学的免疫程序。对断奶犊牛和育肥牛的架子牛要及时驱虫保健，及时杀死体表寄生虫。要定期坚持进行牛体刷拭，保持牛体清洁。夏天注意防暑降温，冬天注意防寒保暖。

1. 消毒

（1）消毒剂的选择。消毒剂应选择对人、畜和环境比较安全、没有残留毒性，对设备没有破坏和在牛体内不产生有害积累的消毒剂。可选用的消毒剂有次氯酸盐、有机氯、有机碘、过氧乙酸、生石灰、氢氧化钠、高锰酸钾、硫酸铜、新洁尔灭、酒精等。

（2）消毒方法。

①喷雾消毒。用一定浓度的次氯酸盐、过氧乙酸、有机碘混合物、新洁尔灭等。用喷雾装置进行喷雾消毒，主要用于牛舍清洗完毕后的喷洒消毒、带牛环境消毒、牛场道路和周围及进入场区的车辆。

②浸润消毒。用一定浓度的新洁尔灭、有机碘的混合物的水溶液，进行洗手、洗工作服或胶靴。

③紫外线消毒。对人员入口处常设紫外线灯照射，以起到杀菌效果。

④喷洒消毒。在牛舍周围、入口、产床和牛床下面撒生石灰或火碱杀死细菌及病毒。

（3）消毒制度。

①环境消毒。牛舍周围环境包括运动场，每周用2%火碱消毒或撒生石灰一次；场周围及场内污水池、排粪坑和下水道出口，每月用漂白粉消毒1次。在大门口和牛舍入口设消毒池，使用2%的火碱溶液。

②人员消毒。工作人员进入生产区应更衣和紫外线消毒3～5分钟，工作服不应穿出场外。

③牛舍消毒。牛舍应彻底清扫干净，定期用高压水枪冲洗，并进行喷雾消毒和熏蒸消毒。

④用具消毒。定期对饲喂用具、料槽和饲料车等进行消毒，可用0.1%新洁尔灭或0.2%～0.5%的过氧乙酸消毒，日常用具如兽医用具、助产用具、配种用具等在使用前应进行彻底消毒和清洗。

⑤带牛环境消毒。定期进行带牛环境消毒，有利于减少环境

中的病原微生物。可用于带牛环境消毒的药物有 0.1％的新洁尔灭、0.3％的过氧乙酸、0.1％次氯酸钠，以减少传染病和蹄病的发生。带牛环境消毒应避免消毒剂污染到饲料中。

⑥助产、配种、注射治疗及任何对肉牛进行接触操作时前，应先将牛有关部位如乳房、阴道口和后躯等进行消毒擦拭，以保证牛体健康。

2. 免疫和检疫　牛场应根据《中华人民共和国动物防疫法》及配套法规的要求，结合当地实际情况，有选择地进行疫病的预防接种工作，并注意选择适宜的疫苗、免疫程序和免疫方法。每年至少须接种口蹄疫疫苗 2 次。

3. 疾病控制和扑灭　牛场发生疫病或怀疑发生疫病时，应根据《中华人民共和国动物防疫法》及时采取以下措施：驻场兽医应及时进行诊断，并尽快向当地畜牧兽医管理部门报告疫情。确诊发生口蹄疫，牛场应配合当地畜牧兽医管理部门，对牛群实施严格的隔离、扑杀措施；发生结核病、布鲁氏菌病等疫病时，应对牛群实施清群和净化措施，扑杀阳性牛。全场进行彻底地清洗消毒，病死或淘汰牛的尸体进行无害化处理，消毒按《畜禽产品消毒规范》（GB/T 16569）进行。

4. 病死牛及产品处理　对于非传染病或机械创伤引起的病牛，应及时进行治疗，死牛应及时定点进行无害化处理，牛场内发生传染病后，应及时隔离病牛，病死牛应做无害化处理。

5. 废弃物处理　场区内应于生产区的下风处设储粪池，粪便及其他污物应有序管理。每天应及时除去牛舍内及运动场褥草、污物和粪便，并将粪便及污物运送到储粪池。场内应设牛粪尿、褥草和污物等处理设施，废弃物处理遵循减量化、无害化和资源化原则。

牛群的健康应有确实的保健计划，其关键在于对疾病的早期预防、正确的诊断和有效地治疗。预防应以预防医学为基础，其措施包括营养、消毒、隔离、诊断、淘汰和免疫。营养是奶牛健康的物质基础，是机体健康的根本保证。合理的饲养、平衡的日粮，能增强机体抵抗力；营养不良除了直接使奶牛发生营养代谢病外，还易感其他各种疾病。牛场环境定期清洁、消毒，特别是产犊前后，可以减少环境微生物的生长繁殖；对病牛的隔离或从其他奶牛场购进奶牛时，进行必要的健康检查和隔离（2～3周），可以大大减少奶牛个体之间和畜群之间的疾病传播。严格防疫并及时淘汰患有结核病、布鲁氏菌病、口蹄疫的病牛是消灭传染源，防止其流行的有效方法。

三、科学饲养管理

1. 实行分群分阶段饲养 根据奶牛的年龄、强弱、不同泌乳阶段进行分群分阶段的饲养。避免随意或突然改动，以保证奶牛体正常发育和健康的需要，防止营养缺乏病和胃肠病的发生。

2. 创造良好的饲养环境 奶牛场应建有围墙或防疫沟，远离污染源，如化工厂、造纸厂、制革厂或屠宰厂等。牛舍应清洁、卫生、干燥，阳光充足，通风良好，夏季防暑，冬季保暖，饲养环境安静，无噪声等异常刺激。经常保持牛场环境卫生，运动场无石头、砖块及积水；每天应及时除去牛舍内及运动场垫料、污物和粪便，并将粪便及污物运送到储粪场；尸体、胎衣应进行无害化处理。

3. 其他饲养管理 保证适当的运动，每天让奶牛在运动场上自由活动1～4小时，增强抗病能力。供给充足清洁的饮水。坚持定期驱虫。预防各种中毒病的发生。

四、奶牛疫病预防

1. 防止疫病的传入 奶牛场的布局要有利于预防疫病。奶牛自繁自养，避免购入奶牛带入传染病。购入奶牛必须进行检疫。要建立系统的防疫制度。消灭老鼠和蚊、蝇等吸血昆虫。

2. 执行严格的消毒制度

（1）消毒剂。要选择使用安全、没有残留，对设备没有损坏和在牛体内不产生有害蓄积的消毒剂。常用的消毒剂有石炭酸（酚）、煤酚、双酚类、次氯酸盐、碘伏、过氧乙酸、生石灰、氢氧化钠、高锰酸钾、硫酸铜、新洁尔灭、酒精和来苏儿等。

（2）消毒方法。

①喷雾消毒：一定浓度的次氯酸盐、有机碘络合物、过氧乙酸、新洁尔灭、煤酚等，用喷雾装置进行喷雾消毒，主要用于牛舍清洗完毕后的喷洒消毒、带牛环境消毒，牛场道路、环境和进入场区的车辆消毒。

②浸泡消毒。用一定浓度的新洁尔灭、有机碘络合物或煤酚的水溶液，洗手、洗工作服和胶靴。

③紫外线消毒。对人员入口处设紫外线灯照射，以起到杀菌作用。

④喷洒消毒。在牛舍周围、入口、产床和牛床下面喷洒生石灰乳剂或火碱（2%～4%氢氧化钠）液以杀死细菌和病毒。

⑤热水消毒。用 35～46℃温水及 70～75℃的热碱水清洗挤奶机器管道，以除去管道内的残留无机盐。

（3）建立严格的消毒制度。

①环境消毒。牛舍周围环境（包括运动场）每周用 2%氢氧化钠液喷洒或撒生石灰 1 次。场周围及场内污水池、粪尿坑和下水道出口，每月用漂白粉消毒 1 次。在大门口和牛舍入口设消毒池，使用 2%～4%氢氧化钠液，为保证药液的有效，应 15 天更换 1 次药液。

②人员消毒。工作人员进入生产区应更衣和经紫外线消毒，工作服不应穿出场外。外来参观者进入场区参观应彻底消毒，更换场区工作服和工作鞋，并遵守场内防疫制度。

③牛舍消毒。牛舍在每班牛只下槽后应彻底清扫干净，定期（夏季 2 周，冬季 1 月）用高压水枪冲洗牛床，并进行药液喷洒

消毒。

④用具消毒。定期（夏季 2 周，冬季 1 月）对饲喂用具、饲槽和饲料车等进行消毒，可用 0.1%新洁尔灭或 0.2%～0.5%过氧乙酸液消毒。日常用具（如兽医、助产和配种用具，挤奶设备和奶罐车等）在使用前后应进行彻底清洗和消毒。

⑤产房、犊牛舍消毒。使用前后应彻底清洗和消毒。

⑥带牛环境消毒。定期进行带牛环境消毒（特别是传染病多发季节），有利于减少环境中的病原微生物。可用于带牛环境消毒的消毒药有 0.1%新洁尔灭、0.3%过氧乙酸和 0.1%次氯酸钠液等，均可减少传染病和蹄病的发生。带牛环境消毒应避免消毒剂污染牛奶。

⑦牛体消毒。挤奶、助产、配种、注射治疗以及其他对奶牛进行的接触性操作前，应先对牛体有关部位如乳房、乳头、阴道口和后躯等进行擦拭消毒，以降低牛奶的细菌数，并保证牛体健康。

五、发现患病奶牛时应采取的措施

1. 定期筛查 定期对奶牛进行检疫：应对奶牛结核病、布鲁氏菌病进行定期检疫，坚决淘汰扑杀阳性奶牛，隔离可疑奶牛。

2. 及时上报 发现疑似传染病时，应及时隔离，尽快确诊，并迅速上报，必要时要通报友邻。病原不明或自己不能确诊时，应采取病料送往有关部门检验。

3. 应急处理 确诊为传染病时，立即对全牛群进行检疫，病牛隔离治疗或淘汰扑杀，对假定健康牛进行紧急预防接种，或进行药物预防。

4. 彻底消毒 被病牛和可疑病牛污染的场地、用具、工作服及其他污染物等必须彻底消毒，吃剩的草料及粪便、垫草要烧毁。

5. 严格无害化处理 病牛及疑似病牛的皮、肉、内脏和牛奶，要经兽医检查，根据规定分别做无害化处理后利用或焚毁、深埋。屠宰病牛要在远离牛舍的地点进行，屠宰后的场地、用具及污染物必须进行严格消毒。

六、慢性病牛群的更新措施

结核病、副结核病和布鲁氏菌病是奶牛的三大慢性传染病，牛群一旦感染，污染面大，感染率高，难以治愈，不易清除，如果全群奶牛淘汰，经济损失很大。因此，目前对这种奶牛群要采取一系列卫生防疫措施，培育出健康犊牛，以达到更新奶牛群的目的。

1. 严格检疫，净化牛群

（1）结核病牛群的净化。根据牛群结核病污染的程度，确定检疫方法和次数。对从未进行检疫的牛群及结核病阳性反应检出率在 3% 以上的牛群，应用结核菌素皮内注射结合点眼的方法，每年进行 4 次以上的检疫；对经过定期检疫污染率在 3% 以下的假定健康牛群，用结核菌素皮内注射方法，每年进行 4 次检疫；对犊牛群，以皮内注射方法，分别于生后 20~30 天、100~120 天、6 月龄时进行 3 次检疫。所检出的结核病阳性反应牛都立即调离牛群，进行隔离。开放性结核病牛立即扑杀。如果经过连续 3 次检疫不再发现阳性反应牛，可认为该牛群已被净化，以后，按照健康牛群的方法进行检疫，即每年春、秋用皮内注射方法各进行 1 次检疫。

（2）副结核病牛群的净化。每年用结核菌素或副结核菌素皮内注射法，结合补体结合反应做 4 次检疫（间隔 3 个月）。对检出的变态反应阳性牛，集中隔离，分批淘汰；开放性病牛及时扑杀处理，逐步达到净化病牛群的目的。补体结合反应阳性牛淘汰、扑杀。

（3）布鲁氏菌病牛群的净化。布鲁氏菌病疫区内的牛群，每年用凝集反应定期进行 2 次检疫。检出的病牛严格隔离，固定放牧区及饮水场，严禁与健康牛接触，经检疫为阴性的牛，定期进行预防接种。如此坚持数年，即可逐步从牛群中清除布鲁氏菌病牛，建立起无布鲁氏菌病的牛群。

2. 建立犊牛隔离场，培养健康后代　上述"三病"变态反应的阳性母牛，只要不是开放性的，都可以用来培育健康牛犊。方法是：犊牛出生后，立即用 0.5% 过氧乙酸消毒全身，送到远离病牛舍的地方专栏饲养。先挤喂母乳 3～5 天，使犊牛获得母源抗体，增强抵抗力。然后移至更远（离病牛场 200 米以上）的隔离牛舍，单独组群饲养。此时，给犊牛饲喂健康牛的混合奶，如无健康牛牛奶，可用阳性反应牛牛奶代替，但必须经过 80～85℃隔水加热消毒 15～20 分钟。隔离期间，根据净化的目的进行检疫，即在生后 20～30 日龄、100～120 日龄和 6 月龄时做 3 次结核病检疫；在生后 1 月龄、3 月龄、6 月龄时做 3 次副结核病检疫；在生后 80～90 日龄、4 月龄和 6 月龄时做 3 次布鲁氏菌病检疫。凡阳性反应犊牛一律淘汰；连续 3 次检疫均为阴性反应者，于体表彻底消毒后，转入健康牛群饲养。对布鲁氏菌病阴性反应的犊牛，要马上接种布鲁氏菌菌苗，并观察 1 个月，凝集反应阳转（免疫有效）后，方可转入健康牛群。久而久之，即可用这样培育的健康牛群取代病牛群。

第二节　牛病及其防治

一、传染病

1. 口蹄疫　口蹄疫是由口蹄疫病毒引起，感染牛、羊、猪等偶蹄动物的一种急性、热性和高度接触性传染病，属于人兽共患传染病。由于此病发生后可造成巨大的经济损失，影响对外经济贸易。国际动物卫生组织（OIE）把此病列为畜禽疫病 A 类的首位，我国将此病列为动物一类传染病。

口蹄疫病毒具有多型性、易变性等特点，有 7 个毒型，即 A 型、O 型、C 型、南非 I 型、南非 II 型、南非 III 型、亚洲 I 型；65 个以上亚型，各型之间抗原不同，彼此之间抗原不同，彼此之间不能互相免疫。口蹄疫病毒对酸、碱特别敏感。在 pH 3 时，瞬间丧失感染力，pH 5.5 1 秒内 90% 被灭活；1%～2% 氢氧化钠或 4% 碳酸氢钠液 1 分钟内可将病毒杀死。−70～−50℃ 病毒可存活数年，85℃ 1 分钟即可杀死病毒。牛奶经巴氏消毒（72℃ 15 分钟）能使病毒感染力丧失。在自然条件下，病毒在牛毛上可存活 24 天，在麸皮中能存活 104 天。紫外线可杀死病毒，乙醚、丙酮、氯仿和蛋白酶对病毒无作用。

（1）流行特点。自然感染的动物有黄牛、奶牛、猪、山羊、绵羊、水牛、鹿和骆驼等偶蹄动物；人工感染可使豚鼠、乳兔和乳鼠发病。已被感染的动物能长期带毒和排毒。病毒主要存在于食道、咽部及软腭部。羊带毒 6～9 个月，非洲野牛个体带毒可达 5 年。带毒动物成为传播者，可通过其唾液、乳汁、粪、尿、病畜的毛、皮、肉及内脏散播病毒。被污染的圈舍、场地、草地、水源等为重要的疫源地。病毒可通过接触、饮水和空气传播。鸟类、鼠类、猫、犬和昆虫均可传播此病。各种污染物品如工作服、鞋、饲喂工具、运输车、饲草、饲料、泔水等都可以传播病毒引起发病。

本病流行速度快，2～3 天内便可波及全群或邻近地区，猪、羊也能发病，发病率高，成年牛死亡率低，但犊牛死亡率较高，主要传播媒介是污染的空气、饮水、用具、运输工具和草料，鸟类也可以传入，本病以冬、春季节发病率较高。随着商品经济的发展、畜及畜产品流通领域的扩大、人类活动频繁，致使口蹄疫的发生次数和疫点数增加，造成口蹄疫的流行无明显的季节性。

（2）临床症状。此病潜伏期 36 小时至 7 天，达到 21 天潜伏期很少见。本病以口腔黏膜水疱为主要特征。体温升高（40～41.5℃），精神抑郁，脉搏加快，结膜潮红，反刍减弱，奶量减少。口腔黏膜潮红，形成大头针大小的水疱疹，以后形成第一期水疱，随后水疱增大至胡桃大小，水疱逐渐融合，形成较大透明含有液体（浅黄色）的水疱。经1～2天水疱破裂后形成鲜红色糜烂面，以后形成灰白色的溃疡，这些变化在牛的口腔、两颊内侧、齿龈、上颚、唇都可能形成。一般牛舌黏膜也可形成许多水疱，严重者形成"舌套"，用手一捋整个舌黏膜脱落。

奶牛乳头部皮肤（一般无毛部）出现大小不等的水疱，奶中可分离出病毒；奶质量降低，产奶量下降。病牛有继发感染时可发生乳房炎的乳导管卡他性炎症。当奶牛口腔出现第一期水疱后，最典型症状是奶牛口内流出带泡沫白色拉丝状的唾液，常听到牛的"咂嘴声"。

口蹄疫感染常见于奶牛的蹄冠和趾隙。这时出现蹄部局部发热、发红、微肿，病牛行走不便或跛行。同时，在蹄冠与皮肤交接处或趾间形成水疱，水疱破裂后形成覆有栗褐色痂皮的糜烂面。最后形成蹄真皮炎，即旧蹄冠整个脱落或退化（即脱靴症），由新的蹄角质代替。

（3）口蹄疫剖检变化。除口腔、蹄部和乳头的病变外，瘤胃黏膜也有圆形烂斑和溃疡，上覆黑棕色痂块。真胃和小肠黏膜可见出血性炎症，心包膜有点状出血，心内外膜出血。新生犊牛感染口蹄疫常常呈最急性经过，不形成水疱疹，病犊出现高热、极度衰弱，心脏活动受到严重损害，大多因心肌炎造成死亡，剖检可见心肌条纹状坏死（灰白色），形成所谓红白相间的条纹状的"虎斑心"。

（4）诊断方法。

①临床诊断。在临床症状上，难以区分牛口蹄疫与牛水疱性口炎；因此，临床诊断口蹄疫必须结合流行病学资料，如疫病来源、流行特点、传播速度、患病奶牛不同年龄、不同症状等进行综合分析和鉴别诊断，才能做出初步诊断。根据农业部规定，口蹄疫的临床诊断在两名或两名以上有经验的中级兽医师从临床观

察到的偶蹄动物口腔、蹄部的典型变化，可以初步诊断为口蹄疫
（可疑）。

②实验室诊断。

a. 反间接血凝试验。新鲜水疱皮或一定量的水疱液可以直
接做反向间接血凝试验诊断和定型。

b. RT-PCR 检测试验。用新鲜水疱皮、水疱液或淋巴、骨
髓、肌肉等做 PCR 检测，可以定性但不能定型；也可采集病畜
咽喉食道刮取物（OP 液）做测毒试验定性。

c. 可采集病牛或假定健康奶牛血液（病后 20～30 天以后）
分离血清做 VIA 琼扩试验。此试验只是定性，判定该奶牛是否
感染过，但不能确定是否带毒。

d. 液相阻断酶联免疫吸附试验（LBE）可以测毒诊断，也
可以监测免疫抗体。

e. 口蹄疫确诊最终需要做分离病毒鉴定。

（5）鉴别诊断。

①口蹄疫及水疱性口炎区别。

a. 从病源来分。口蹄疫属于微核糖核酸病毒科口蹄疫病毒
属，而水疱性口炎属于弹状病毒科水疱性病毒属。

b. 从流行病学看。口蹄疫主要传染于偶蹄兽，病畜是主要
的传染源，发病初期排毒量最多，毒力强，发病没有季节性。但
受气温高低、日光强弱等因素的影响，口蹄疫的暴发流行有周期
性，一般一二年或三五年流行一次，传染性强；而水疱性口炎在
奇蹄、偶蹄兽中都流行。有明显的季节性，多见于夏季及秋初。

②口蹄疫与牛恶性卡他热区别。牛恶性卡他热常呈散发；口
腔及鼻黏膜有糜烂，但不形成水疱；常见角膜混浊。而口蹄疫则
呈流行性或大流行性发生，口腔黏膜形成水疱为主要特征。

（6）防制措施。

①制定科学的防疫制度，并严格执行。对奶牛养殖场、小区
和专业户的建场环境及饲养过程中提出一系列的防疫要求，重点

是防止口蹄疫的传入。如建场要远离公路、人口密集区和其他养殖场（户）等；场内谢绝参观、场门口设消毒设施；畜舍和运动场要经常清扫和消毒等。进出场（户）的人员更衣，防鼠及昆虫等。

②免疫。目前，我国生物药品生产有牛羊 O 型、亚洲 I 型两价灭活苗。免疫是防制口蹄疫的一项最重要手段，要求按规定剂量注射，免疫密度达 100％，且形成成熟的免疫程序。种用奶牛或成年奶牛每隔 3.5～4 个月免疫 1 次，每次肌内注射 2 毫升/头。新生犊牛 2 月龄进行首免，肌内注射 1 毫升/头；二免间隔 1 个月左右加强免疫 1 次。肌内注射 2 毫升/头，以后每间隔 3.5～4 个月免疫 1 次。

③实行"自我封闭"措施。主要是要在疫情流行时期，各养殖场采取严格的防疫和消毒制度，自我封闭，防止由于人流和物流的频繁流动造成疫情传入。

④严格消毒制度。奶牛圈舍每周消毒 1～2 次，消毒液可选用 0.3％过氧乙酸、0.5％次氯化钠，环境每周消毒 1 次，可选用 2％火碱；奶牛挤奶前用 0.1％高锰酸钾擦拭乳房。

2. 炭疽病　牛炭疽病是由炭疽杆菌引起的人兽共患的一种急性、热性和败血性传染病。常发生在夏秋两季，一般呈散发性或地方流行性。炭疽杆菌为革兰氏阳性大杆菌，濒死病畜的血液中常有大量细菌存在，成单个或成对，两端平截呈竹节状，能形成荚膜，培养物中的菌体粗大，多呈长链排列，不形成荚膜。本菌在未解剖的尸体内不形成芽孢，抵抗力较弱，但在空气中能形成芽孢，芽孢的抵抗力很强，干燥环境下能存活多年，在高压蒸汽下（120℃），要 10 分钟才能杀死。

传染途径主要是消化道。在自然条件下，土壤、饲料、饮水等被污染，常因采食而得病。吸血昆虫可作为机械传播媒介。

人的感染多为皮肤局部感染，也可能成为败血症而死亡。

（1）流行特点。各种家畜和人都有不同程度的易感性，常呈地方性流行或散发，且以炎热的夏季多发。

（2）临床症状。

①最急性型。多见于流行初期，牛突然发病，体温在40.5℃以上，行走不稳或突然倒地，全身战栗，呼吸困难，天然孔常流出煤焦油样血液，常于数小时内死亡。

②急性型。体温升高达42℃，呼吸和心跳次数增多，食欲反刍停止，瘤胃膨胀，孕牛流产。有的兴奋不安、惊叫，口鼻流血，继而精神沉郁，肌肉震颤，可视黏膜蓝紫，后期体温下降，窒息死亡，病程1～3天。

③亚急性型。症状类似急性型，但病情较轻，病程较长，常在颈、胸、腰、乳房、外阴、腹下等部皮肤发生水肿，直肠及口腔黏膜发生炭疽痈。特征变化是血液凝固不良，天然孔出血，尸僵不全，脾明显肿大，皮下和浆膜下组织出血性胶样浸润。

（3）病理变化。尸体尸僵不全，瘤胃臌气，肛门突出，天然孔有血样泡沫流出，黏膜发紫并有出血点。皮下、肌肉及浆膜有绿色或黄色胶样浸润。血液黑红色，不易凝固，黏稠如煤焦油状。脾显著肿大，有时可达正常的3～4倍，暗红色松软如果酱状。淋巴结出血肿胀。

（4）防治措施。

①预防。

a. 经常发生炭疽及受威胁地区的牛每年应进行一次无毒炭疽芽孢苗预防注射。成牛皮下注射1毫升，1岁以下小牛注射0.5毫升。

b. 发生本病后，要立即上报，对疫区进行封锁隔离，疫区要严格消毒，严防人被感染。确诊为炭疽后用棉花或破布塞住死畜的口、鼻、肛门、阴门等天然孔，然后于偏僻地方将炭疽牛尸体焚烧或深埋2米以下。

c. 畜舍、场地、用具等用10%热烧碱溶液或20%漂白粉，或0.2%升汞消毒。畜舍以1小时间隔共消毒3次。病畜吃剩的草料和排泄物，要深埋或焚烧。

d. 严格隔离和治疗病畜或接触过死畜的家畜。

②治疗。

a. 青霉素 800 万单位肌内注射，每天 3 次，连用 3 天。

b. 抗炭疽血清，成牛用 100～300 毫升，犊牛 30～60 毫升，皮下或静脉注射。

c. 肿胀周围分点行皮下或肌内注射 1%～2% 高锰酸钾溶液或 3% 双氧水或 3% 石炭酸溶液；或用 0.25%～0.5% 普鲁卡因溶液 10～20 毫升溶解 80 万～120 万单位青霉素于肿胀部周围分点注射，肿胀不应切开或刺破。

d. 应根据病情进行强心、解毒、补液等对症疗法。

3. 牛结核病　牛结核病是由结核杆菌引起的人兽共患的慢性传染病，其特征是渐进性消瘦，在组织器官上形成结核结节和干酪样坏死或钙化的结核病灶。也是目前牛群中最常见的慢性传染病。结核分支杆菌主要有牛型、人型和禽型 3 种。人型结核杆菌为直或微弯的细长杆菌，多为棒状，有时呈分支状。牛结核杆菌比人型结核杆菌短粗，禽型结核杆菌短而小为多形性。本菌不产生芽孢和荚膜，不能运动，为革兰氏阳性菌，常用 ziehl-Neelsen 氏抗酸染色法。在外界环境中生存力较强，在水中可存活 5 个月，在土壤中存活 7 个月，但不耐热，在 60℃ 30 分钟即死亡，常用消毒药约经 4 小时方可杀死，而在 70% 酒精和 10% 漂白粉中很快死亡，碘化物消毒效果更佳，但无机酸、有机酸、碱性和季铵盐类等对结核杆菌的消毒无效。

（1）流行特点。几乎所有的畜禽都可以发生结核病，奶牛的易感性最高，结核杆菌随鼻汁、痰液、粪便和乳汁等排出体外，污染饲料、饮水、空气等。成年牛多因与病牛、病人直接接触而感染，犊牛多因喂了病牛奶而感染。厩舍拥挤、卫生不良、营养不足可诱发本病。

（2）临床症状。本病潜伏期为 16～45 天，有的更长。牛患结核病后由于患病器官不同，其症状也不同，其共同症状为全身消瘦、贫血。

①肺结核。肺结核较为多见，病初有短促干咳，渐变为湿性咳嗽，在早晨、运动及饮水后特别显著，有时鼻流淡黄色黏脓液。精神不振，食欲不好，被毛失去光泽。听诊肺区有啰音，叩诊有实音区并有疼痛感，还可引起咳嗽。体温一般正常和稍升高。病情严重者可见呼吸困难。

②乳房结核。表现乳房上淋巴结肿大，乳房上有局限性或弥漫性硬结，不热不痛，表面高低不平，泌乳量逐渐减少，乳汁稀薄。严重时乳腺萎缩，泌乳停止。

③肠结核。多见于犊牛，可出现消化不良、顽固性腹泻、粪便中混有黏液和脓汁。

④生殖器官结核。可见性机能紊乱，母牛性欲增强，频频发情，但不受孕，孕牛流产，公畜附睾及睾丸肿大，无热痛。

⑤脑结核。表现为神经症状。

（3）病理变化。结核病的典型病变是在相应的组织器官，特别是在肺形成特异的结节。结节有小米粒大至鸡蛋大，灰白色或黄白色，坚实，切面呈干酪样（豆腐渣样）坏死或钙化。有时形成肺空洞。在胸膜和腹膜上形成结核结节时，结核结节形如珍珠系在浆膜表面，故浆膜结核又称珍珠病。肠和气管黏膜结核多形成溃疡。乳房结核表现干酪样坏死。

在上述诊断的基础上，可用变态反应进行确认，变态反应可分为皮内注射和点眼两种方法，根据判定标准和临床症状去进行诊断。

结核菌素试验：诊断牛结核用牛型结核菌素。如果注射局部肿胀面积达 35 毫米×45 毫米以上或注射前后的皮厚差在 8 毫米以上，或者点眼后出现脓性眼眵，均判为结核菌素阳性反应。

（4）鉴别诊断。牛肺结核与慢性牛肺疫都有短咳和消瘦等症状，两病容易混淆，但慢性牛肺疫对结核菌素试验呈阴性反应，肺断面无结核结节，而呈大理石病变。牛肠结核与牛副结核、慢性牛黏膜病，牛淋巴结结核与地方流行型牛白血病症状相似，也应注意鉴别。

（5）防治措施。

①预防。

a.对牛群用结核菌素每年至少进行两次检疫，补充牛时，应就地严格检疫。发现病牛，立即对全牛群进行检疫。

b.对于患严重开放性结核的病牛应立即扑杀，内脏销毁或深埋。

c.对仅结核菌素呈阳性反应的牛，如数量少，以淘汰为宜；如果数量大，可集中隔离于较远的地方，用以培育健康牛犊。方法是犊牛产出后，全身用2%～5%来苏儿消毒，立即与母牛分离，前5天喂给母牛的初乳（人工挤奶），以后喂其他健康母牛的奶或消过毒的牛奶；20～30日龄、100～120日龄和180日龄时连续3次检疫，对结核菌素均为阴性反应的犊牛，可混入健康牛群饲养，呈阳性反应的犊牛，立即淘汰。

d.隔离牛场应经常进行消毒，消毒药可用20%石灰乳或5%来苏儿或5%～10%热碱水或20%漂白粉。粪便堆积发酵，尸体妥善处理。

②治疗。病初及症状轻的每天用异烟肼3～4克，分3～4次混入精饲料中饲喂，3个月为一个疗程。症状严重者可口服异烟肼，每天1～2克，同时肌内注射链霉素，每次3～5克，隔天一次。

4. 布鲁氏菌病 牛布鲁氏菌病是由布鲁氏菌引起的人兽共患的慢性传染病。主要危害生殖系统和关节，以母牛发生流产和不孕，公牛发生睾丸炎和不育为特征。对人体健康危害也比较大。

布鲁氏菌为细小的短杆状或球状，无鞭毛，不形成芽孢，大多数情况下不形成荚膜，革兰氏染色阴性。本菌的抵抗力较强，在土壤中生存 20～120 天，在水中存活 70～100 天，在衣服、皮毛上存活 150 天；但对温热的抵抗力较弱，巴氏灭菌法 10～15 分钟、煮沸后立即死亡。常用浓度的消毒药能很快将其杀死。

（1）流行特点。牛对本病的易感性，随着性器官的成熟而增强。牛犊有一定的抵抗力。病菌随病母牛的阴道分泌物、乳汁和病公牛的精液排出，特别是流产的胎儿、胎盘和羊水含有大量的病菌，易感牛采食了污染的饲料、饮水、接触了污染的用具或者与病牛交配，或者与感染牛布鲁氏菌病的人接触就容易感染布鲁氏菌病。新发病牛群，流产可发生于不同的胎次，在常发牛群，流产多发生在初次妊娠牛。

（2）临床症状。患牛多为隐性感染。妊娠母牛最主要症状是流产，多发生于怀孕后 6～8 个月。流产前 2～3 天出现分娩预兆，阴道和阴唇潮红、肿胀，从阴道流出淡红色透明无臭的分泌物；流产后常伴有胎衣不下或子宫内膜炎，在 2～3 周后恢复，有的病愈后长期排菌，可成为再次流产的原因，有的经久不愈、屡配不孕而被淘汰。流产多为死胎，偶有活体，也体质衰弱，不久死亡。一般只发生一次流产，第二胎多正常。有的发生乳房炎、乳房肿大，乳汁呈初乳性质，奶量减少。有的膝关节或腕关节发炎，关节肿痛，跛行或卧床不起。公牛发生睾丸炎和附睾炎，睾丸肿大，触之疼痛。

（3）病理变化。胎膜水肿，覆盖有脓性分泌物。胎盘有些地方或全部呈苍黄色或盖有灰白色或黄绿色纤维蛋白或脓性物。流产的胎儿的脾、肝、淋巴结呈现程度不等的肿胀，甚至有时其中散布着炎性坏死小病灶。胃、肠和膀胱黏膜有小出血点。胃内有黄白色黏液性絮状物。

（4）防治措施。

①预防措施。

a. 奶牛布鲁氏菌必须严格按照国家的有关规定和标准实施，应每年检查 1～2 次，坚决淘汰阳性牛，彻底根除病源，扑杀和淘汰阳性病牛，彻底消毒传染场地，是消灭传染源，控制奶牛布鲁氏菌病流行蔓延，最终消灭奶牛布鲁氏菌病最有效的技术手段。

b. 引进奶牛必须进行检疫，引入后还需进行隔离观察，无病方可与健康牛合群。

c. 发现病牛立即进行隔离，污染的畜舍、用具用 2%～3% 来苏儿、石炭酸、氢氧化钠溶液或 10% 石灰乳液消毒，粪便堆积发酵处理。流产的胎儿、胎衣、羊水要深坑掩埋。

d. 有病的牛群，每季度应用凝集反应检疫一次，及时隔离阳性病畜，直至全群连续两次以上血检都为阴性为止。

e. 在常发病地区，可用疫苗免疫二次，分别在 5～8 月龄、第一次配种前免疫。接种过菌苗的牛，不再进行检疫。

f. 人也可感染本病，呈波状热症状，因此在与病牛接触时要做好保护工作，严防感染，同时要注意培育无病幼畜及健康牛群。

②治疗措施。病公牛无治疗价值，母牛流产后继发子宫内膜炎或胎衣不下时可参照产科病胎衣不下的治疗方法处理。

5. 破伤风 本病又称强直症、锁口风和脐带风。是由破伤风梭菌经创伤感染后引起的一种人兽共患的中毒性传染病。其特征是局部或全身肌肉强直性痉挛和对外界刺激反射兴奋性增高。

破伤风梭菌，为革兰氏阳性细长杆菌，有周身鞭毛，能运动，无荚膜，能形成芽孢，芽孢位于菌体一端，呈鼓槌状，本菌繁殖体对干燥、光线、热和化学消毒剂非常敏感，但芽孢体抵抗力很强，在土壤中可存活几十年，耐煮沸 1～3 小时，但高压 120℃ 10 分钟死亡，10% 碘酊、10% 漂白粉及 30% 双氧水等约经 10 分钟杀死。

（1）流行特点。所有品种、性别和年龄的牛均可感染，但 3 岁以下的牛比老年牛更易感，破伤风梭菌广泛存在于土壤和草食兽的粪便中，当牛发生创口狭小的外伤时，病菌被带入而致病。

常表现零星散发。

（2）临床症状。潜伏期 1～2 周，发病时两眼呆视、全身发抖、牙关紧闭、流涎、头颈伸直、腹肌紧缩、耳竖尾直、四肢僵硬、形如木马；严重时运动困难，关节不能弯曲。瞬膜突出，反刍、嗳气停止，瘤胃臌气，受到声响、强光刺激时症状加重，病死率较低。

（3）诊断方法。据典型的临床表现即可怀疑该病。病牛一般神志清醒，敏感，肌肉强直，体温正常，多有创伤史。确诊应查到创伤病灶并分离出该病病原。

（4）防治措施。

①创伤处理。在怀疑该病后，首先应找出创伤病灶，进行清创、扩创。并用 3% 的双氧水彻底消毒，配合青霉素、链霉素做创周注射，以消除感染灶，防止毒素继续产生。

②药物治疗。

特异性疗法：早期使用破伤风抗毒素 100 万国际单位，配合抗菌药消除继发感染。

对症治疗：缓解酸中毒，补充电解质，调节消化系统功能，解痉镇静，强心利尿。

中药疗法：可用加减千金方、防风散和五虎追风散等。

③加强护理。将病畜置于光线较暗、干燥、清洁、安静的厩舍中，冬季防寒。投给易消化的饲料和饮水，防止跌倒。

④预防。最有效的方法是每年给牛接种一次破伤风类毒素。一律皮下注射 2 毫升。断脐、阉割或发生外伤时，立即用碘酊严格消毒，有条件者，可同时肌内注射破伤风抗毒素 1 万～3 万国际单位。

6. 放线菌病　本病是牛的一种慢性化脓性肉芽肿性传染病。病的特征是在面部、下颌骨组织等部位形成坚硬的放线菌肿。病原主要有牛放线杆菌和林氏放线杆菌。牛放线杆菌主要侵害骨骼等硬组织，是一种不运动、不形成芽孢的杆菌；病灶的脓汁中形成直径 2～5 毫米的黄色或黄褐色的颗粒状物质，外观似硫黄颗粒；制片经革兰氏染色后，其中心菌体呈紫色，周围辐射状菌丝呈红色；其抵抗力不强，易被普通浓度的消毒剂杀死，但颗粒状物质干燥后对阳光的抵抗力很强，在自然界中能长期生存。林氏放线杆菌主要侵害皮肤和软组织，是一种不运动、不形成芽孢和荚膜的细小多形态杆菌；在病灶中形成直径不到 1 毫米的灰色颗粒状物质，无显著的辐射状菌丝，革兰氏染色后，中心和周围均呈红色。

（1）流行特点。主要侵害 2～5 岁的牛，病原存在于污染的土壤、饲料和饮水中，并寄生于动物口腔和上呼吸道中。通过损伤的皮肤和口腔黏膜感染。一般呈散发。

（2）临床症状。常见上下颌骨肿大，界限明显，极为坚硬，肿部初期疼痛晚期无疼痛。侵害软组织时，多见于颌下、头颈等部，侵害舌肌时，舌组织肿胀变硬，触压如木板，故称木舌病。病牛流涎，咀嚼、吞咽、呼吸困难。乳房患病时，呈现弥漫性肿大或有局灶性硬结，乳汁里混有脓汁，骨组织侵害严重时，骨质疏松，骨表面高低不平。

（3）剖检病理变化。剖检可见颌下、淋巴结以及喉、食道、瘤胃、真胃、肝、肺等处脓肿。

（4）防治措施。

①预防。

a. 避免用带刺粗糙饲草饲喂，减少对黏膜及皮肤的损伤，有外伤时要及时处理伤口。

b. 发现病牛应及时隔离，清除被污染的草料，污染的用具可煮沸或 0.1％升汞消毒。

②治疗。

a. 切开皮肤，切除肿块，清除脓汁或肉芽组织，用 5％碘酒浸纱布塞入创口，隔一两天更换 1 次，肿胀部可以用 2％卢戈氏液分点注射。颌骨硬肿，可用手术器械将肿块凿开，排出脓液，配合碘剂治疗。

b. 内服碘化钾，成年牛 5～10 克，犊牛 2～4 克，每天 1 次，连用 2～4 周，重者可静脉注射 10％碘化钠，每次 50～100 毫升，隔天 1 次，连用 3～5 次，如出现中毒现象应停药。

c. 用青链霉素于患部周围做封闭注射，每天 1 次，连用 5 天。

7. 牛巴氏杆菌病　牛的巴氏杆菌病又名出血性败血症。是由牛巴氏杆菌引起的一种急性传染病，其特征是高热、肺炎和内脏广泛出血，其病原体为多杀性巴氏杆菌，它对外界的抵抗力不强，干燥后 2～3 天内死亡，在血液和粪便中能存活 10 天，在腐败的尸体中能生存 1～3 个月。在直射日光和高温下立即死亡。10％火碱及 2％来苏儿在短时间内将其杀死。

本病病原是多杀性巴氏杆菌，为两端钝圆、中央微凸的革兰氏阴性短杆菌，不产生芽孢，不运动，能形成荚膜，病料组织或体液涂片用瑞氏、姬姆萨氏或美蓝染色镜检，呈两极浓染。本菌对物理因素和化学因素的抵抗力较弱，在干燥空气中 2～3 天死亡，在血液、排泄物和分泌物中能生存 6～10 天，直射阳光下数分钟死亡，普通的消毒剂的常用浓度对本菌都具有良好的消毒力，但克辽林对本菌的杀灭力很差。

（1）流行特点。畜群中发生巴氏杆菌病时，往往查不出传染源，巴氏杆菌是家畜的常在菌，平时就存在于家畜体内，如呼吸道内，由于寒冷、闷热、天气剧变、潮湿、拥挤、圈舍通风不良、营养缺乏、饲料突变、长途运输、寄生虫病等诱因，家畜抵抗力降低，病菌可趁机经淋巴进入血液发生内源感染，由病畜排泄物排出病菌污染饲草、饮水用具和外界环境，经消化道传染给健畜，或经咳嗽、喷嚏排出病菌通过飞沫经呼吸道传染。本病无明显季节性，但季节交替、天气剧变、闷热、潮湿、多雨时较多发，一般为散发，有时可呈地方性流行。

（2）临床症状。潜伏期 2～5 天，根据临床表现可分为败血型、水肿型和肺炎型。

①败血型。多见于犊牛，病牛体温突然升高，达 41～42℃，精神沉郁、脉搏加快，结膜潮红，被毛粗乱，食欲废绝，反刍停止，肌肉震颤，呼吸困难，有时咳嗽，鼻镜干燥，有浆液性或黏液性带血样泡沫的鼻液。随之出现全身症状，稍轻时，病牛表现为腹痛、开始下痢，粪便初为粥样，后呈流体状，其中混有黏液、黏膜碎片及血液，恶臭，有时尿中有血。腹泻开始后体温下降，迅速死亡。病期多为 12～24 小时。

②水肿型。除呈现全身症状外，在颈部、咽喉部及胸前部皮下出现迅速扩展的炎性水肿，同时伴有舌及周围组织的高度肿胀，舌伸出齿外，呈暗红色，患畜呼吸高度困难，皮肤和黏膜普遍发绀，也有下痢和某一肢体发生肿胀者，往往因窒息而死。病期多为 12～36 小时。

③肺炎型。除体温升高及一般全身症状外，主要表现肺炎症状，病牛呼吸困难，鼻孔流出无色或红色浆液性、黏液性或脓性鼻液；咳嗽，初为干性痛咳，后变湿咳；胸部听诊时肺泡呼吸音消失，出现支气管呼吸音及啰音，有时可听到胸膜摩擦音，胸部叩诊时出现浊音区，并有痛感；严重时呼吸高度困难，头颈前伸，张口伸舌喘气，可视黏膜发绀。病牛常迅速死于窒息，病程多在 3 天以内，也有 1 周以上的。

（3）病理变化。

①肺炎型。剖检变化主要呈现纤维素性胸膜肺炎，胸腔内大量浆液性纤维性渗出液，肺与胸膜、心包粘连，肺组织主要呈红色肝变，偶然夹有灰白色和灰黄色肝变，小叶间质水肿、增宽、淋巴管扩张。发生腹泻的病牛胃肠黏膜严重出血。

②急性败血型。剖检时往往没有特征性变化，只见黏膜和内脏表面有广泛状出血。上颌淋巴结有水肿、出血。

③水肿型。死后可见肿胀部位呈现出血性胶样浸润，同时还可见到肺部及胃肠道病变。

（4）防治措施。

①预防。平时要加强饲养管理的清洁卫生工作，消除诱因，增加动物的抵抗力，对病牛和疑似病牛，要严格隔离，对污染的场地、厩舍、用具要用5％漂白粉或10％石灰乳液消毒。在发生本病的地区，每年要注射牛出血性败血症氢氧化铝疫苗1次，体重200千克以上的牛6毫升，小牛4毫升，皮下或肌内注射。

②治疗。对急性病牛要大剂量四环素（每千克体重50～100毫克）溶于葡萄糖生理盐水，制成0.5％溶液静脉注射，每天2次。也可以用其他抗生素药物，如配合使用出败多价血清效果更好，大牛60～100毫升，小牛30～50毫升，一次注入。

8. 牛流行热　牛流行热又称三日热或暂时热，是由牛流行热病毒引起的一种急性、热性传染病，主要症状为高热、流泪、泡沫样流涎、鼻漏、呼吸促迫、后躯活动不灵活。牛流行热病毒属弹状病毒，像子弹或锥形。与狂犬病病毒同为呈独特形状的一属病毒。

（1）流行特点。本病的发生有明显的季节性，主要于蚊蝇多的季节流行，北方于8～10月，南方可提前发生，多雨潮湿容易流行本病。本病的传染源为病牛。病牛的高热期血液中含有病毒，人工静脉接种易感牛能发病。自然条件下传播媒介可能为吸血昆虫，因其流行季节为很严格的吸血昆虫盛行时期，吸血昆虫消失流行即告终止。这种具有特征性的流行方式，很可能与吸血昆虫有关。

（2）临床症状。潜伏期3～7天。本病特征是突然发高烧41～42℃，连续1～3天。同时，并发剧烈的呼吸急速（50～70次/分，有时可达100次/分以上），精神沉郁，食欲减退，全身战栗、流涎、流泪、畏光、眼结膜充血、眼睑水肿；呼吸急促、发出哼哼声；反刍停止，待体温下降到正常后再逐渐恢复。病牛不爱活动，站立不动，强使行走，步态不稳，尤其后肢抬不起来，常擦地而行。病牛喜卧，甚至卧地不能起立，四肢关节可有轻度肿胀与疼痛，以致发生跛行。孕牛可发生流产、死胎、泌乳量减少以至停止。尿液呈暗褐色、混浊。多数病牛能耐过，表现性经过，病程3～4天，病死率一般不超过1%。

（3）病理变化。急性死亡的自然病例，可见有明显的肺间质气肿，肺高度膨胀，间质增宽，内有气泡，压迫呈捻发音。有些病例可见肺充血与肺水肿；肺肿胀，间质增宽，有胶胨样浸润，切面流出大量暗紫红色液体，气管内有多量泡沫状黏液。淋巴结充血、肿胀和出血。真胃、小肠和盲肠呈卡他性炎症和渗出性出血。

（4）诊断要点。本病呈群发，季节性明显，传播速度快，发病率高，死亡率低。结合病牛临床上的表现特点，较易做出诊断。但要通过分离病原体来确定本病。

（5）防治措施。

①治疗。对症治疗，高热时，可肌内注射复方氨基比林20～40毫升，或用30%安乃近20～40毫升一次肌内注射，或用10%水杨酸钠注射液100毫升一次静脉注射。

对重症病牛，同时给予大剂量的抗生素，防止其他感染，静脉内补液、强心、解毒，常用青霉素（200万～400万单位/次）、链霉素（1～2克/次）、葡萄糖生理盐水（适量）、林格氏液（1 000～3 000毫升/次）、安钠咖（2～4克/次）、维生素 B_1（100～500毫克/次）和维生素 C（2～4克/次）等药物，每天两次。

严重缺氧时，可用氧气吸入或皮下注射急救，用3%双氧水1份、林格氏液3份混合液1 000～1 500毫升，一次静脉注射，速度缓慢。

卧地不起，体质衰弱的重症病牛，可肌内注射三磷酸腺苷200毫克，每天1次。

②预防。目前本病主要采用综合的防治措施，发生疫情后，及时隔离病牛，并进行严格的封锁和消毒，消灭吸血昆虫，对病

牛进行积极治疗。同时，要加强对牛群的饲养管理，精心护理，防止贼风的侵袭等，提高机体的抵抗力，以有效控制疫情。

9. 牛病毒性腹泻-黏膜病　牛病毒性腹泻-黏膜病简称牛病毒性腹泻或牛黏膜病，是由病毒引起的一种急性、热性传染病。其主要特征为传染迅速、突然发病、体温升高、发生糜烂性口炎、胃肠炎、不食和腹泻。

牛病毒性腹泻病毒，又名黏膜病病毒，属黄病毒科瘟病毒属，为一种单股 RNA 有囊膜的病毒，大小为 35～55 纳米，呈圆形。本病毒对乙醚、氯仿、胰酶等敏感，pH 3 以下易被破坏，50℃氯化镁中不稳定，56℃很快灭活，在低温下很稳定。

（1）流行特点。不同品种、性别、年龄的牛都易感染，但以 6～18 个月的小牛症状最重。患病动物和带毒动物是主要传染源。主要通过消化道和呼吸道而感染，也可通过胎盘感染。多发生于冬春季节，在新疫区可呈全群暴发，在老疫区多为隐性感染，只有少数轻型病例。

（2）临床症状。本病潜伏期 7～14 天，人工感染 2～3 天。在临床上分为急性、慢性经过。

①急性型。常见于幼犊，病死率高，病牛主要表现为突然发病，体温升高到 40～42℃，持续 2～3 天。病牛表现精神沉郁，厌食，呼吸加快，心悸亢进，鼻腔流出浆液性乃至黏液性液体、眼结膜炎，鼻镜及口腔黏膜表面糜烂，口腔、唇、齿龈和舌潮红，肿胀，糜烂，从口角流出黏性线状唾液。通常在口内病变 7～9 天以后，常发生严重腹泻，开始水泻，以后混有黏液和血液，以至很快死亡。有些病例在蹄冠和蹄叉部位黏膜有糜烂，而导致跛行，一般此症状多见于肉牛。重症时孕牛发生流产，乳房形成溃疡，产奶量减少或停止。病母牛所产的犊牛发生下痢，在口腔、皮肤、肺和脑有坏死灶，在体温升高的同时白细胞减少。

②慢性型。病例临床症状不明显或逐渐发病，生长发育受阻，消瘦，体重逐渐下降。比较特殊的症状是鼻镜上的糜烂，这

种糜烂可在鼻镜上连成一片。眼常有浆液分泌物。口腔内很少有溃疡，但门齿齿龈通常发红。此外，由于蹄叶炎及趾间皮肤糜烂、坏死，引起明显的跛行，在鬐甲、颈部及耳后的皮肤皲裂出现局部性脱毛和皮肤角质化，呈皮屑状。病程较长，大多数病牛死于2～6个月内，有的也可拖延到1年以上。

（3）病理剖检变化。主要是消化道和淋巴组织。鼻镜、鼻孔黏膜、齿龈、上腭、舌面两侧、颊部黏膜和咽部黏膜有糜烂及浅溃疡。消化道黏膜充血、出血、水肿和糜烂。特征性损害是食道黏膜有大小不等与直线排列的糜烂灶，胃黏膜水肿和糜烂。整个消化道淋巴结可能发生水肿。

（4）诊断方法。一般根据临床症状和病理变化可做出初步诊断，如口腔齿龈糜烂、食道病变，腹泻、血便致使病牛很快死亡。但最终确诊必须要通过分离病毒来确定。

（5）防治措施。

①平时加强检疫，引进种牛时必须进行血清学检查，防止引进带毒牛，一旦发生本病，病牛及时隔离或急宰，严格消毒，限制牛群活动，防止扩大传染。必要时可用弱毒疫苗或灭活疫苗来预防和控制本病。

②本病目前尚无有效疗法，对于发病的牛为了增强其抵抗力，防止继发感染，应投予营养剂和抗生素类药物。为了缓和其因下痢引起的脱水症状要进行补液。

10. 恶性卡他性热　恶性卡他性热是由恶性卡他性热病毒引起的牛的一种急性、热性、高度致死性传染病。其特征为发热、眼、口、鼻黏膜剧烈发炎，角膜混浊，并伴有脑炎症状。

（1）流行特点。各种牛均易感染，但以2岁左右的小牛最易感。绵羊与鹿呈隐性感染，牛发病都与接触绵羊有关，传播途径多为呼吸道，也可经吸血昆虫传播。全年都能发病，以冬季、早春和秋季较多。病死率很高，小牛可达100%。

（2）临床症状。病牛体温升高达40～42℃，精神沉郁，1～

2 天后，眼、口及鼻黏膜发生病变，分为头眼型、肠型、皮肤型和混合型 4 种。

①头眼型。眼结膜发炎，羞明流泪，以后角膜发生混浊，眼球萎缩，有时出现溃疡并失明。鼻腔、喉头、气管、支气管发生卡他性及伪膜性炎症，流鼻汁，鼻镜及鼻黏膜发生糜烂、结痂。角窦发炎，角根发热，严重者两角脱落。口腔黏膜潮红、肿胀，呈现灰白色大小不等的丘疹或糜烂，病牛流涎，病程 5～21 天，致死率高。

②肠型。食欲减退，先便秘后下痢，下痢带血液、恶臭。

③皮肤型。在颈部、肩胛部、背部、乳房、阴囊等处的皮肤上呈现大小不等、扁平状丘疹，丘疹结痂后脱落。

④混合型。此型最为多见。病牛同时有头眼型症状、肠炎症状及皮肤丘疹等，有的牛呈现脑炎症状。一般经 5～14 天死亡，致死率达 60%。

（3）病理变化。喉、气管、食道、真胃和小肠等部位的黏膜充血、水肿、糜烂或溃疡。肝、肾、脾肿胀、变性。心包及心外膜小点出血，心肌变性。全身淋巴结充血、出血及水肿。

（4）防治措施。

①预防。牛群分开饲养、分群放牧。发病后，病牛隔离治疗，污染场所及用具严格消毒。

②治疗。

a. 皮下注射 0.1% 肾上腺素 10 毫升，同时静脉注射 10% 氧化钙液 200～300 毫升。

b. 口服水杨酸钠，每 100 千克体重 30～60 克，分 6 次内服，每天 3 次。

c. 肌内注射青霉素 200 万单位、链霉素 200 万单位，每天 2 次。

d. 静脉注射 10% 磺胺嘧啶钠 150～200 毫升，每天 1 次。

11. 牛冬痢 牛冬痢又称黑痢，是由空肠弯杆菌引起牛群在秋冬季节发生的一种急性肠道传染病。以排棕色稀便和出血性下痢为特征。

（1）流行特点。大小牛均可感染，但成牛病情严重。病牛和带菌牛是传染源，通过采食病菌污染的饲料、饮水传播。气候恶劣和管理不当可诱发本病，本病易在冬季舍饲中流行。一旦暴发，发病率很高，但几乎无死亡。常在一定地区内发生。

（2）临床症状。潜伏期3天。突然发病，一夜之间可使牛群20%的牛发生腹泻，2~3天内波及80%~90%的牛。病牛排出腥臭的水样棕色稀便，混有血液，有的粪便几乎全是血液和血凝块。体温、脉搏、呼吸正常，食欲一般正常。病情严重时，表现精神委顿、食欲不振、背弓起、毛逆立、寒战、虚弱、不能站立。病程2~3天。

（3）防治措施。一般采用综合性防疫措施。发病后，隔离病牛群，加强消毒，粪尿经无害化处理后利用。一般病牛不治能自愈，治疗可选用四环素族抗生素、链霉素或氯霉素，也可内服松节油和克辽林的等量混合剂，每次25~50毫升，1天2次，一般内服2天即可痊愈。对病情严重者，应及时补液。患牛食减神差，肠鸣腹泻，耳、鼻发凉等症状，应加强防寒保暖，供给易消化饲料，饮温水；药疗用党参、茯苓各60克，干姜、白术、附子、厚朴、甘草各30克，白芍20克，水煎服，连用2~3剂。

12. 牛气肿疽　气肿疽俗称黑腿病或鸣疽，是一种由气肿疽梭菌引起的反刍动物的一种急性败血性传染病。其特征是局部骨骼肌的出血坏死性炎、皮下和肌间结缔组织出血性炎症，并在其中产生气体，压之有捻发音，严重者常伴有跛行。

气肿疽梭菌为两端钝圆的粗大杆菌，长2~8微米，宽0.5~0.6微米。能运动、无荚膜，在体内外均可形成芽孢，能产生不耐热的外毒素。芽孢抵抗力强，可在泥土中保持活力5年以上，在腐败尸体中可存活3个月。在液体或组织内的芽孢经煮沸20分钟、0.2%升汞10分钟或3%福尔马林15分钟方能杀死。

（1）流行特点。自然感染一般多发于黄牛、水牛、奶牛、牦牛，犏牛易感性较小。发病年龄为 0.5～5 岁，尤以 1～2 岁多发，死亡居多。羊、猪、骆驼也可感染。病牛的排泄物、分泌物及处理不当的尸体，污染的饲料、水源及土壤会成为持久性传染来源。该病传染途径主要是消化道，深部创伤感染也有可能。本病呈地方性流行，有一定季节性，夏季放牧（尤其在炎热干旱时）容易发生，这与蛇、蝇、蚊活动有关。

（2）临床症状。潜伏期 3～5 天。往往突然发病，体温达 41～42℃，轻度跛行，食欲和反刍停止。不久会在肩、股、颈、臀、胸、腰等肌肉丰满处发生炎性肿胀，初热而痛，后变冷，触诊时肿胀部分有捻发音。肿胀部分皮肤干硬而呈暗黑色，穿刺或切面有黑红色液体流出，内含气泡，有特殊臭气，肉质黑红而松软，周围组织水肿；局部淋巴结肿大。严重者呼吸增速，脉细弱而快。病程 1～2 天。

（3）病理变化。尸体迅速腐败和膨胀，天然孔常有带泡沫血样的液体流出，患部肌肉黑红色，肌间充满气体，呈疏松多孔海绵状，有酸败气味。局部淋巴结充血、出血或水肿。肝、肾呈暗黑色，常因充血稍肿大，还可见到豆粒大至核桃大的坏死灶；切面有带气泡的血液流出，呈多孔海绵状。其他器官常呈败血症的一般变化。

（4）诊断要点。根据流行特点、典型症状及病理变化可做出初步诊断。其病理诊断要点为：

①丰厚肌肉的气性坏疽和水肿，有捻发音。

②丰厚肌肉切面呈海绵状，且有暗红色坏死灶。

③丰厚肌肉切面有含泡沫的红色液体流出，并散发酸臭味。炭疽、巴氏杆菌病及恶性水肿也有皮下结缔组织的水肿变化，应与气肿疽相区别。炭疽、巴氏杆菌病与气肿疽的区别参见本节炭疽病诊断。气肿疽与恶性水肿的区别是，恶性水肿的发生与皮肤损伤病史有关；恶性水肿主要发生在皮下，且部位不定；恶性水

肿无发病年龄与品种区别。

（5）防治措施。在流行的地区及其周围，每年春秋两季进行气肿疽甲醛菌苗或明矾菌苗预防接种。若已发病，则要实施隔离、消毒等卫生措施。死牛不可剥皮肉食，宜深埋或烧毁。早期的全身治疗可用抗气肿疽血清 150～200 毫升，重症的 8～12 小时后再重复一次。实践证明，气肿疽早期应用青霉素肌内注射，每次 100 万～200 万单位，每天 2～3 次；或四环素静脉注射，每次 2～3 克，溶于 5％葡萄糖 2 000 毫升，每天 1～2 次，会收到良好的作用。早期肿胀部位的局部治疗可用 0.25％～0.5％普鲁卡因溶液 10～20 毫升溶解青霉素 80 万～120 万单位在周围分点注射，可收到良好效果。

13. 牛副结核　牛副结核又称副结核肠炎，是由副结核分支杆菌引起的牛的一种慢性传染病。其特征是肠壁增厚形成皱褶，顽固性腹泻，逐渐消瘦，是目前奶牛业中流行最严重的传染病之一。

（1）流行特点。主要侵害牛，以奶牛多发，也可感染羊、骆驼等家畜，青年牛比老牛易感，1～6 月龄牛最易感，但发病多见于 2～5 岁牛，患畜为传染源，多数由于引进病牛而发生。病原存在于肠道，随病牛粪便排出，主要经消化道传染，犊牛可通过子宫内感染。该病一般为散发。由于饲养不当，蛋白质缺乏、矿物质、维生素不足与缺乏，消毒、卫生不良，以及母牛妊娠、泌乳等，均可使机体抵抗力降低而发病。

（2）临床症状。潜伏期很长，可达半年以上，感染后常不出现临床症状，呈隐性感染，随着机体抵抗力降低，症状可逐渐明显。早期症状为间歇性腹泻，以后变为持续性喷射状腹泻。排泄物稀薄、恶臭，带有大量气泡、黏液和血液凝块。食欲起初正常，精神不好，经常卧地。泌乳逐渐减少，最后全部停止。皮肤粗糙，被毛粗乱，下颌、胸垂、腹下和乳房可见水肿。体温、脉搏、呼吸正常。一般经 3～4 个月因衰竭死亡。

（3）剖检变化。尸体消瘦，病变主要在消化道和肠系膜淋巴结。空肠、结肠和回肠前段肠管变粗变硬；浆膜下淋巴管和肠系膜淋巴管肿大，呈索状；浆膜和肠系膜显著水肿；肠黏膜增厚3～20倍，并发生硬而弯曲的皱褶，形似脑回，黏膜色黄白或灰黄，黏膜上紧附黏膜液，但无结节、坏死和溃疡。肠系膜淋巴结肿大变软，切面水肿呈黄色，但无干酪样病变。其他脏器无显著变化。

（4）诊断方法。变态反应诊断：用副结核菌素或禽结核菌素做变态反应试验，可检出大部分隐性型病牛。

（5）防治措施。因病牛往往在感染后期才出现症状，因此用药治疗似无意义，预防本病在于加强饲养管理，特别对幼年牛更要注意给予足够的营养，以增强其抵抗力，不要从疫区引进牛只，如已引进则必须进行检查确认健康时方可混群。

对曾有过病牛的假定健康牛群，在随时做好观察、定期进行临床检查的基础上，对所有牛只，每年隔3个月做一次变态反应。变态反应阴性牛方可调出，连续3次检查不出现阳性的牛，可视为健康牛，对变态反应阳性和临床症状明显的排菌牛应隔离分批扑杀。

被污染的牛舍、栏杆、饲槽、用具、绳索、运动场要用生石灰、来苏儿、苛性钠、漂白粉、石炭酸等消毒液进行喷雾、浸泡或冲洗，粪便应堆积高温发酵后作肥料。

14. 沙门氏菌病　牛沙门氏菌病又名副伤寒，是由不同血清型沙门氏菌引起人畜和禽类多种疾病的总称。牛副伤寒主要由肠炎沙门氏菌、都柏林沙门氏菌和鼠伤寒沙门氏菌引起。临床上有急性败血症、胃肠炎、流产、局部感染等不同表现形式。

（1）流行特点。各种年龄的牛都可以发病，特别是1～2月龄的犊牛最易感。病牛和带菌牛是本病的主要传染来源。主要通过消化道感染，也可由交配和分娩时子宫内感染或发生内源性传染。饲料和饮水不足、牛舍拥挤、潮湿、卫生不良、天气骤变、长途运输、犊牛没吮入足够的初乳或断奶过早等，均可促进本病的发生和传播。本病一年四季均可发生。犊牛往往呈流行性发生，成牛则散发。

（2）临床症状。如牛群内存在带菌母牛，则犊牛于生后 48 小时内呈现卧地、拒食、迅速衰竭等症状，常在 3～5 天内死亡，剖检无特殊变化。多数犊牛常于 10～14 日龄以后发病，病初体温升高达 40～41℃，精神沉郁，食欲减少或废绝，脉搏增数，先排黄色液状粪便，24 小时后变为灰黄色、恶臭，混有黏液、血液、伪膜和气泡的稀粪，并出现咳嗽、气喘等肺炎症状，眼鼻黏膜也常发炎，随后病犊迅速衰竭、无力、末梢发凉，眼眶下陷，倒地不起，于病后 5～7 天死亡，死亡率可达 50％。慢性病牛则呈现间歇性腹泻，并发肺炎、关节炎和腱鞘炎，极度消瘦，间有神经症状，病程 1～2 周。成年牛常为慢性感染，个别急性病例的临床症状与犊牛基本相同，但下泻后体温下降至正常或略高，于 24 小时后死亡，病程延长者呈消瘦、脱水和腹痛症状。孕牛可发生流产。

（3）剖检变化。急性死亡病例，主要病变为胃肠黏膜、浆膜出血斑，呈卡他性、出血性炎症；肠系膜淋巴结出血、水肿；脾充血、肿大 2～3 倍，质地韧硬如橡皮样；肺常有肺炎区，肝、脾、肾可能有坏死灶。慢性病例主要是肺炎变化，在尖叶、心叶或主叶下缘呈小叶性肺炎，并散在有坏死灶；肝上有灰白色或灰黄色的坏死结节；胆囊壁增厚；膝、跗关节有浆液性、纤维性炎症。

（4）防治措施。平时要加强对犊牛和母牛的饲养管理，保持牛舍空气新鲜，清洁干燥，注意乳汁、饲料和饮水的质量及卫生，经常用 20％石灰乳或其他常用的消毒药品消毒牛舍地板和用具。对疫区的犊牛，出生后可注射母牛脱纤血 100～150 毫升，10～14 天后注射副伤寒菌苗。

本病治疗可选用经药敏试验有效的抗生素，如硫酸新霉素，每天 2～3 克，分 2～4 次口服；金霉素每天每千克体重 30～50 毫克，分 2～3 次服；复方新诺明每千克体重 70 毫克，首次量加倍，每天 2 次内服；也可用恩诺沙星、环丙沙星等。

15. 坏死性杆菌病　坏死性杆菌是由坏死梭菌引起的各种哺乳动物和禽类的一种慢性传染病，以受害皮肤、皮下组织和消化道黏膜发生坏死，产生特殊臭味为特征。在临床上，成年牛表现为腐蹄病，犊牛为犊白喉。

（1）流行特点。本病病原为坏死梭杆菌，本菌广泛分布于自然界，在动物饲养场、被污染的沼泽、土壤中均可发现。此外，还常存在于健康动物的口腔、肠道、外生殖器等处。本病易发生于饲养密集的牛群，多发生于产奶牛，犊牛较成年牛尤易感染。病牛的分泌物、排泄物、污染环境成为重要的传染源。本病主要通过损伤的皮肤、黏膜而侵入组织，也可经血流而散播，特别是局部坏死梭杆菌易随血流散布至全身其他组织或器官中，并形成继发性坏死病变。新生犊牛可由脐经脐静脉侵入肝。凡牛舍、运动场潮湿、泥泞或夹杂碎石、煤渣，饲料质量低劣，人工哺育不注意用具消毒等，均可引起本病。本病常为散发，或呈地方流行性。

（2）临床症状。潜伏期 1～2 周，一般 1～3 天。牛的坏死杆菌病在临床上常见的有腐蹄病、坏死性口炎（白喉）等。

①腐蹄病。多见于成牛。当叩击蹄壳或钳压病部时，可见小孔或创洞，内有腐烂的角质和污黑臭水。这种变化也可见于蹄的其他部位，病程长者还可见蹄壳变形。重者可导致病牛卧地不起，全身症状变化，进而发生脓毒败血症而死亡。

②坏死性口炎（又称"白喉"）。多见于犊牛。病初厌食、发热、流涎、鼻漏、口臭和气喘。口腔黏膜红肿，增温，在齿龈、舌、腭、颊或咽等处，可见粗糙、污秽的灰褐色或灰白色的伪膜。如坏死上皮脱落，可遗留界限分明的溃疡，其面积大小不等，溃疡底部附有恶臭的坏死物。发生在咽喉者有颌下水肿、呕

吐、不能吞咽及严重的呼吸困难。病变有时蔓延至肺部，引起致死性支气管炎或在肺和肝形成坏死性病灶，常导致病牛死亡，病程 5～20 天。

（3）诊断方法。依据患病的部位、坏死组织的特殊变化和臭气，以及因病部而引起的机能障碍，进行综合性分析，一般即可确诊。

（4）防治措施。加强饲养管理，精心护理牛只，经常保持牛舍、环境用具的清洁与干燥。低湿牧场要注意排水，及时清理运动场地上粪便、污水，定期给牛修蹄，发现外伤应及时进行处理。治疗本病一般采用局部治疗和全身治疗相结合的方法。

对腐蹄病的病牛，应先彻底清除患部坏死组织，用 3% 来苏儿溶液冲洗或 10% 硫酸铜洗蹄，然后在蹄底病变洞内填塞高锰酸钾粉。对软组织可用抗生素或磺胺碘仿等药物，以绷带包扎，外层涂些松馏油以防腐防湿。

对坏死性口炎（白喉）病牛，应先除去伪膜，再用 0.1% 高锰酸钾溶液冲洗，然后涂擦碘甘油，每天 2 次至病愈。对有全身症状的病牛应注意注射抗生素，同时进行强心补液等对症疗法。

16. 传染性鼻气管炎　牛传染性鼻气管炎是由疱疹病毒引起的一种急性发热性传染病，又称坏死性鼻炎和"红鼻子"病。以冬季或寒冷时发病较多。患病牛的呼吸道、眼和生殖道的分泌物及精液内，都含有大量病毒，可通过空气（飞沫）与排泄物的接触以及与病牛的直接接触进行传播，临床症状消失后，病牛可在一个较长时间内继续排泄病毒，这是最主要的传染源。

（1）临床症状。病牛临床表现有以下几种类型：

①呼吸型。多数是这种类型。牛只突然精神沉郁，不食，呼吸加快，体温高达 42℃；鼻镜、鼻腔黏膜发炎，呈火红色，所以称"红鼻子"病；咳嗽、流鼻液、流涎、流泪。多数呈现支气管炎或继发肺炎，造成呼吸困难甚至窒息死亡。

②生殖器型。母牛阴户水肿发红，形成脓疱，阴道底壁积聚

脓性分泌物。严重时在阴道壁上也形成灰白色坏死膜。公牛则发生包皮炎、包皮肿胀、疼痛，并伴有脓疱形成肉芽样外观。

③肺炎型。多发生于青年牛和 6 月龄以内的犊牛，表现明显的神经症状。

此外，还有流产型和眼结膜型。以上各型，有的单独发生，有的合并发生。尸体剖检，在鼻腔和气管中有纤维性蛋白物渗出为本病的表征。进一步确诊须实验室检验。常用方法有血清综合试验、病毒分离、荧光抗体法等。

（2）治疗方法。本病目前无特异治疗方法。病后加强护理，给予适口性好、易消化的饲料，以增强牛的耐受性。抗生素虽对本病无治疗作用，但可防止继发感染，控制并发症。为此可注射四环素 200～250 单位，或土霉素 2～2.5 克，每天 2 次。对脓疱性阴道炎及包皮炎，可用消毒药液，如 0.1% 高锰酸钾液、1% 来苏儿、0.1% 新洁尔灭等进行局部冲洗，洗净后涂布四环素或土霉素软膏，每天 1～2 次。

17. 牛衣原体病　牛衣原体病是由鹦鹉热衣原体引起的一种传染病。临床上以流产、肠炎、肺炎、多发性关节炎、脑脊髓炎和结膜炎为特征。

自然感染时，成年孕牛呈潜伏性经过，衣原体侵入胎盘组织，并在其中繁殖和引起炎症、坏死。衣原体进入胎儿引起脏器病变、皮下结缔组织水肿和胎儿中毒死亡。衣原体的感染从肉阜间子宫内膜开始，扩展至绒毛膜，引起胎盘滋养层发炎和坏死。感染第六天，胎儿的肝、脾、肾、肺、胸腺、脑、淋巴结、肠道都有衣原体分布，随后发生肺炎、肠炎、关节炎及肝的炎症与坏死等。本病的潜伏期为数天至数月。

（1）流产型。各胎次母牛都可发病，但头胎和二胎的多发，一般在妊娠 7～9 个月流产，流产常突然发生，有的体温升高1～2℃。产出死胎或弱犊，胎衣排出迟缓，有的发生子宫内膜炎、阴道炎、乳房炎和输卵管炎，产奶量显著下降，感染群的流产率为 10%～40%。年轻公牛常发生睾丸炎、附睾炎和精囊炎，精液品质下降，有的睾丸萎缩，发病率可达 10%。

（2）肺肠炎型。主要见于 6 月龄以前的犊牛，潜伏期 1～10 天。表现抑郁、腹泻，体温升高到 41～42℃，食欲缺乏，以后出现咳嗽和支气管肺炎症状。

（3）关节炎型。多见于犊牛，潜伏期 4～20 天，病初体温升高 1～3℃，厌食，不愿站立和运动，2～3 天后关节肿大，局部皮温升高、僵硬疼痛、跛行明显。

（4）脑脊髓炎型。3 岁以下的小牛多发，潜伏期 4～10 天。病初体温突然升高到 40.5～42℃，精神沉郁，虚弱，流涎，共济失调，呼吸困难，腹泻。以后出现神经症状，四肢无力，关节肿痛，步态不稳，将头抵在坚硬物体上，或转圈运动，起立困难，麻痹，卧地不起，角弓反张，最后死亡。病程 10～20 天。

（5）结膜炎型。潜伏期 10～15 天，结膜炎呈单侧或双侧。病眼流泪、羞明，眼睑充血肿胀，眼球被高度肿胀的第三眼睑所遮盖。眼角附以黏脓性分泌物。经 2～3 天，角膜发生不同程度的混浊、血管翳、溃疡。病程 8～10 天，无严重感染时则呈良性经过。角膜溃疡者，病程可达数周。

预防本病应加强饲养管理，消除各种诱发因素。目前尚无牛衣原体病疫苗供免疫接种，但有人研究表明，用羊流产衣原体卵黄囊甲醛灭活油佐剂苗，在配种前，给牛皮下注射 3 毫升可有效预防奶牛衣原体病，疫苗使用安全，免疫期可达 1 年以上。

流行本病的地区，牛群应定期检疫，及时淘汰病牛和血清学阳性牛。发生本病时，应及时隔离病牛，对污染的牛舍、场地等环境进行彻底消毒。治疗可用青霉素肌内注射，每天 1～2 次，连用 3 天。

二、消化系统疾病

1. 瘤胃臌气　瘤胃臌气是由于瘤胃内草料发酵，迅速产生大量气体而引起的疾病。多发生于春末夏初。

（1）发病原因。主要是由于采食大量易发酵的新鲜幼嫩多汁的豆科牧草或青草、豆科种子、作物的幼苗、块根植物的茎叶，采食多量雨季潮湿的青草、霜冻的草料及腐败发酵的青贮饲料，吃了某种麻痹的毒草，均可引起本病。此外，也可以继发于食管阻塞、前胃弛缓、创伤性网胃炎、腹膜炎等疾病。

（2）临床症状。病牛不安、腹痛明显、腹围增大、左肷部异常凸起，反刍、嗳气停止，张口呼吸且呼吸困难，心跳加快，可视黏膜发绀，触诊肷部紧张而有弹性，叩诊呈鼓音。泡沫性臌气病情更严重。后期病牛呻吟，步样不稳或卧地不起，常因窒息或心脏麻痹而死亡。

（3）防治措施。

①预防措施。

a. 限制青绿饲草的数量，每头牛日喂量不超过 15 千克，青苜蓿不超过 10 千克。特别是萝卜、甜菜、带露水青草等不能过多饲喂。

b. 饲喂后要注意观察，突然添加青绿饲料时，由于适口性好，奶牛采食量增加。在饥饿时猛采食大量青绿饲料最容易发生瘤胃臌气，所以一定要注意观察。

c. 饲喂后 12 小时之间观察 1 次，大部分奶牛都发生在采食后 12 小时左右，臌气牛腹围很大，呼气有"哼吭"之音，左侧肋窝凸起，按之有弹力，敲之如鼓，四肢叉开等。

②治疗措施。

a. 先对于左侧肋窝凸高过脊背者，必须先放气，用气针或 20 号静脉针头，从左侧肋窝垂直刺入按紧针头，先缓慢放气 35 分钟左右，直到无气为止。消毒针口，按压针眼，防止串皮。

b. 用植物油 1 千克、碳酸氢钠（或者熟石灰）2 两*、白萝

---

* 两为非法定计量单位。1 两＝50 克。

卜籽 2 两（炒黄，捣细）加水适量，一次灌服。

c. 用棉籽油 500 毫升、食用碱面 200 克，加水适量一次灌服。

对奶牛瘤胃膨气、腹压不是太大的，用后两种方法即可。灌服后驱赶运动 30 分钟，胀气即可消失。

2. 前胃弛缓 前胃弛缓是由于前胃收缩力和兴奋性降低使前胃内容物排出延迟而引起的疾病。临床上以正常的食欲、反刍、嗳气扰乱，胃蠕动减弱或停止，以及酸中毒为特征。

（1）临床症状。采食后几个小时内发生，病牛食欲减退或废绝，反刍、嗳气减少或停止，鼻镜干燥。轻度腹痛，背腰拱起，后肢踢腹，呻吟摇尾，回头顾腹。左侧下腹部膨大，左侧肷窝部平坦或稍凸出。触诊瘤胃，病牛疼痛不安，瘤胃内容物黏硬或坚实，叩诊呈浊音，瘤胃蠕动音初期增强，以后减弱或消失。排粪迟滞，粪便干少色暗，有时排少量恶臭的稀便。尿少或无尿。呼吸急促增数，可视黏膜发绀，脉搏细数，一般体温不高。严重者四肢颤抖，疲倦乏力，卧地不起，呈昏迷状态。

根据病后的特征，如食欲异常、前胃蠕动减弱、体温脉率不正常等，即可确诊。

（2）防治措施。

①预防措施。

a. 坚持合理的饲养管理制度，不能突然变换饲料。

b. 坚持合理地调配饲料，合理供应日粮，既要注意精、粗饲料中钙、磷、矿物质及维生素的比例，也不能喂变质、霉变、冰冻的饲料。另外，要清除饲料中的毛发、塑料布等杂物。

②治疗措施。

a. 停食 1～2 天后，改喂青草和优质干草。

b. 防止酸中毒可静脉注射 3%～5%碳酸氢钠液 300～500 毫升。

c. 缓泻和健胃可用石蜡油 500 毫升、人工盐 300 克、大黄末 100 克，加适量水灌服。

d. 兴奋瘤胃可用 10％氯化钠和 10％氯化钙注射液（每千克体重 1 毫升），或 20％安钠咖 10 毫升，静脉注射。还可 10％葡萄糖酸钙液、25％葡萄糖液、5％碳酸氢钠液各 500 毫升与 5％葡萄糖生理盐水 1 000 毫升混合，一次静脉注射。

3. 皱胃变位　皱胃变位是指奶牛的真胃（也称皱胃，第四胃）的正常解剖学位置发生了改变，真胃变位可分为左方变位和右方变位。前者是皱胃从正常位置通过瘤胃下方移到左侧腹腔，置于瘤胃和左腹壁之间，又因皱胃内常集聚大量的气体，而使其飘升至瘤胃背囊的左上方。右方变位是指皱胃顺时针扭转，转到瓣胃的后上方位置，置于肝和腹壁之间。右方变位常呈现亚急性扩张、积液、膨胀、腹痛、碱中毒和脱水等幽门阻塞综合征。若不及时诊治，多在 2～3 天死亡。皱胃变位是规模化奶牛场的常见病。

（1）临床症状。

①左方变位。大多发生在分娩之后。病初患牛食欲减少，多数患牛食欲时有时无，有的患牛出现回顾腹部、后肢踢腹等腹痛表现；粪便减少，呈糊状、深绿色，往往呈现腹泻；产奶量下降，有时甚至无奶，乳汁和呼吸气息有时有酮体气味。尿液检查，呈中度至重度酮尿；病牛瘦弱，腹围缩小，有的患牛左侧腹壁最后 3 个肋弓区与右侧相对部位比较明显膨大，但左侧腰旁窝下陷。多数患牛体温、呼吸、脉搏变化不大，瘤胃蠕动音减弱，病程长 10～30 天。

②右方变位。多发生在产犊后 3～6 周，临床症状比较严重，病牛突然不食，腹痛，蹴踢腹部，背下沉，心跳加快达 100～120 次/分，体温偏低，瘤胃音弱或完全消失，下痢，粪便呈黑色，尿酮试验呈强阳性。

（2）防治措施。

①预防措施。粗饲料与精饲料要搭配好，防止过食含有高蛋白的精饲料。患有能继发皱胃移位的乳房炎、子宫炎、生产瘫

痪、酮病等病时要及时治疗。

②治疗措施。

a. 手术疗法。切开左右腹壁，整复移位。

b. 滚转翻身法。先使病牛呈左侧横卧肢势，然后再转成仰卧式（背部着地，四蹄朝天），随后以背部为轴心，先向左滚转45°，回到正中，再向右滚转45°，回到正中。如此左右摇晃3分钟，突然停止，使病牛仍呈左侧横卧姿势，再转成俯卧式（胸部着地），最后使之站立，检查复位情况。

三、营养代谢疾病

1. 奶牛酮病 酮病又称酮血病、酮尿病，是由于日粮中糖和含糖物质不足，以致脂肪代谢紊乱，体内产生大量酮体所致的一种营养代谢障碍性疾病。临床上以呈现顽固性消化紊乱，呼气、泌尿和泌乳可散发酮味以及有一定的神经症状为特征。本病多发生于舍饲期间运动不足、营养良好、3～6胎及产后3周之内泌乳量开始增加至最高峰奶牛。

（1）发病原因。

①原发性营养性酮病。饲料供应过少，饲料品质低劣、饲料单纯、日粮处于低蛋白、低能量的水平下，致使母畜不能摄取必需的营养物质，发生消耗性、饥饿性酮病；日粮处于高能量、高蛋白的条件下，因奶牛高产不能使摄入的充足的碳水化合物转变为葡萄糖；或供给含丁酸多的饲料，多汁饲料制成的青贮料中乙酸含量过高，经吸收后可变为丙酮，引起奶牛发生酮病。

②继发性酮病。患前胃弛缓、瘤胃膨气、创伤性网胃炎、真胃炎、胃肠卡他、子宫炎、乳房炎及其他产后疾病，往往引起母牛食欲减退或废绝，由于不能摄取足够的食物，机体得不到必需的营养所致而发生酮病。

（2）临床症状。

①消耗型。病初，食欲减退，奶产量下降。拒食精料，食少

量干草，继而食欲废绝。异食，患畜喜喝污水、尿汤；舔食污物或泥土。粪便干而硬，量少；有的伴发瘤胃膨胀；消瘦、皮肤弹性减退，精神沉郁、对外反应微弱、不愿走动。体温、脉搏、呼吸正常；随病时延长，体温稍有下降，低于 37.5℃，心跳增加达 100 次/分，心音不清、脉细而微弱，重症患畜全身出汗、似水洒身、尿量减少，呈淡黄水样，易形成泡沫，有特异的丙酮气味。轻症者奶量持续性下降；重症者突然骤减或无乳，并具有特异的丙酮气味。一旦奶量下降后，虽经治愈，但奶产量多不能完全恢复到病前水平。

②神经型。神经症状突然发作，患畜不认其槽，于圈内乱转；目光怒视，横冲直撞，四肢叉开或相互交叉，站立不稳，全身紧张，颈部肌肉强直，兴奋不安，也有举尾于运动场内乱跑，阻挡不住，饲养员称之为"疯牛"；空嚼磨牙，流涎，感觉过敏，乱舔食皮肤，吼叫，震颤，神经症状发作后持续时间较短，1～2小时，但经 8～12 小时后，仍有再次复发；有的牛对外无反应、呈沉郁状。

（3）诊断方法。对病畜做全面了解，要询问病史、查母牛产犊时间、产奶量变化及日粮组成和喂量，同时对血液酮体、血糖、尿酮及乳酮做定量和定性测定，要全面分析、综合判断。

（4）治疗措施。为了提高治疗效果，首先应精心护理病畜、改变饲料状况、日粮中增加块根饲料和优质干草的喂量。

①葡萄糖疗法。静脉注射 50％葡萄糖 500～1 000 毫升，对大多数病畜有效。因一次注射造成的高血糖是暂时性的，其浓度维持仅 2 小时左右，故应反复注射。

②激素疗法。可的松 1 000 毫克肌内注射，注射后 48 小时内，患牛食欲恢复，2～3 天后泌乳量显著增加，血糖浓度增高，血酮浓度减少。

③对症疗法。对神经性酮病可用水合氯醛内服，首次剂量为 30 克，随后 7 克，每天 2 次，连服数日。

④解除酸中毒。可用 5%碳酸氢钠液 500～1 000 毫升，一次静脉注射。

⑤防止不饱和脂肪酸生成过氧物，以增加肝糖量，可用维生素 E 1 000～2 000 毫克，一次肌内注射。

⑥为了促进皮质激素的分泌，可以使用维生素 A 每千克体重 500 国际单位，内服；维生素 C 2～3 克，内服。

⑦加强前胃消化机能，促进食欲。可用人工盐 200～250 克，一次灌服；维生素 B_1 20 毫升，一次肌内注射。维生素 B_{12} 和钴一起合用，效果更好。

⑧中药处方。当归、川芎、砂仁、赤芍、熟地、神曲、麦芽、益母草、广木香，各 35 克，磨碎，开水冲，灌服，每天或隔天 1 次，连服 3～5 次。

2. 生产瘫痪症 生后瘫痪又称乳热病，是奶牛分娩前后发生的一种严重代谢疾病。此病的特征是由于缺钙而知觉减退或消失，四肢麻痹，瘫痪卧地。此病的发病率，头胎牛几乎不发生，5～9 岁或 3～7 胎发病较多，年产奶量在 6 000 千克以下者发病少，6 000 千克以上者发病多；分娩 3 天内的母牛发病多，其中以产后 24 小时内发病最多，3 天以后发病者少，偶见于产后 3～6 个月发生的所谓非生产性瘫痪。

（1）发病原因。目前认为，促使血钙降低的因素有下列几种，生产瘫痪的发生可能是其中一种（单独）或几种因素共同作用的结果。

①日粮中钙质不足。奶牛妊娠期间，母体本身产奶消耗和体内胎儿的生长发育，都需要大量的矿物质和维生素的补充，如饲料管理不当，日粮中的钙质不足都会导致母体血钙水平的降低。

②钙磷比例不平衡。正常的钙磷比例应为（1.3～2）：1。如果长期饲喂高钙日粮，钙磷比例不当或由于维生素 D 供应不足而影响了钙磷的吸收和利用，均可导致奶牛体内钙磷的比例不平衡，造成产后瘫痪。

③产后大量挤奶。产后奶牛由于胎儿带走大量的钙，且体质比较弱，若再大量挤奶，使本已低钙的奶牛钙、磷水平急剧下降。

④日粮中的钾等阳离子饲料含量过高。影响奶牛骨钙的正常调用，从而使母体血钙水平降低。

⑤给干奶期奶牛饲喂了高钙物质。干奶期尤其是干奶后期奶牛对钙的需要处于最低限度，高钙物质在体内抑制了奶牛泌乳所必需的钙内环境调节机制的启动，致使奶牛产后不能及时地调用骨钙，使血钙水平降低，造成奶牛产后瘫痪。

（2）临床症状。一般症状为精神沉郁，呆立，对外界反应迟钝，食欲降低或废绝，反刍、瘤胃蠕动及排尿停止，泌乳量降低；体温正常或降低（37.5℃），心跳正常，步态不稳，站立时两后肢交替踏脚。有的牛当人接近时，表现张口吐舌。

典型症状即瘫痪。患牛初瘫痪时，呈短暂的兴奋不安，卧地后试图站立，站立后四肢无力，左右摇晃，后摔倒不起，也有两前肢腕关节以下直立，后肢无力，呈犬坐势，由于挣扎用力，病畜全身出汗，颈部尤多，肌肉颤抖。当几次挣扎不能站立后，患畜安然静卧。随病程的延长，病中的知觉与意识逐渐消失。病牛昏睡，眼闭合，眼睑反射减弱，瞳孔散大，对光线照射无反应。皮肤、耳、蹄末梢温度下降，发凉，针刺反射微弱，尤以跗关节以下知觉减退与消失明显。病畜以一种特殊姿势卧地，四肢缩于腹下，颈部弯曲呈"S"状。有的头偏于体躯一侧，人为将其头拉直，松手后头又复回原状。球关节弯曲。体温下降至 37.5～38℃，最低可降至 35～36℃。呼吸缓慢而深，心跳细弱，次数增加，每分钟达 90 次以上。少数病例流涎，呈泡沫状。有的因咽喉麻痹，可见发生瘤胃膨胀。

（3）防治措施。

①预防措施。

a. 加强干奶牛的管理，限制精料喂量，增加干草饲量，以防止牛体过肥。

b. 分娩前 6～10 天，可肌内注射维生素 D 30 000 国际单位，每天 1 次，以降低发病率。

c. 对高产牛、年老体弱牛、有瘫痪病史的牛于产前 1 周，在饲料中加乳酸钙（50 克/天），或静脉注射葡萄糖、钙制剂。

d. 分娩后应喂给温热的麸皮盐水，产后不立即挤奶，产后 3 天之内不将初乳挤净，仅挤 1/3～1/2 即可。

②治疗措施。

a. 补糖、补钙。可一次静脉注射 20％葡萄糖酸钙（内含 4％硼酸）和 25％葡萄糖各 500 毫升，每天 2 次，直到站起为止。

b. 乳房送风。即向乳房内打气，其目的是使乳房膨胀、内压增高，减少乳房内血流量，此方法在发病早期使用效果较好。打气的数量，以乳房皮肤紧张，各乳区界线明显，即"鼓"起为标准。

c. 也可在输钙时，静脉注射安钠咖硫酸镁 100～150 毫升。

d. 采用适当的对症疗法。因瘫痪牛有咽喉麻痹现象，所以患此病时禁止经口投服药物。此外，对病畜要有专人护理，多加垫草，天冷时要注意保温。病牛侧卧的时间过长，要设法使其转为伏卧或将牛翻转，防止发生褥疮及反刍时引起异物性肺炎。病畜初次起立时，仍有困难，或者站立不稳必须注意加以扶持，避免跌倒引起骨骼及乳腺损伤。痊愈后 1～2 天，挤出的奶量仅以够喂犊牛为度，以后才可逐渐将奶挤净。

3. 佝偻病　佝偻病主要发生在犊牛和育成牛。由于磷酸钙没能充分在骨骼内沉积，以致骨质软、发育不全。

软骨症主要发生在成年牛，是发育完成的骨骼，钙、磷溶解出来，使骨软化的病。奶牛冬季发生的爬窝病和产前、产后不能起立，慢性胃肠病，胎衣不下，原因不明的瘸拐，都应作为软骨症的一个类型来处理。此外，繁殖障碍的病牛（卵巢、子宫的病）也有相当多有软骨症。并且软骨症也是难产和流产的一个原因。骨质的营养障碍，多发生在 3～5 月，尤应引起注意。

（1）发病原因。造成本病的原因很多，说法不一。但是，首先是饲养管理不良，钙不足，钙磷比例失调，维生素 D 不足，日光照射不足，运动不足等。

（2）临床症状。病的初期仅有消化障碍、好吃异物的表现，逐渐消瘦，奶量减少，进而表现喜卧，不愿起立，强行轰起时，弓背、四肢开张，站立或卧倒时有疼痛，走路时动作不灵活，快跑或运动之后表现腿瘸，压迫肩、鬐甲、腰部骨骼有疼痛。常常在肘下部的关节、屈腱的腱鞘有炎症，表现有肿胀，并且下颚骨也有肿胀，骨质渐渐变脆弱，起立、伏卧、回转、分娩时，常因小的原因，发生骨折。从发病开始，到表现出症状、到衰弱，往往经过数月，症状时好时坏，食欲、营养状况越来越差，被毛失去光泽，产奶量显著下降。

（3）防治措施。

①预防上，首先要保证日粮有足够的钙、磷，并保持合理的比例，即（1∶2）～（2∶1），不超过 4∶1 不至于发生软骨症。500 千克体重的牛每天给钙、磷各 11 克，能够维持其钙、磷的需要量（占日粮的 0.12%～0.15%），对产奶母牛，每千克奶每天供给钙 2.2 克、磷 1.54 克，能够维持健康妊娠需要。因此，对壮年的经产牛和高产牛须常年补给骨粉。对犊牛、育成牛、怀孕牛、产奶牛，要经常给予足够的青绿饲料和青干草，适当的晒太阳和运动，也应补给骨粉。

②要经常检查每头牛骨骼变化情况，做到早期诊断、早期治疗。该病发病缓慢，病程很长才能表现出临床症状，过去主要根据临床表现：检查四肢、蹄型、关节的变化，以及运步样子、肋骨的吸收程度、针刺头骨的软硬、尾椎骨的"糖葫芦"型等来诊断。即使确诊，但多为时已晚，病情相当严重，难以治愈，最后不得不淘汰。所以，早期发现、早期治疗非常重要。采取触诊尾椎的方法，对奶牛的软骨症进行早期诊断。方法是：用手握住尾

尖处，找到最末一节尾骨，用手触摸，正常牛该处坚实、饱满。而有软骨病时此处首先脱钙，表现骨被吸收，变得柔软、空虚。由于病的程度不同，尾椎骨在不同程度上被吸收，吸收的顺序是由倒数第一节尾椎开始，然后是倒数第二节、第三节……健康牛尾椎无变化或仅被吸收 1 节。患有轻微软骨病的，可吸收 2 节；患严重软骨病者，可被吸收 3 节。尾椎被吸收 2 节时，尾尖可向上折叠 180°，但在转弯处不能紧密相贴，仍有很小的间隙；被吸收 2 节半以上时，则尾尖极易折叠，并叠在转弯处无丝毫缝隙。这时要赶紧采取措施。如果病情再发展，则发展到第 13、第 12 肋骨、四肢骨和蹄。牛往往在没出现临床症状以前，尾骨已被吸收，如能采取这种诊断方法，早期发现，早期补充钙、磷，并采取相应措施，效果很好。

③治疗。对幼牛佝偻病，主要应补给维生素 D，如给维生素 D_2（骨化醇），每天口服 5 万~10 万国际单位。也可皮下或肌内注射 200 万~400 万国际单位，隔天 1 次，连续 3~5 次为一疗程。最好用维生素 D 胶性钙，每天或隔天皮下或肌内注射 5 万~10 万国际单位，3~5 次为一疗程，必要时连续治疗 2~3 个疗程。

对成年牛治疗，可用 20% 的磷酸二氢钠 300~500 毫升静脉注射，或 3% 的磷酸钙静脉注射。

4. 奶牛妊娠毒血症　奶牛妊娠毒血症又称肥胖母牛综合征、奶牛脂肪肝病。本病主要发生于产前或产后 3 天之内的一种代谢性疾病。主要原因是由于干奶期母牛采食过多精料或干奶期过长造成过度肥胖而形成。临床上以严重的酮血病、食欲废绝、渐进性消瘦、精神沉郁、僵卧、末期心率加快和昏迷等为特征。常伴发产后瘫痪、胎衣不下、乳房炎等。

（1）发病原因。

①干奶期母牛的饲养失误，日粮调配中优质精料和糟粕类饲料比例过大，饲喂量也过多。

②奶牛粗饲料缺乏、单纯、品质少，常以精料来补充粗饲料的不足，在日粮中加大了精料饲喂量。

③有的奶农，以肥胖程度来判断干奶牛的健康状况，误导加料催膘，使精料喂量增加。

④干奶期母牛与泌乳牛混群饲养，干奶牛食入过量精料；干奶期拖得过长导致母牛肥胖。

⑤日粮中某些蛋白质的缺乏，使载脂蛋白生成量减少，影响肝中脂肪的移除，从而促进脂肪肝的形成。

（2）临床症状。

①急性。随分娩而发病。食欲废绝，少乳或无乳，可视黏膜发绀，黄染，体温初升高达 39.5～40℃，步态强拘，目光呆滞，对外界反应微弱。伴腹泻者，呈黄色恶臭稀粪，对药物无反应，于 2～3 天死亡或卧地不起。

②亚急性。多于分娩后 3 天发病，主要表现酮病，病牛食欲降低或废绝，奶产量骤减，粪少而干，尿具酮味，酮体反应阳性，伴乳房炎，胎衣不下，子宫弛缓，产道内积多量褐色腐臭恶露，药物治疗无效，卧地不起，呻吟，磨牙。

（3）防治措施。肥胖母牛综合征，实质上是长期营养失调而受产犊应激所引起的代谢紊乱。病后疗效差，必须采取综合治疗方法。

①加强饲养管理，供应平衡日粮。干奶牛限精料量，增加干草喂量。分群饲养，将干奶牛与泌乳牛分开饲喂。

②加强产前、产后母牛的健康检查，建立酮体监测制度，提早发现病牛。凡酮体反应阳性者，立即治疗。定期补糖补钙，对年老、高产、食欲不振和有酮病史的母牛于产前 1 周静脉注射 20% 葡萄糖酸钙各 500 毫升，共补 1～3 次。

③及时配种，不漏掉发情牛，提高受胎率，防止奶牛干奶期过长而致肥。

④药物治疗，目的是抑制脂肪分解，减少脂肪酸在肝中的积

存，加速脂肪的利用，防止并发酮病。其原则是解毒、保肝、补糖。50%葡萄糖液 500～1 000 毫升静脉注射。50%右旋糖酐，第一次 1 500 毫升，后改为 500 毫升静脉注射，每天 2～3 次。烟酸 12～15 千克，每天 1 次，服用 3～5 天。氯化钴或硫酸钴，每天 100 克，内服。丙二醇 170～342 克，每天 2 次，口服，连服 10 天。

防止继发感染可使用广谱抗生素，金霉素或四环素 200 万～250 万国际单位，一次静脉注射，每天 2 次。

四、产科及繁殖系统疾病

1. 不孕症

（1）先天性不孕。

①异性孪生。

a. 发病原因。是由于两个胎儿的绒毛膜血管间有吻合支，较早发育的雄性胎儿生殖腺产生的雄性激素对雌性生殖器官发生作用，抑制了卵巢皮质及生殖道的发育，使母犊的生殖器官发育不全，从而使母犊失去繁殖能力。

b. 防治措施。无治疗价值，尽早淘汰，孪生母犊不做留养，以减少牧场损失。

②青年奶牛不孕。

a. 发病原因。生殖道畸形大多表现为子宫未发育，缺少一个子宫角，整个卵巢缺失，单卵巢或无阴道等，临床上触诊时表现为子宫未发育，如两根细管，单卵巢或卵巢未发育如米粒大小。

b. 防治措施。建立健全育种体系，规范操作，避免近亲交配。

（2）疾病性不孕。

①生殖道炎症性不孕。在久配不孕牛中，发现较多为子宫、生殖道炎症引起的不孕。且多数为隐性子宫内膜炎、子宫颈炎及子宫颈增生，很少有输卵炎，除非该牛只有子宫撕裂史。生殖道炎症之所以引起不孕，是由于生殖道发炎危害了精子、卵子及合

子。同时，使卵巢的机能发生紊乱从而造成不孕。

对于隐性子宫内膜炎、子宫颈炎及增生的治疗，首次用消毒溶液冲洗子宫，配合中药治疗，间隔 10～15 天，根据观察到的分泌物情况选用青链霉素、庆大霉素、新霉素等抗生素来清洗子宫，对于慢性、隐性子宫内膜炎收到了良好效果，一般经过 1～2 个疗程，严重的 3～4 个疗程即可。

②体成熟过迟引起的不孕。在青年母牛配种时，会遇到满 15 月龄，甚至 18 月龄未见母牛发情。检查子宫、卵巢无器质性病变，卵巢质地柔软良好。该类牛多数体况不是很好，体格发育不良。这类牛多数是由于营养不良、饲养管理不当而引起的体成熟过迟造成的不孕。该类牛只往往体内因缺乏黄体素而表现为发情症状不明显或无发情表现。对于该类牛只可通过补充黄体素，促进子宫内膜增生及腺体生长，增强牛只对雌激素的敏感度加以治疗。运用注射黄体胴 100 毫克/次，连用 1 周为 1 个疗程。一般经过 1～2 个疗程即可在卵巢上摸到黄体，再停药 1～2 周，可见到母牛开始发情，治愈率达 95% 左右。

③母体抗精子特异性免疫反应引起的不孕。母牛引起特异性免疫反应的因素在于母牛经过多次授精后引起抗精子的特异性免疫反应。精子一旦与母体个体中的特异性抗体相互作用，其生物学活性将明显下降，失去受精能力，引起该类牛只长期不孕。对于该类牛只，经过临床检查确诊后，对母牛用抗生素清洗子宫体、子宫颈，同时采取停配 1～2 次的措施。

④激素紊乱性不孕。由于饲养不当、生殖道炎症、应激等，使生殖系统功能性异常、体内激素紊乱而使母牛的生殖机能受到破坏，常发生卵巢囊肿、卵巢静止、持久黄体等。

⑤常见的繁殖功能性障碍引起的不孕。在青年母牛中除卵巢静止外，其他疾病发生不多，而在青年母牛群中引起长期不孕的是母牛机体激素紊乱引发的不孕。针对这类牛群，首先每天把乳房中的牛奶挤净，发情后注射促黄体素（LHA）350 微克，以

后每天注射黄体酮 100 毫克，1 周为 1 个疗程，下一情期继续治疗，经过 2～3 个疗程，同时配合宫内抗生素清洗及中药治疗，能收到良好的效果，该类牛最后一次配种后马上注射一针常规量的促黄体素释放激素，效果更好。

2. 卵巢机能不全　奶牛卵巢功能不全是指包括卵巢功能减退、卵巢组织萎缩、卵泡萎缩及排卵异常等在内的，由卵巢功能紊乱引起的各种异常变化。奶牛卵巢功能不全可导致发情异常和不育。

（1）发病原因。奶牛卵巢功能减退时卵巢功能暂时受到扰乱，处于静止状态，不出现周期性活动；奶牛有发情的外表征候，但不排卵或延迟排卵。奶牛卵巢功能长期衰退时，可引起组织萎缩和硬化。此病比较常见，衰老奶牛更容易发生。奶牛卵巢功能不全很容易引起内分泌异常或失衡、靶组织缺乏激素受体等，从而造成牛的排卵异常导致不育。

（2）临床症状。奶牛卵巢功能不全导致的排卵异常包括不能排卵和排卵延迟两种。排卵延迟时，卵泡发育和奶牛的外表发情征候都与正常发情一样。但发情的持续期延长，可长达 3～5 天或更长。排卵延迟的情况比较难以诊断，进行连续系列直肠检查或超声检查具有一定的诊断意义。但如果操作不慎可能会引起卵泡提早破裂。如果在发情高峰和 24～36 小时连续两次的检查中，在同一卵巢上均可发现有同样的结构，则可诊断为排卵延迟。不排卵是奶牛卵巢功能异常的另一种表现形式，患病奶牛可表现发情行为，但不排卵，卵泡闭锁，这种情况常见于乏情及产后期的奶牛。有时卵泡并不萎缩，但随后黄体化，因此可比正常间隔时间短而发情，一般黄体化卵泡消失之后会出现正常的发情排卵。

（3）治疗措施。对卵巢功能不全的奶牛，必须了解其身体状况及生活条件，进行全面分析，找出主要原因，按照具体情况，采取适当的措施，才能收到好的疗效。加强饲养管理，增强卵巢功能。良好的饲养条件是保证奶牛生殖功能正常的基础，特别是对于过冬后消瘦乏弱的奶牛，更不能单独依靠药物催情，要从饲养管理方面着手，增加日粮中的蛋白质、维生素和矿物质的含量，增加放牧和日照时间，保持足够的运动量，减少使役和泌乳，以维持正常的生殖功能。

对症治疗生殖系统原发疾病，促进奶牛正常发情排卵。对患生殖系统或其他全身性疾病而伴发卵巢功能减退的奶牛，必须治疗原发疾病才能有效。

①肌内注射促卵泡素。每天或隔天 1 次，每次 100～200 国际单位，共 2～3 次。每注射 1 次后须做检查，无效时方可连续应用，直至出现发情征候为止。

②静脉注射绒毛膜促性腺激素。每次 2 500～5 000 国际单位。少数病例在重复注射时，可能出现过敏性变态反应，应当慎用。

③肌内注孕马血清或全血。妊娠 40～90 天的母马血液或血清中含有大量的马绒毛膜促性腺激素，其作用类似于促卵泡素，因而可用于催情。孕马血清粉剂的剂量按单位计算，牛肌内注射，每次 1 000～2 000 国际单位，可重复注射，但有时引起过敏性变态反应。

④雌激素类药物。该类药物对中枢神经及生殖道有直接兴奋作用，可以引起奶牛表现明显的外表发情征候，促使正常的发情周期得以恢复。治疗时可采用苯甲酸雌二醇，肌内注射，每次 4～10 毫克。

⑤补充维生素 A。对于冬春季节由于缺乏青饲料引起的卵巢功能减退，补充维生素 A 有较好的疗效。肌内注射，每天 100 万国际单位，每 10 天 1 次，注射 3 次后的 10 天内卵巢上即有卵泡发育，且可成熟排卵和受胎。

⑥中药方剂。

a. 增强卵巢功能的中药方剂。

处方 1：当归 50 克，川芎 35 克，桃仁 25 克，红花 25 克，玉片 25 克，枳实 25 克，三棱 35 克，莪术 35 克，大枣 50 克。将以上中药共研为细末，加入黄酒、红糖各 200 克，开水冲服。

处方 2：阳起石 75 克，淫羊藿 50 克，当归 40 克，川芎 40 克，白术 40 克，炙香附 50 克，熟地 75 克，肉桂 35 克，陈皮 200 克，煎水灌服，连用 3 剂。

b. 不排卵或排卵延迟的中药方剂。

处方 1：当归 40 克，川芎 40 克，红花 30 克，益母草 60 克，淫羊藿 40 克，阳起石 50 克，白芍 40 克，白术 40 克，香附 50 克，熟地 50 克，肉桂 30 克，陈皮 20 克。煎水灌服，连用 3 剂。

处方 2：当归 50 克，赤芍 40 克，淫羊藿 60 克，阳起石 40 克，菟丝子 40 克，补骨子 60 克，枸杞子 50 克，熟地 40 克，益母草 60 克，共煎水，隔日 1 剂，连用 3 剂。

3. 卵巢囊肿　卵巢囊肿分卵泡囊肿和黄体囊肿，是奶牛不育最重要的原因。黄体囊肿通常在一侧卵巢上，是单个组织壁厚的闭锁卵泡；卵泡囊肿在一侧或两侧卵巢上，有一个或数个而且壁薄的闭锁卵泡。卵泡囊肿比黄体囊肿多见。

（1）发病原因。一是奶牛缺乏运动；二是饲料中缺乏矿物质和维生素，尤其是缺乏维生素 E；三是脑下垂体和神经系统机能异常；四是患子宫内膜炎、卵巢炎和输卵管炎，微生物侵入卵泡造成卵细胞死亡而形成囊肿；五是患卵巢炎时妨碍排卵，易引起囊肿；六是输精操作不得当，消毒不严格也能造成被动发病。

（2）防治措施。

①预防措施。加强饲养管理，合理配合饲料，使各种营养成分达到奶牛生产需要。平时增加光照时间，增加运动量。

②治疗措施。

a. 垂体前叶促性腺激素，500～1 000 国际单位，皮下注射，隔 12 小时再注射 1 次；肌内注射黄体酮 50～100 毫克，每隔 2 天 1 次，连用 2～4 次。用甲硝唑液冲洗子宫，隔日 1 次，3 次为佳。

b. 臀部穿刺法，该法安全有效。选取臀中部肌内注射部位，直肠入手后向该处按压即可感到皮肤出现波动，另一手在该处触诊即可找到皮肤进入，骨盆腔最薄的地方为进针部位。对准穿刺点快速刺透皮肤进针 3～4 厘米，直肠入手检查局部，另一手持针头向盆腔推进，当达到腹膜时病牛有疼痛感觉，触摸进针处即可摸到针尖，推进针头使针尖进入盆腔 1 厘米深。将囊肿卵巢夹于两指间，再次检查波动中心部牵引到针尖处，两手配合刺入囊中，液体即喷射而出，稍用力压迫囊肿使液体全部流出即可。

4. 持久黄体 怀孕黄体或周期黄体超过正常时限而仍继续保持功能者，称为持久黄体。在组织结构和对机体的生理作用方面，持久黄体与怀孕黄体或周期黄体没有区别。持久黄体同样可以分泌孕酮，抑制卵泡发育，使发情周期停止循环，因而引起不育。

（1）发病原因。饲养管理不当，如饲料单纯、缺乏维生素和无机盐、运动不足等；子宫疾病，如子宫内膜炎、子宫积液或积脓、产后子宫复旧不全、子宫内有死胎或肿瘤等均可影响黄体的退缩和吸收，而成为持久黄体。

（2）临床症状。母牛发情周期停止，长时间不发情，直肠检查时可触到一侧卵巢增大，比卵巢实质稍硬。如果超过了应当发情的时间而不发情，须间隔 5～7 天，进行 2～3 次直肠检查。如果奶牛黄体位置、大小、形状及硬度均无变化，即可确诊为持久黄体。但为了与怀孕黄体加以区别，必须仔细检查奶牛子宫。

（3）防治措施。治疗奶牛持久黄体，应消除病因，促使黄体自行消退。为此，必须根据具体情况改进饲养管理，首先治疗子宫疾病。为了使奶牛持久黄体迅速退缩，可使用前列腺素（PG），前列腺素 5～10 毫克，肌内注射。一般 1 周内即可发情，配种即能受孕。也可应用氟前列稀醇或氯前列稀醇 0.5～1 毫克，肌内注射，注射 1 次后，一般在 1 周内即可奏效，如无效，可间隔 7～10 天重复 1 次。

5. 黄体囊肿 奶牛患黄体囊肿症在临床上时有发生，主要标志是奶牛长期不发情。直肠检查可发现卵巢上黄体囊泡多为一个，大小与卵泡囊肿差别不大。但是，黄体囊肿壁厚而柔软不紧张，压时有轻微的疼痛感。黄体囊肿存在的时间比卵泡囊肿长，如超过一个发情周期以上，检查的结果与上次相同，奶牛仍无发情表现，即可确诊为黄体囊肿。母牛患黄体囊肿如果长期不进行治疗，则可变成雄性化，可发育成雄性个体，试图爬跨其他母牛，但与"慕雄狂"不同，不接受其他牛爬跨。

治疗措施：

（1）对舍饲的高产奶牛应增加运动，减少挤奶量，改善饲养管理条件。

（2）绒毛膜促性腺激素 2 000～10 000 国际单位，一次肌内注射，静脉注射 3 000～4 000 国际单位即可。

（3）促黄体素 100～200 国际单位，用 5～10 毫升生理盐水稀释后使用。用药后 1 周未见好转时，可第二次用药，剂量比第一次稍加大。

（4）挤破囊肿法。将手伸入直肠，用中指和食指夹住卵巢系膜，固定卵巢后，用拇指压迫囊肿使之破裂。为防止囊肿破裂后出血，须按压 5 分钟左右，待囊肿局部形成凹陷时，即可达到止血的目的。

6. 子宫内膜炎

（1）发病原因。产房卫生条件差，临产母牛的外阴、尾根部污染粪便而未彻底洗净消毒；助产或剥离胎衣时，术者手臂、器械消毒不严，胎衣不下腐败分解，恶露停滞等，均可引起产后子宫内膜感染。

（2）临床症状。根据病理过程和炎症性质可分为急性黏液脓性子宫内膜炎、急性纤维蛋白性子宫内膜炎、慢性卡他性子宫内膜炎、慢性脓性子宫内膜炎和隐性子宫内膜炎。通常在产后 1 周内发病，轻者无全身症状，发情正常，但不能受孕；严重的伴有全身症状，如体温升高、呼吸加快、精神沉郁、食欲下降、反刍减少等。患牛拱腰、举尾，有时努责，不时从阴道流出大量污浊或棕黄色黏液脓性分泌物，有腥臭味，内含絮状物或胎衣碎片，常附着尾根，形成干痂。直肠检查，子宫角变粗，子宫壁增厚。若子宫内蓄积渗出物时，触之有波动感。

（3）防治措施。产房要彻底打扫消毒，对于临产母牛的后躯要清洗消毒，助产或剥离胎衣时要无菌操作。治疗奶牛子宫内膜炎主要是控制感染、消除炎症和促进子宫腔内病理分泌物的排出，对有全身症状的进行对症治疗。如果子宫颈未开张，可肌内注射雌激素制剂促进开张，开张后肌内注射催产素或静脉注射10％氯化钙溶液 100～200 毫升，促进子宫收缩而排出炎性产物。然后用 0.1％高锰酸钾液或 0.02％新洁尔灭液冲洗子宫，20～30分钟后向子宫腔内灌注青霉素链霉素合剂，每天或隔天 1 次，连续 3～4 次。但是，对于纤维蛋白性子宫内膜炎，禁止冲洗，以防炎症扩散，应向子宫腔内注入抗生素，同时进行全身治疗。对于慢性化脓性子宫内膜炎的治疗可选用中药当归活血止痛排脓散，组方为当归 60 克、川芎 45 克、桃仁 30 克、红花 20 克、元胡 30 克、香附 45 克、丹参 60 克、益母 90 克、三菱 30 克、甘草 20 克，黄酒 250 毫升为引，隔日 1 剂，连服 3 剂。

7. 流产　奶牛流产是怀孕奶牛的常发病，可发生在怀孕的各个阶段，但以怀孕早期较为多见。它不但使胎儿夭折，而且还引起奶牛生殖器官疾病而导致不育，甚至还可以引起奶牛的死亡。因此，必须重视奶牛流产的防治。

（1）发病原因。奶牛流产可概括为三类：普通流产、传染性流产和寄生虫性流产。每类流产又可分为自发性流产与症状性流产。自发性流产是由胎膜和胎盘异常、胚胎过多、胚胎发育停滞等造成的。症状性流产有时是由生殖器官疾病、饲养管理不当、损伤、医疗错误、传染性疾病造成的。

（2）临床症状。除隐性流产之外，其他的流产均不同程度地表现拱腰、屡做排尿姿势，自阴门流出红色污秽不洁的分泌物或血液，病畜有腹痛现象。

隐性流产：常在怀孕 40～60 天发生隐性流产，胎儿死亡后组织液化、胎儿的大部分或全部被母体吸收，常无临床症状。

排出未足月的胎儿：排出未经变化的胎儿，临床上称小产，此时胎儿及胎膜很小，多数在无分娩征兆的情况下排出胎儿；排出不足月的活胎，临床上称早产，有类似的正常分娩的征兆，但不太明显，常在排出胎儿前 2～3 天乳腺稍肿胀。

胎儿干尸化：胎儿死在子宫中，由于黄体存在，子宫颈闭锁，阴道中的细菌不能侵入、胎儿不腐败分解，以后胎儿及胎膜的水分被吸收，体积缩小变硬，犹如干尸。临床表现不明显，所以不易发现。若经常注意母牛的全身状况，则可发现母牛怀孕至某一时间后，怀孕的外表现象不再发展。直肠检查感到子宫呈圆球状，其大小依胎儿死亡时间的不同而异，且较怀孕月份应有的体积小得多。子宫壁紧包着胎儿，摸不到胎动、胎水及子叶。有时子宫与周围组织发生粘连，卵巢上有黄体，触摸不到怀孕脉搏。

胎儿浸溶：指胎儿死于子宫内，非腐败性微生物浸入，使胎儿软组织液化分解，排出红褐色或棕黄色的腐臭黏液及脓汁，且偶尔带有小短骨片，直肠检查发现子宫内有残存的胎儿骨片。

胎儿腐败分解：胎儿死于子宫内，腐败菌浸入，使胎儿软组织腐败分解，产生硫化氢、氨、二氧化碳等气体，积于胎儿软组织、胸腹腔内，病畜表现腹围增大，精神不振、不安、频频努责，从阴门流出污红色恶臭的液体，食欲减退，体温升高，阴道检查有炎症表现，子宫颈开张，触诊胎儿皮下有捻发音。

（3）治疗措施。

①对先兆流产的处理。孕畜出现轻微腹痛、起卧不安、呼吸脉搏稍加快等临床症状，但子宫颈黏液塞未溶解，即可能发生流产。处理的原则为安胎，可采取以下措施：

a. 肌内注射黄体酮：50～100 毫克，每天 1 次，连用数次。为防止习惯性流产，也可在怀孕的一定时间用黄体酮。

b. 给以镇静剂。对出现流产征兆的母畜，应及时采取保胎措施，制止母畜阵缩和努责，肌内注射盐酸氯丙嗪注射液，每千克体重 1～3 毫克。

c. 中药治疗。白术安胎散，开水冲服。先兆流产经上述处理，病情仍未稳定下来，阴道排出物继续增多，子宫颈已经开放，甚至胎囊已进入阴道或已经破水，流产已难避免，应尽快促使子宫内物排出。

②对于胎儿干尸化和浸溶的处理。可使用前列腺素制剂，继之或同时应用雌激素，溶解黄体并促子宫颈扩张。因为产道干涩，在子宫及产道内灌入润滑剂，以利于死胎排出。对胎儿浸溶，如软组织已基本液化，须尽可能将胎骨逐块取出，分离骨骼有困难时，须根据情况先将它破坏后再取出。取出干尸化及浸溶胎儿后，用消毒液或 5%～10%盐水冲洗子宫，并注射缩宫素。对于胎儿浸溶，必须在子宫内放入抗生素，同时给予全身治疗。

8. 妊娠浮肿　奶牛妊娠浮肿是指妊娠母牛皮下组织内潴留过多的渗出液，以四肢、乳房、外阴部、下腹部，甚至胸部等下垂部位水肿，且无热无痛。

（1）发病原因。由于妊娠后期，胎儿过度发育或胎儿过大，导致母体血液循环障碍而发生，是母畜产前的一种生理现象，若饲养管理失调、缺乏营养、运动不足、水肿会更严重，若继发心脏或肾疾患，则为病理现象。

（2）临床症状。浮肿先发生于后肢下端，渐渐发展到四肢、乳房、外阴部、下腹部，甚至达胸部等体表下垂部位，正常分娩后水肿会慢慢消失。浮肿部位无热、无痛，指压留痕。轻症除尿量减少，体温升高之外，缺乏其他机能障碍及全身症状。当病程发展，肿胀范围扩大时，发生器官变形，以致机能障碍。有时腹壁及乳房肿胀下垂，组织内压增高，伴有循环障碍，组织的抵抗力降低，当皮肤损伤转为炎症时，发展成为颇大的脓性浸润及坏死，当浮肿发生较早并发展较快时，常出现心脏和肾，及其他器官机能障碍。

（3）防治措施。

①改善饲养管理，限制饮水，减少精饲料和多汁饲料喂量，给予母牛丰富的、体积小的饲料，按摩或热敷患部，加强局部血液循环。

②促进水肿消散，可强心利尿。用 50％葡萄糖 500 毫升、5％氯化钙 200 毫升、40％乌洛托品 60 毫升混合静脉注射；20％安钠咖 20 毫升皮下注射；每天 1 次，连用 5 天。

③中药以补肾、理气、养血、安胎为原则，肿势缓者，可内服加味四物汤或当归散；肿势急者，可内服白术散。

9. 胎水过多　穿刺放水。在患畜右腹膨大明显处剪毛消毒，用兽药套管针直刺 13 厘米，第一次放出胎水约 40 升，第二次放出胎水约 20 升，胎水稍黏稠、清亮、无味。放出胎水后进行补液，静脉注射 5％葡萄糖 2 500 毫升、安钠咖 20 毫升，2 次/天，连用 2 天；同时，内服利尿轻泻剂。

10. 阴道脱　阴道壁的部分或全部内翻脱离原正常位置而突出于阴门之外，称为阴道脱。前者称不完全脱出，后者称完全脱出。

（1）发病原因。怀孕母牛年老经产、衰弱、营养不良、缺乏钙磷等矿物质以及运动不足，常会引起全身组织紧张性降低，怀孕末期，胎盘分泌的雌激素较多，或摄食含雌激素较多的牧草，可使骨盆内固定阴道的组织以及外阴松弛。在上述基础上，如同时伴有腹压持续增高的情况，如胎儿过大、胎水过多、多胎、瘤胃膨胀、便秘、腹泻、产前截瘫或患有严重软骨病不起的；以及产后努责过度等，压迫松弛的产道，都可造成部分或全部阴道脱出。

（2）临床症状。

阴道部分脱出：病初期母牛可见其阴门内或阴门外有一拳头大、粉红色球状物，站立时会自动缩回，如果脱出时间较长，黏膜充血肿胀，表面干燥，不能自行回缩。

阴道完全脱出：大多是由部分脱出引起，脱出的阴道呈球状或柱状，在其末端可见到子宫颈口。脱出部分黏膜初始呈粉红色，时间较长瘀血肿胀，呈紫红色肉冻状，表面常有污染的粪便，进而出血、干裂坏死等。严重可继发感染甚至死亡。

（3）治疗措施。当站立时阴道不能回缩或阴道完全脱出时，应进行整复固定，并配合药物治疗。将病牛以前低后高的姿势站立并保定。用0.1%高锰酸钾溶液将脱出阴道清洗消毒，去掉坏死组织，有较大外伤的要进行缝合并涂上消炎药，若脱水严重应用2%明矾水冷敷，挤出水肿液用消毒的湿纱布包盖脱出的阴道，趁病牛不努责时将其送回，再涂上抗生素软膏，为防止阴道再次脱出，应进行阴门缝合或坐骨小孔缝合。

11. 子宫复旧不全 奶牛子宫复旧不全是指奶牛产后1～2个月子宫尚未恢复原状，这是奶牛不孕的原因之一。

治疗措施：用缩宫素（也称催产素）50～100国际单位，一次肌内或皮下注射，以促使子宫收缩和子宫腺体大量分泌，达到冲洗子宫的目的。然后用青霉素160万单位、240万单位、链霉素100万单位和50毫升稀释液注入子宫。青霉素和链霉素可以诱导子宫肌血管大量释放白细胞，吞噬子宫表体细菌及残留破碎组织，从而起到净化子宫、增强子宫免疫力的作用，使子宫很快复原。

12. 子宫脱

（1）发病原因。有以下几种可能：胎儿过大，畸形，双胎造成子宫过度扩张引起子宫和韧带弛缓；营养不良，运动不足或年老体弱子宫收缩无力；母牛分娩努责过强或产道损伤频发努责或助产不当强行拉出胎儿，一般刚产犊的母牛应立即驱赶起立，防止继续努责，引起宫脱。

（2）临床症状。从阴门脱出长椭圆形的袋状物、往往下垂至跗关节下方、其末端有时分2支，有大小2个凹陷。脱出的子宫表面有鲜红色乃至紫红色的散在的母体胎盘、时间较久、脱出的子宫易发生瘀血和血肿、受损伤及感染时可继发大出血和败血症。

（3）防治措施。子宫脱必须采取整复，根据病情轻重程度，采取不同方法进行治疗，如脱出时间不长，脱出部分较少，色泽鲜艳无损伤，经清水洗涤干净，再用 $0.1\%\sim0.5\%$ 高锰酸钾溶液冲洗后，用手轻轻将其推入子宫腔即可。脱出时间长，发生水肿、瘀血、硬化，必须先用消毒针头在脱出部分水肿处针刺放出水肿液，同时用 5% 新洁尔灭冲洗，一边用平直手指进行挤压，挤掉其中的瘀血及水肿液，直至它变软缩小，整复时保护黏膜和子叶，滞留在子宫上的胎膜应剥离掉，如果子叶、黏膜坏死变质，表面结痂渗有异物，都要彻底清除至见鲜肉为止，在清除时必须胆大心细，切勿损伤子宫深层血管，以防失血过量死亡。整复前先进行保定和麻醉，将患牛牵到不能转身的保定栏内进行保定，将充分洗干净的子宫涂上青霉素，助手将子宫托起，定于阴门，术者双手托住靠近阴门的子宫颈，手指平直使劲往阴门内挤压，母畜努责时用力，努责停止再迅速往里挤压，靠近阴门部分推入后和助手共同往里推送。直到把脱出部分全部推入阴门，送进骨盆腔内，并平展其皱襞。最后应加栅状阴门托或绳网结以保定阴门，或加阴门锁，或以细塑料线将阴门作稀疏袋口缝合。经数天后子宫不再脱出时即可拆除。

护理：子宫脱出后应注意栏舍清洁卫生，减少污染和损伤，应有良好饲养管理，喂给易消化高营养的饲料。肌内注射青霉素 160 万单位×8 支（1 天 2 次）连续 5 天即可。

13. 胎衣不下　胎衣不下，是指母牛产出胎犊后，在一定时间内，胎衣不能脱落而滞留于子宫内，就称胎衣不下，又称胎衣停滞。奶牛产后 10 小时内未排出胎衣，就可认为是胎衣不下。此病多发生于第六胎以上、年产奶量为 7 000 千克以上的牛。夏季比冬季发病率高，一般其发病率为 $12\%\sim18\%$。

（1）临床症状。根据胎衣在子宫内滞留的多少，可分为全部胎衣不下或部分胎衣不下。

①全部胎衣不下。是指整个胎衣停留于子宫内，多由于子宫堕垂于腹腔或脐带断端过短所致。故外观仅有少量胎膜悬垂于阴门外，或看不见胎衣。一般患牛无任何表现，仅见于一些头胎母牛有举尾、弓腰、不安和轻微努责症状。

②部分胎衣不下。是指大部分胎衣垂附于阴门外，少部分粘连。垂附于阴门外的胎衣，初为粉红色，后由于受外界的污染，其上黏有粪末、草屑、泥土等。子宫颈开张，阴道内有褐色稀薄而腐臭的分泌物。残留于子宫内的胎衣，只有在检查胎衣时或经3～4天后，由阴道内排出腐败的、呈灰红色、熟肉样的胎衣块时才被发现。

通常初期胎衣不下，对奶牛全身影响不大，食欲、精神、体温都正常。滞留的胎衣腐败分解，从阴道内排出污红色恶臭液体，内含腐败的胎衣碎片，病牛卧下时排出的多。此时，由于感染及腐败胎衣的刺激，发生急性子宫内膜炎。腐败分解产物被吸收后，出现全身症状。病牛精神不振、拱背、常常努责，体温稍高，食欲及反刍略微减少；胃肠机能扰乱，有时发生腹泻、瘤胃弛缓、积食及膨气。

（2）治疗措施。

①药物疗法。

a. 全身用药，促进子宫收缩。静脉注射 20％葡萄糖酸钙、25％葡萄糖液各 500 毫升，每天 1 次。一次肌内注射垂体后叶素 100 国际单位，或麦角新碱 20 毫升。在产后 12 小时以内注射效果较好。

b. 子宫注入高渗液，促过胎儿胎盘与母体胎盘分离。一次灌入子宫 10％高渗盐水 1 000 毫升，其作用是促使胎盘绒毛脱水收缩，从而由子宫阜中脱落；高渗盐水还有促进子宫收缩的作用。但注入后须注意使盐水尽可能完全排出。

c. 放置抗生素，防止胎衣腐败及子宫感染。将土霉素 2 克或金霉素 1 克，溶于 250 毫升蒸馏水中，一次灌入子宫，隔天 1 次，经 5～7 天，胎衣会自行分解脱落。药液可一直灌至子宫阴道分泌物清亮为止。

②手术疗法。目前，牛场多采用胎衣剥离并同时灌注抗生素的方法。胎衣易剥离的，则采用剥离法；若不易剥时，不应强硬剥离，以免损伤子宫，引起感染。体温升高的病畜，说明子宫已有炎症，不可进行剥离，以免炎症扩散，加重病情。剥离后可隔天灌注金霉素或土霉素。

五、乳房疾病

1. 乳房炎

（1）奶牛乳房炎的分类。奶牛乳房炎根据临床表现可以分为隐性乳房炎和临床乳房炎。隐性乳房炎肉眼看不见其乳汁变化，不显任何乳临床症状，但用细菌学检查和生物化学检查已经发生明显变化。奶中体细胞计数在 20 万～50 万个/毫升。这类乳房炎发病率远高于临床型，危害最大；临床型乳房炎，乳房和乳汁均用肉眼可见其异常症状。乳房间质、实质或两者都发炎，临床上表现为乳汁变性、乳汁内混有凝块、血液或脓液，乳房肿大、质硬、温热、疼痛等症状。

根据其炎症性质的不同，又可分为浆液性乳房炎、卡他性乳房炎、纤维蛋白性乳房炎、脓性乳房炎、出血性乳房炎、蜂窝织炎性乳房炎等。

（2）奶牛乳房炎的发病原因。

①微生物因素。引起奶牛乳房炎的病原微生物主要是多种非特定的微生物，各种微生物的感染程度因地区不同而异，其中有多种细菌、病毒、支原体。病原微生物浸入乳头管引起乳房炎是人们公认的主要途径。

②环境因素。奶牛乳房炎传播的主要途径是通过接触感染。如牛舍尘埃多、不清洁、不消毒；牛粪堆积门外或堆积在排尿沟

内；牛床潮湿，挤奶时随意将头几把奶挤在牛床上，又不及时冲洗、消毒；没有运动场或运动场泥泞，排水不良，浊水积聚；一块毛巾擦洗很多牛，或用于擦洗手臂上的牛粪；真空泵调节器不清洁，或挤奶器上的橡皮管未经常更换，或清洗挤奶器不加任何消毒剂等。

③挤奶技术。若挤奶员挤奶技术不熟练或技术不当，会使乳头黏膜上皮受损伤；机器挤奶时间过长，负压过高或抽动过速，也会损伤乳头皮肤和黏膜；挤奶前手不干净、未挤净乳汁等都给细菌侵入乳房创造条件。

④饲养管理。对于高产奶牛，高能量、高蛋白质的日粮有利于保护和提高产奶量，同时也增加了乳房的负荷，使机体的抵抗力降低，而一定量的维生素和矿物质在抗感染中能起重要作用。如补充亚硒酸钠、维生素 E、维生素 A 会降低乳房炎的发病率。

（3）奶牛乳房炎的发生规律。乳房炎发病率存在季节性差异，不同季节和月份奶牛隐性乳房炎发病率差异极显著。9 月最高，而以 2 月最低，且气温的变化与阳性牛检出率和阳性乳区检出率之间呈正相关关系；不同乳区乳房炎发病率存在差异，前乳区的隐性乳房炎发病率显著高于后乳区，左乳区发病率高于右乳区；不同年龄的奶牛乳房炎发病率存在差异，随奶牛年龄的增长而增加，随胎次的增加，奶牛的乳房炎的阳性率呈上升趋势。

（4）奶牛乳房炎的检测与诊断。

①临床型乳房炎的诊断。临床型乳房炎症状明显，根据乳汁和乳房的变化，就可以做出诊断。临床型乳房炎的患病乳区出现红、肿、热、痛等症状，拒绝人工挤奶。乳汁出现絮状物，乳汁分泌不畅并且明显减少，严重者肿胀疼痛明显，食欲减退，产奶量大减或产奶停止，乳汁中出现血液、絮状凝块。

②隐性乳房炎的诊断。隐性乳房炎由于不表现任何症状往往难以诊断。具体诊断方法有以下几种：

a. 乳汁细胞检查。

第一，乳汁体细胞直接计数（SCC）检验的方法。白细胞分类计数的刻度管检验法、直接显微镜细胞计数（DMSCC）法、荧光电子细胞计数法、DHI计数法。

第二，乳汁体细胞间接计数（SCC）法、兰州乳房炎检验（LMT）法、杭州乳房炎检测（HMT）法、吉林乳房炎试验（JMT）、北京乳房炎试验（BMT）。若混合物呈蓝紫色，说明被检乳呈弱碱性；若混合物呈橙黄色，说明检乳呈酸性反应。混合物液状，杯底无沉淀物可见为（－）；混合物液状，杯底出现微量沉淀为（±）；杯底出现少量沉淀，但不呈现胶状，流动性大，沉淀物散布于杯底，并有一定黏附性为（＋）；杯底出现较多黏稠胶状沉淀，并黏附于杯底，旋转检验盘，胶状物有聚中倾向为（＋＋）；混合物几乎完全形成胶状物，并黏附于杯底，旋转检验盘时，难以散开为（＋＋＋）；混合物立即形成胶状物，凸起，出现夹心奶为（＋＋＋＋）。

第三，4％氢氧化钠凝乳法。在有黑色背景的载玻片上，滴入被检乳（鲜乳或冷存2天内的乳）5滴，加入4％氢氧化钠溶液2滴，搅拌均匀，判定。若形成微灰色不透明沉淀物为（－），沉淀物极微细为（±），反应物略透明，有凝块形成为（＋＋），反应物完全透明，全呈凝块状为（＋＋＋）。

b. 乳汁pH的检查。乳房炎乳汁的pH呈碱性，碱性的高低决定于炎症的程度。因此，可以通过检测乳汁pH的方法来检测乳房炎。

c. 溴麝香草酚蓝（BTB）法。BTB法是根据乳房炎时乳汁的pH上升，测定乳汁pH可判定是否为隐性乳房炎。

d. 乳房炎试纸法。试纸法最早由JOSHIS等（1976）报道使用，是现在美国、德国、法国等许多国家作为监测隐性乳房炎的主要措施。国内，王安林等于1985年研制出奶牛乳房炎试纸并在我国养牛业中应用。日本还研制了BPB滤纸片诊断乳房炎的方法，张蔓茹等于1988年对此法进行改进，获得了全乳诊断准确、快速、灵敏的结果。

e. 其他方法。

第一，乳汁电导率法。隐性乳房炎的乳汁的电导率均高于正常值，但不同的个体及不同的饲养管理状况，乳汁电导率变化较大，因此判断隐性乳房炎的关键是确定不同牛群正常乳汁的阈值。日本率先生产出便携式袖珍电子诊断仪。1983年，山西农业大学郝庆铭推出 SX-1 型乳房炎诊断仪：这种仪器不但能区分健康乳、可疑乳、隐性轻度乳、中度乳、重度乳五类乳汁，还可初步测定乳汁的成分。CN 乳房炎诊断仪：除了能区别上述五类乳外，对健康乳还能区分最佳健康乳、一般健康乳和次健康乳，它体积小、重量轻，可在牛旁进行测定。西北农林科技大学根据正常奶和异常奶的主要理化性状及生物液体的特征研制而成的 XND-A 型奶检仪，是以电导电极为传感器的便携式奶检仪，它体积小，能快速、准确、综合地检出掺假加水奶、酸败奶和乳房炎奶。

第二，酶检验法。不同的乳房炎病原微生物感染乳腺时呈现不同的酶象变化，与阴性感染的乳腺相比，LDH、ACP、GOT 和 GPT 的活性均增加。这些都为间接诊断隐乳、判断有关的乳腺损害程度提供了科学依据，可以作为诊断隐乳和乳腺损害程度的一个重要指标。另外，N-乙酰 B-D-氨葡萄糖苷酶（NAGASE）的检验在检验奶牛乳房炎时也常使用。

第三，乳清电泳诊断法。根据健康、可疑和隐乳的乳清蛋白质含量的变化规律与电泳图谱的直观结果相一致，可直接根据乳清电泳图谱变化而判断奶牛是否患隐性乳房炎。

（5）实际生产中应用。应以预防为主、实行防治结合的原则，以减少奶牛乳房炎的发生。遵循正确的挤奶程序，创造良好的环境，采取科学的饲养管理方法，是减少乳房炎的重要措施。

①良好的环境。卫生较差的环境是微生物生长繁殖的重要场所，也是隐性乳房炎感染的重要途径，因此，保持良好的环境卫

生防止细菌的繁殖是预防的关键。具体应该做到：牛舍、运动场要清洁、干燥，及时清理粪便、积水、泥泞。垫草应干、软、清洁、新鲜，并且要经常更换。要定期对牛舍和运动场进行消毒（可每隔15天用消毒液喷雾消毒一次），乳房炎高发季节应加强消毒。保证有一个清洁卫生的环境，使畜舍通风良好、向阳性好。经常刷拭牛体，保持乳房清洁。对较大的乳房，特别是下垂的乳房，要注意保护，免受外伤。注意产后护理，尽量减少排出的恶露污染畜体的后躯。做好夏防暑冬保暖的工作，减少应激反应，使奶牛生活在舒适、安静的环境中。

②加强科学的饲养管理。根据奶牛的营养需要，注意规范化饲养，给予全价日粮，各生产阶段精粗饲料搭配要合理，全面供应，建立青绿饲料轮供体系，增加青绿、青贮料的饲喂量，以奶定料，按奶给料。禁用变质饲料。维持机体最佳生理机能。

停奶后要注意乳房的充盈及收缩情况，发现异常应立即检查处理；在停奶后期和分娩前，应适当减少多汁和精料的饲喂量，以减轻乳房的膨胀，在分娩后乳房过度膨胀时，除采取上述措施外，还应酌情增加挤奶1～2次，控制饮水与增加放牧次数。

在干奶期开始，7周添加维生素E 0.1毫克/千克的硒，在干奶期的后2周日粮中添加高含量维生素E，对乳房健康有实质性的改善作用。都可以提高机体抵抗病原微生物的能力，降低乳房炎的发病率。

③正确的挤奶程序。良好的挤奶操作规程是预防隐性乳房炎的主要措施之一，因此，必须严格遵守。挤奶之前应将牛床及走道打扫干净，并将牛体后部刷擦干净。挤奶员要固定，注意手的卫生，并定期进行健康检查。先挤头胎牛或健康牛的奶，后挤有乳房炎的奶牛的奶。对患临床型的乳房炎的乳区停止机器挤奶。有乳房炎牛的奶，一定要挤入专用的容器内，集中处理，不得随意乱倒，以免交叉感染。头几把奶应挤在准备好的专用桶内，禁止挤在牛床上。整个过程要轻柔、快速，一般在15～20秒完成。

挤奶前的乳头药浴，挤奶前用消毒药浸泡乳头（或喷雾消毒），然后停留 30 秒，然后用单独的消毒毛巾或纸巾擦干。消毒药液可选用 3% 次氯酸钠、0.5% 洗必泰、0.1% 雷夫奴耳、0.1% 新洁尔灭等，现用现配。应注意经常更换消毒液，以免菌株产生耐药性而影响消毒效果。

挤奶工人要经过训练，穿干净的工作服，挤奶前双手洗净消毒，手工挤奶应采取规范的拳握式，严禁使用滑榨法，避免用 3 个手指粗暴地捋乳头。人牛配合、保持安静防止乳头损伤，减少应激反应。手工挤奶应尽量缩短挤奶时间，以免造成乳头损伤，挤奶前要严格做好挤奶机的管道、乳杯及其内鞘的清洗消毒。操作时要维持机器的正常功能，挤奶器应保持 43.9～50.6 千帕负压，频率每分钟 60～70 次。不要跑空机，挤奶后要严格进行乳头药浴。

挤奶后乳头药浴是控制乳房炎的有效方法，挤完奶 15 秒后乳头括约肌才能恢复收缩功能，关闭乳头。在这 15 秒内张开的乳头孔极易受到环境性病原菌的侵袭，故挤奶后乳头应立即进行消毒，使消毒液附着在乳头上形成一层保护膜，可大大降低乳房炎的发病率。所以，每次挤奶后应进行药浴。药浴常用药物与挤奶前用药物一样。药浴时将乳头在药液中浸泡 0.5 分钟，并长期坚持对防治乳房炎是行之有效的。

④定期检查。加强对乳房炎的监控，每天对每头成年牛进行奶牛隐性乳房炎检测，发现后及时进行治疗，患牛与健康牛分开饲养。对那些长期 CMT 阳性、乳汁表现异常、产奶量低、反复发作、长时间医治无效的病牛，要坚决淘汰。以免从奶中不断排出病原微生物，成为感染源。干奶前 10 天进行隐性乳房炎监测，对阳性反应在"＋＋"以上的牛及时治疗，干奶前 3 天再监测一次，阴性反应才能停奶。

⑤接种乳房炎疫苗。乳房炎疫苗是一种特效疫苗，能有效预防乳房炎，特别是隐性乳房炎的发生。

⑥干奶期预防。母牛干奶期是乳房炎控制中最有效的时期。干奶期预防，是目前乳房炎控制中消除感染最有效的措施，在干奶前最后挤奶后，向每个乳区注入适量的抗生素，这不仅可以有效地治疗泌乳期间遗留下的感染，而且还可预防干奶期间新的感染。目前主要是向乳房内注入长效抗菌药物，可杀灭病原菌和预防感染。国际上常用长效抗生素软膏。药液注入前要清洁乳头，乳头末端不能有感染。

⑦药物预防。每头奶牛日粮中补硒2毫克或0.74毫克维生素E，都可以提高机体的抗病能力和生产能力，降低乳房炎发病率。对奶牛饲喂适量的几丁聚糖，不但能控制隐性乳房炎的感染，而且能提高产量。在泌乳期，按每千克体重7.5毫克盐酸左旋咪唑内服1次，分娩前1个月内服效果较好。同时，盐酸左旋咪唑为驱虫药，具有免疫调节作用，可以帮助牛恢复正常的免疫功能，同时可以促进乳腺的复原。

⑧避免应激。引起奶牛应激的因素很多，如妊娠、分娩、不良气候（包括严寒、酷暑等）、惊吓、饲料发霉变质等，它们都可使奶牛发生应激反应，这在一定程度上都会影响奶牛的正常生理机能，致使隐性乳房炎发病增多。为此，要尽量避免这些不良因素的发生，使奶牛在最佳的环境中。

⑨其他。加强对其相关病的治疗，如奶牛结核病、子宫内膜炎、胎衣不下等，这些疾病有时可继发乳房炎。对新调入的奶牛要隔离观察，确定为无任何疾病的才能并群。防止因自身压迫而产生乳房炎；外出放牧应带乳罩，防止刺伤乳房；控制奶牛互相顶架，杜绝各种致病因素。

（6）奶牛乳房炎的治疗。乳房炎的种类繁多，致病因素各异，对奶牛乳房炎要早期诊断查明发病原因和类型，根据不同类型采用不同方法。以杀灭病原菌、控制感染、减轻和消除炎症、改善奶牛全身状况、防治败血症为原则。

①抗菌药疗法。抗菌药是防治奶牛乳房炎的一种有效手段，

特别是在急性、多发性和亚急性乳房炎治疗，控制奶产品质量上或作为综合防治中的一个重要组成部分，具有重要应用价值。但随着抗菌药大量广泛使用，耐药菌株也越来越多，使得常用药物疗效下降，特别是对金黄色葡萄球菌治愈率较低。氟诺酮类是新型的化学合成药物，具有抗药谱广、抗菌活性强、体内分布广泛、副作用小，与其他抗菌药无交叉耐药性等特点。半合成青霉素类，如氨苄西林和舒巴钠合剂的生物利用度高，尤其耐酸耐酶、抗菌谱广、对耐药金黄葡萄球菌作用强。注入药物时必须在对乳导管、乳头、术者手均消毒的情况下，先挤净患乳区乳汁，然后经乳头管注入药物。

②封闭疗法。一是全身封闭，如 0.25%～0.5%普鲁卡因200～300 毫升静脉注射，以减轻患乳区疼痛，加速炎灶的新陈代谢。二是局部封闭。会阴部封闭将牛尾拽向一侧，在阴唇下连合处消毒。以左手推送下连合，并触到坐骨切迹；以右手持针，沿坐骨切迹中央刺入，深度 15～20 厘米，注射 3%普鲁卡因15～20 毫升。乳房基底部封闭，若封闭前 1/4 乳区，先向前下方推压乳叶，针在乳叶前侧方（乳叶侧方与前方交界处），乳房与腹壁形成的沟中，沿腹壁向对侧膝关节方向刺入 8～10 厘米，每叶注入 0.25%～0.50%奴夫卡因 150～200 毫升。若封闭在后1/4 乳区，针在距乳房中线与乳房基部后缘相交点侧方 2 厘米入，沿腹壁向前下方，对着同侧腕关节刺入，深度 8～10 厘米，药量同前叶。

③中草药疗法。乳制品中药物残留问题越来越引起人们的重视，中草药作为天然药物，比化学药物的毒副作用相对要小，且许多中草药还是很好的免疫调节剂。中草药在治疗乳房炎上有清热解毒、消肿散结、活血祛瘀、通经下乳的疗效。

④物理疗法。目的是减少炎性渗出和促进渗出物吸收，消炎止痛。

a. 热敷法。30 分钟 1 次，每天 2～3 次，以改善血液循环，促进炎症物质的吸收。

b. 红外线或紫外线疗法。用"维康灯"照射患部（分 4～5 个点照射，每点照射 5 分钟左右，照射时距患处 30 厘米左右），每天 2 次，每次 30 分钟；配合中草药。采用上述两种方法治疗，7 天治愈。

c. 激光疗法。用氦氖激光照射，小功率氦—氖激光对动物机体有扩张血管、疏通经络、促进血液循环、加速新陈代谢及增强机体抵抗力等功能。

d. 乳房按摩。每天 2～3 次，每次 10～15 分钟。浆液性乳房炎自下而上，卡他性乳性与化脓性乳房炎自上而下，但纤维素性、出血性、蜂窝炎性乳房炎禁忌按摩。

e. 增加挤奶次数，以排出变质奶、病原菌和细菌毒素。减少对乳腺的刺激及病原的扩散。

⑤外科疗法。对化脓性乳房炎，如脓肿浅时宜切开排脓，对深在性脓肿，应先抽出脓液，然后再注入抗生素治疗。

⑥乳头药浴。乳头药浴可以杀灭乳头端及乳头管内病原菌，是防治乳房炎行之有效的方法。浸泡乳头的药液，要求杀菌性强、刺激性小、性能稳定、价廉。常用药物为洗必泰、新洁尔灭等。其中，以 0.3%～0.5% 洗必泰效果最好。每次挤完后，将乳头浸浴在药液中，但在寒冷干燥的冬季要停止使用，以防乳头皲裂或冻伤。

⑦抗寄生虫药的试用。盐酸左旋咪唑是驱虫药，具有免疫活性。用其治疗奶牛隐性乳房炎效果较好，隐性乳房炎阳性比例由 42% 降至 8%，治愈率达 80%。试验结果证明，盐酸左旋咪唑对奶牛隐性乳房炎不仅有很好的治疗效果，而且还有很好的预防作用。

⑧局部外用药物疗法。炎症初期用 2% 硼酸溶液、1%～3% 醋酸铅溶液、5%～10% 胆矾溶液、布劳氏液（醋酸铅 2 份、明矾 1 份、水 40 份）等在患部冷敷。

⑨鲜奶疗法。将新鲜的牛奶 100～200 毫升灌注入病区乳腺，1～2 小时后挤出，再重复 1 次，1 天 2 次，一般的不是很严重的临床性乳房炎可以使用这种方法。

⑩拉津-新碘制剂。俄罗斯学者从 1991—1996 年成功研制并应用了拉津-新碘制剂。其中，拉津水溶剂是一种含不同电荷粒子的活性碘形式之复杂体系，有效治愈乳房炎 94%～99%。

2. 乳房浮肿　乳房浮肿是奶牛的一种围生期代谢紊乱性疾病。该病一般无全身症状。

（1）发病原因。淋巴回流受阻，毛细管流体静压升高，渗透性增加，肌体内分泌功能增强；分娩前高精料饲养，矿物质比例失调，肌体抗氧化功能异常，内毒素代谢紊乱。

（2）临床症状。整个乳房或部分乳房发生水肿，皮肤发亮，无痛，似面团状，用手指按压时出现凹陷。浮肿的乳头变得粗而短，挤奶困难，发病较重时乳房往往下垂，致后肢张开站立，运动困难，易造成损伤。奶牛乳房水肿极肿时产奶量显著下降，引起乳腺萎缩。

（3）防治措施。

①严格控制精料喂量，一般在临产前日喂量控制在 4～6 千克。

②限制食盐的用量，用量一般占全价日粮的 1%。

③精料应营养均衡，最好使用产前料。给病牛进行乳房按摩，每天 3 次，每次 15 分钟，按摩后热敷乳房。也可肌内注射速尿（呋噻咪），每次用量为 200 国际单位，连用 2 次。也可用 25% 的葡萄糖溶液 500 毫升、10% 的葡萄糖酸钙溶液 500 毫升或 5% 的氯化钙溶液 250 毫升、10% 的安钠咖 30 毫升，一次静脉注射，连注 3 天。中药可用车前草鲜喂。

六、蹄病

奶牛蹄病是奶牛生产中的常见病，轻则引起奶牛跛行，重则引起奶牛瘫痪，如不加以重视，则会增加生产成本，降低经济效益。临床上主要有蹄变形和腐蹄病两种，下面略做简要介绍：

1. 蹄变形 指蹄的形状发生改变。由于蹄变形发生后所呈现的形状不同，临床上可分为长蹄、宽蹄、翻卷蹄 3 种。

（1）发病原因。

①日粮配合不平衡，矿物质饲料钙、磷供应不足或比例不当，导致奶牛机体钙、磷代谢紊乱，钙磷比例失调，引起蹄变形。

②蹄变形病与奶牛的产奶量有一定关系。一般单产高的牛发病率较高。主要是因为养殖户为了追求产奶量，在饲料中过量增加精饲料的喂量，粗饲料采食过少、品质太差，饲料精粗比例不当，使奶牛机体长期处于酸中毒状态，引起蹄叶发炎，导致蹄变形。

③饲养管理不当。牛舍阴暗、潮湿，运动场泥泞，粪尿清扫不及时，牛蹄长期在粪尿和泥水中浸泡，致使蹄角质变软、变形。生产中不重视牛蹄保护，不定期修剪，也易引起蹄变形。

④蹄变形与公牛的遗传性有关。如果公牛有先天蹄变形，则后代也极易罹患该病。

（2）临床症状。

①长蹄。即延蹄，指蹄的两侧支超过了正常蹄支的长度，蹄角质向前过度伸延，外观呈长形。

②宽蹄。蹄的两侧支长度和宽度都超过正常蹄支，外观大而宽，故又称为"大肢板"。此类蹄角质部较薄，蹄踵部较低，在站立时和运步时，蹄的前缘负重不实，向上稍翻，返回不宜。

③翻卷蹄。蹄的内侧支或外侧支蹄底翻卷。从蹄底面看，外侧缘过度磨损，蹄背部翻卷已变为蹄底，靠蹄叉部角质增厚，磨灭不整，蹄底负重不均，往往见后肢跗关节以下向外侧倾斜，呈"X"状。严重的病牛两后肢向后方伸延，病牛弓背、运步困难，呈拖曳式，称为"翻蹄亮掌、拉拉跨"。

（3）诊断方法。根据临床表现，即蹄的变形情况，即可确诊。

（4）防治措施。药物治疗不可能使变形蹄恢复正常，临床上常采用修蹄疗法，根据蹄变的程度不同采用相应方法给予修整。因此，防治该病的关键在于搞好预防。生产中应注意加强奶牛的饲养管理，充分重视蛋白质、矿物质的供应。根据奶牛的泌乳状况，合理配制日粮，特别是高产奶牛应根据其产奶情况，随时进行调整和补充。一旦蹄形开始变化可注射维生素 D_3，日粮中补加钙粉，以阻止其恶化。钙磷比例一般以 1.4：1 可获得磷钙代谢的正平衡。

一般产头胎的母牛过度产奶（超过 6 000 千克）时发病较多，故不宜偏食偏喂，单纯追求高产。如奶牛因高产而出现弓背、拉跨等现象，并且是初发病牛，应提前停奶，以促使肌体恢复。

同时，还应注意定期给奶牛修蹄。为防止蹄被粪、尿、污物浸泡，应使牛蹄经常保持干净（冬天干刷，夏天湿刷），运动场要及时清扫和保持干燥，每年应对全群牛普查蹄形，建立定期修蹄制度。凡变形蹄，一律进行修整，每年 1～2 次。为防止牛蹄感染，修蹄不宜在雨季进行。切实加强种公牛的选育工作，凡奶牛蹄变形与公牛有关者，可考虑不再使用该公牛配种。

2. 奶牛腐蹄病　奶牛腐蹄病是指蹄的真皮和角质层组织发生化脓性病理过程的一种疾病，其特征是真皮坏死与化脓，角质溶解，病牛疼痛，跛行。

（1）发病原因。

①奶牛发生的四肢病，为一种磷、钙代谢紊乱引起的钙、磷代谢病。日粮中钙、磷供应不足，钙磷比例不当［应为（1.25～1.35）：1］，可能是造成蹄病发生的主要原因之一。

②管理不当，运动场泥泞潮湿，修蹄不定期。

③坏死杆菌、化脓性棒状杆菌的感染。

（2）临床症状。腐蹄病主要表现为两种形式：

①蹄趾间腐烂。奶牛蹄趾间表皮或真皮的化脓性或增生性炎症，蹄部检查发现蹄趾皮肤充血、发红肿胀、糜烂。有的蹄趾间腐肉增生，呈暗红色，突于蹄趾间沟内，质度坚硬，极易出血，蹄冠部肿胀，呈红色。病牛跛行，以蹄尖着地。站立时，患肢负重不实，有的以患蹄频频叩地或蹭腹。犊牛、育成牛和成年牛都有发生，但以成年牛多见。

②腐蹄。腐蹄为奶牛蹄的真皮、角质部发生腐败性化脓，表现在两蹄支中的一侧或两侧。四蹄皆可发病，以后蹄多见。成年牛发病最多。全年都有发生，以7～9月发病最多。病牛站立时患蹄球关节以下屈曲，频频换蹄、打地或踢腹。前肢患病时，患肢向前伸出。

蹄变形，蹄底磨灭不整，角质部呈黑色。如外部角质尚未变化，修蹄后见有污灰色或污黑色腐臭脓汁流出，也有的患牛由于角质溶解，蹄真皮过度增生，而肉芽突出于蹄底之外，大小由黄豆大到蚕豆大，呈暗褐色。炎症蔓延到蹄冠、球关节时，关节肿胀，皮肤增厚，失去弹性，疼痛明显，步行呈"三脚跳"。化脓后，关节处破溃，流出乳酪样脓汁，病牛全身症状加剧，体温升高，食欲减退，产奶量下降，常卧地不起，消瘦。

（3）防治措施。

①治疗措施。

a. 蹄趾间腐烂。以10％～30％硫酸铜溶液，或1％来苏儿水洗净患蹄，涂以10％碘酊，用松馏油涂布（鱼石脂也可）于蹄趾间部，装蹄绷带。如蹄趾间有增生物，可用外科法除去，或以硫酸铜粉、高锰酸钾粉撒于增生物上，装蹄绷带，隔2～3天换药1次，常于2～3次治疗后痊愈，也可用烧烙法将增生肉芽烙去。

b. 腐蹄。先将患蹄修理平整，找出角质部腐烂的黑斑，用小刀由腐烂的角质部向内深挖，直到挖出黑色腐臭脓汁流出为止，然后用 10％硫酸铜冲洗患蹄，内涂 10％碘酊，填入松馏油棉球，或放入高锰酸钾粉、硫酸铜粉，最后装蹄绷带。如伴有冠关节炎、球关节炎，局部可用 10％酒精鱼石脂绷带包裹，全身可用抗生素、磺胺等药物，如青霉素 200 万～250 万单位，肌内注射，每天 2 次；或 10％磺胺噻唑钠 150～200 毫升静脉注射，每天 1 次，连续 7 天。如患牛食欲减退，为促进炎症消退，可静脉注射葡萄糖，5％碳酸氢钠 500 毫升或 40％乌洛托品 50 毫升。

②预防措施。

a. 坚持定期修蹄，保持牛蹄干净；及时清扫牛棚、运动场。

b. 加强对牛蹄的监测，以及时治疗蹄病，防止病情恶化。

c. 日粮要平衡，钙、磷的喂量和比例要适当。

七、皮肤病

1. 牛疥螨病 是由痒螨或疥螨寄生在牛的体表引起的慢性皮肤病。剧痒，湿疹性皮炎、脱毛并具有传染性是本病的特征。疥螨病主要在冬季流行，其次是晚秋和早春，夏季则处于潜伏状态。病原为痒螨科痒螨属痒螨和疥螨科疥螨属疥螨。痒螨长圆形，背面隆起，腹面扁平，黄白色，体长 0.5～0.9 毫米，肉眼可见，有 4 对足，1 个假头（口器），胸上有气孔，身体后缘有肛门。疥螨与痒螨形态大体结构相同，体较圆，但较小，体长为 0.1～1.5 毫米，肉眼很难看见。虫卵为椭圆形，透明，灰白色或淡黄色。幼虫时只有 3 对足。

痒螨和疥螨的发育都分为卵、幼虫、稚虫和成虫 4 个阶段，所不同的是痒螨在皮肤表面刺吸组织液为食，疥螨则在皮肤表皮挖洞，以角质组织及渗出液为食。从虫卵开始至成虫，痒螨的整个发育过程为 10～12 天，疥螨的发育过程为 8～22 天。痒螨的寿命约 42 天，疥螨 32～42 天。

（1）临床症状。

①奶牛疥螨病主要是引起剧痒，患畜经常摩擦、舐吮患部，

干扰患畜的采食与休息。

②造成皮炎，皮肤损伤，开始时为小红点或小水疱，之后有黄色组织液渗出，然后结成厚厚的黄色痂皮。如有擦伤，则可能出血，结痂中带有血色。后期可有皮肤增厚、消瘦、贫血及恶病质反应，严重者可引起死亡。

（2）诊断方法。在寒冷季节见到剧痒、皮炎、脱毛、消瘦等症状可初步怀疑本病。找到痒螨或疥螨的虫体可以确诊。

虫体检查法：在患病部位与健康部位交界处，用小刀蘸上液体石蜡或 50%的甘油水，用力刮到出血迹，将刮下的皮屑、碎毛置载玻片上，滴加 1 滴 10%的火碱，在低倍显微镜下检查有无虫体，此法既适用于疥螨也适用于痒螨。

临床上也可用简便的方法检查痒螨：可直接用手拨开患部与健部交界处附近的牛毛，用大头针直接挑出白色点状活动物或形状类似于螨虫的白点状物，放到一块黑布上观察其是否活动，形态上是否是螨虫。

（3）治疗措施。

①涂药或喷洒治疗。按每千克体重 50 毫克溴氢菊酯喷洒 2 次，中间间隔 10 天；每千克体重 750 毫克螨净水乳液喷淋 2 次，中间间隔 7～10 天；每千克体重 500 毫克辛硫磷喷淋或药浴，5%的敌百虫水溶液涂擦或喷淋（药液现用现配），孕牛禁用，以防流产，隔 1 周后重复用药 1 次。

②注射治疗。用阿维菌素或伊维菌素系列药品，按有效成分每千克 0.2 毫克皮下注射，每隔 20～25 天用药 1 次，连用 3 次。

2. 钱癣 钱癣又称脱毛癣、秃毛癣、匐行疹或皮肤霉菌病，是一种接触性皮肤真菌性传染病。其特征是在皮肤上出现被毛脱落和界限明显、表面覆盖有皮屑的发痒癣斑。

（1）流行特点。冬季舍饲的牛较易发生，幼龄牛比成年牛易感。通常通过与病牛的直接接触，或通过污染工具间接接触，经皮肤传染给健康牛。潮湿、污秽、阴暗的牛舍有利于本病传播。

（2）临床症状。潜伏期2～4周，常在头、颈、肛门等处出现癣斑。初期仅呈豌豆大小的结节，逐渐向四周呈环状蔓延，呈现界线明显的秃毛圆斑，如古钱币。癣斑上被覆灰白色或黄色鳞屑，有时保留一些残毛。患牛痛痒不安，犊牛的病变局限于面部，常呈水疱型，痂皮很厚。

（3）病理变化。病灶真皮和表皮呈现慢性炎症。角质层上皮细胞增厚，呈现角化不全。在皮肤表面因细胞积聚形成乳头状突起。在皮肤角质层和毛囊之间可发现丝状菌丝。有些毛囊由孢子包围着毛囊鞘并使其损伤。在真皮和表皮中可发现小的脓肿。在真皮感染的毛囊周围可见有淋巴细胞、单核巨噬细胞和中性粒细胞集聚。

（4）诊断方法。本病的确切诊断，必须通过病原学诊断，对病原真菌进行直接镜检和分离培养。

①直接镜检。取病灶鳞屑、被毛或痂片，混于10%～20%氢氧化钠溶液中，放置15分钟以上，稍稍加温使角质溶解，镜检。可见到垣状或镶嵌状排列的球状节孢子。

②分离培养。将采集的被毛、痂皮等病料，用生理盐水或0.01%次氯酸钠溶液冲洗，用灭菌纸吸干后，接种在萨布罗葡糖琼脂或麦芽糖琼脂培养基上，同时加1%酵母、肌醇100微克/毫升。30～35℃培养。经10～14天后，菌落表面呈皱褶状，初呈天鹅绒状或蜡样光泽，后呈粉状或呈白色、黄色棉絮状。菌丝出现大量的小分生孢子，呈梨形或卵圆形、葡萄球样；大分生孢子呈纺锤形，细长似如鼠尾，以隔分为4～6个室。

（5）防治措施。

①对于发病初期的病牛应早隔离、早治疗，避免与健康动物接触。

②应加强对污染的畜舍、饲槽、用具等的消毒。可用10%福尔马林溶液或5%～10%漂白粉溶液喷洒消毒。

③治疗时，病初可用灰黄霉毒或克霉唑软膏涂擦，直到痊愈

为止。对于重症病例，内外兼治。首先用温热肥皂水洗净，然后涂擦灰黄霉毒软膏；再内服灰黄霉素片剂，每天 0.5 克/头，连用 7 天。

④先用 3%的来苏儿洗痂壳，再用锯条刮掉痂皮，直至刮到出血为止。然后涂上 10%碘酊，最后涂以硫黄软膏。也可取硫酸铜粉 1 份、凡士林软膏 3 份，混合均匀制成软膏，在病变部位涂以该软膏，治愈率效果可达 100%。

（6）鉴别皮肤疣、疥癣和牛钱癣病。

①皮肤疣。该病出现乳头状瘤，形状从肉柱或毛状的小结节发展到菜花状，表面呈鳞状或棘状，多半从表皮生出茎。非典型应做病理学检查。

②疥癣。疥癣的痂皮有一定的渗出物，刮取病料镜检，可检到呈龟形、背面隆起、腹面扁平、浅黄色的虫体。

③牛钱癣。以被皮呈圆形脱毛、渗液和痂皮等病变为特征。

八、中毒性疾病

随着生活水平的提高，人们对奶肉禽蛋的需求量也迅速增加。近年奶牛专业户和奶牛存栏量均有较大增长，其中不少奶牛养殖户因养殖技术水平低且对中毒病缺乏了解，导致多起中毒病相继发生。下面介绍几种常见中毒病的发病原因及其防治措施，以供养殖户参考学习，从而避免不必要的经济损失。

1. 除草剂中毒

（1）发病原因。农户用除草剂农达（41%草甘膦）除去田边地头的杂草，奶农不知情，刈割杂草饲喂奶牛，导致其发生中毒。

（2）临床症状。病牛精神沉郁，反应迟钝，行走摇晃，食欲废绝，反刍停止，口流涎沫，胸腹部肌肉颤抖，呼吸喘促，稍久呼吸困难，口腔黏膜红肿，肚腹胀满，轻中度胀气，体温正常或偏低，尿少黄，便稀薄。剖检可见肺充血、水肿，消化道黏膜充血、出血斑点、水肿等病变。

（3）防治措施。目前尚无特效解毒药物，只能采取以下综合治疗方法：用手动胃导管，将现配的 38℃左右、10％的氧化镁乳液 3 000～5 000 毫升向牛胃内注入，3～5 分钟后导出，如此反复 3～5 次，洗胃后用 20 个生鸡蛋加活性炭 100 克一次性灌入，以保护胃肠黏膜和吸附残余毒物，然后将液体石蜡油 2 000 毫升一次性灌入，以促残余毒物尽早排出。阿托品对本病无特效解毒作用，但可缓解流涎、支气管痉挛致呼吸困难等症状，可每次 30 毫克肌内注射，可重复注射。此外，还须采取强心、补液、利尿等对症与支持疗法，10％安钠咖 40 毫升、维生素 C 50 毫升、肌苷 40 毫升，混合于 10％葡萄糖 1 000 毫升中静脉滴注，速尿 100 毫克肌内注射。救治及时的能较快缓解病情。

2. 伊维菌素中毒

（1）发病原因。伊维菌素是近年来应用比较广泛的一种新型驱虫药，具有广谱、高效、安全、用量小、不产生交叉耐药性等特点，对牛、羊、猪等动物的所有胃肠道线虫和体表寄生虫有很强的驱杀作用，安全指数（中毒量/有效量）高达 10 倍以上。该药的半衰期长，用药 7 天后药物清除率只能达 90％，药物的利用度高。

（2）临床症状。病牛精神沉郁，食欲废绝，肌肉震颤，动运失调，后肢麻痹而乏力，不时呻吟鸣叫，体温偏低，呼吸深长，心率偏缓，耳角冰凉，舌青紫、苔白腻。

（3）防治措施。该中毒症在报道中少见，可以对症与支持疗法为原则，维生素 C 50 毫升、维生素 B_1 50 毫升、肌苷 50 毫升加入 10％葡萄糖 500 毫升中静滴，10％安钠咖 30 毫升、樟脑磺酸钠 30 毫升、强力解毒敏 30 毫升分别加入 10％葡萄糖 1 500 毫升中静滴，1 天静滴 2 次。硫酸镁 500 克加水 5 千克一次性灌服，隔天 1 次。用药 3 天后可缓解病情，1 周后痊愈。

3. 尿素中毒

（1）发病原因。尿素含氮量为 46％，1 千克尿素的含氮量相当于 6.5 千克豆饼所含的蛋白质，如果 1 头奶牛每天饲喂量超过 100 克，或方法不当地将尿素直接溶解于水中直接饲喂，或氨化秸秆时尿素未混匀，取出后未散开就饲喂，这些都易导致尿素中毒。

（2）临床症状。病牛迅速发生瘤胃臌气，口角大量流涎，大汗淋漓，呼吸喘促，肌肉震颤，口眼黏膜发绀，心跳快而弱，迅速发生强直性痉挛，卧地不起，牙关紧闭，角弓反张，肛门松弛，粪尿失禁，如不紧急救治就会迅速窒息死亡。剖检见可视黏膜发绀、肺水肿、胃内容物有氨味。

（3）防治措施。迅速用食糖 500 克加入食醋 1 000 毫升中一次性灌服，分别静脉注射 10％葡萄糖酸钙 500～1 000 毫升与 20％硫代硫酸钠 200 毫升、维生素 C 50 毫升、维生素 B_1 50 毫升、肌苷 40 毫升＋10％葡萄糖溶液 1 000 毫升静滴。瘤胃臌气牛穿刺放气后，用鱼石脂 50 克、75％酒精 100 毫升混匀后加水 1 000 毫升灌服，可收到立竿见影的效果。

4. 氢氰酸中毒

（1）发病原因。由于牛采食或饲喂含有氰苷配糖体的植物或青饲料（如高粱幼苗或玉米幼苗及其再生苗）而引起。此外，饲喂大量的三叶草、苏丹草、南瓜藤、胡豆苗、豌豆苗等也可导致中毒。

（2）临床症状。突然发病，腹痛不安，站立不稳，呼吸加快，口鼻冒大量泡沫，呼出气有苦杏仁味，黏膜鲜红，体温下降，后肢麻痹，肌肉痉挛，然后窒息死亡。剖解可见胃肠道黏膜和浆膜出血、肺水肿、气管和支气管内有大量泡沫状不易凝固的红色液体，胃内容物有苦杏仁味。

（3）防治措施。静脉注射 1％亚硝酸钠溶液 250 毫升，随后再静脉注射 10％硫代硫酸钠液 250 毫升，配合对症治疗。

5. 亚硝酸盐中毒

（1）发病原因。各种蔬菜、野草、青割玉米的储存或调制不当可产生亚硝酸盐，或饮水中含有大量的硝酸盐，这样也可引起亚硝酸盐中毒。

（2）临床症状。突然不安，流涎，全身痉挛，口吐白沫，腹胀，呼吸困难，站立不稳，可视黏膜发绀且迅速变为蓝紫色，脉搏加快，瞳孔散大，常有瘤胃臌气及角弓反张等现象，排尿次数增多。剖检时，皮肤呈青紫色，尸僵不全，血液呈酱油色，凝固不良，遇空气呈鲜红色，病程稍长的可见胃肠黏膜出血。

（3）防治措施。用甲苯胺蓝制成 5％的溶液，按 5 毫克/千克静脉注射，也可肌内注射或腹腔注射，效果比较好。没有甲苯胺蓝时，可用维生素 C（剂量为 3～5 克）＋5％葡萄糖溶液静脉注射，也有一定疗效。同时，要立即停喂腐败变质饲料，而改为新鲜青绿饲料，饮用水要清洁卫生。

6. 有机磷中毒

（1）发病原因。用敌百虫等有机磷制剂驱除牛体内外寄生虫时用量不当，或吃了喷洒农药不久的蔬菜、瓜果、田园埂边的草，均可发生中毒。

（2）临床症状。突然发病，流涎，流鼻涕，口吐白沫，可视黏膜苍白，瞳孔缩小，肌肉震颤，呼出气味具有蒜臭味或韭菜味，胃内容物也有此气味，腹泻，全身大汗，心跳、脉搏增快，呼吸困难，最后因呼吸中枢麻痹而死亡。剖检可见瘤胃内散发有类大蒜臭气味，口、鼻、支气管内有大量泡沫样黏液，肺充血、水肿，胃肠黏膜出现有不同程度的充血、出血，心内外膜可见出血，肝、脾肿大。

（3）防治措施。对因体表应用杀虫剂而发生中毒病牛，应尽快用水洗涤干净，以防再吸收；对口服中毒者应立即停喂含药的饲料或饮水。缓解症状可用阿托品 0.5 毫克/千克，先用 1/3 做静脉注射，其余视情况做肌内注射，首次用药 30～60 分钟内症状未见缓解的，须适量重复用药，当出现停止流涎或出汗、瞳孔散大、脉数加速、烦躁不安等阿托品化指针时，说明阿托品使用已足量，后按每 6 小时给予 1 次维持量，维持 1～2 天。此外，还须与胆碱酯酶复活剂（如碘解磷定）联合应用，以 40～50 毫克/千克体重肌内、静脉或腹腔注射，每天用药 2 次，效果较好。另外，也可对症使用安钠咖、维生素 B_1、葡萄糖酸钙、甘露醇等，对病情的恢复有所裨益。

总之，应尽量建立健全奶牛场的饲养管理制度，让奶牛不摄入毒物，而一旦发生就应迅速查明是何种毒物中毒，进而有针对性地迅速解毒，配合对症与支持疗法，效果很明显。

7. 乳酸中毒　奶牛因采食过多富含碳水化合物饲料，如玉米、小麦、水稻、糟粕等，而引起腹泻、脱水、血中乳酸浓度升高的一种急性酸中毒，称为乳酸中毒，又称瘤胃酸中毒。

（1）临床症状。主要表现为患牛精神沉郁，站少卧多，反刍减少，食欲降低或废绝，瘤胃蠕动音减弱或停止。体温升高，脉搏增数，呼吸加快，有时出现腹泻，眼球下陷，尿液减少，触诊瘤胃膨胀。

初期主要呈现瘤胃积食病状，频频排酸臭的稀软粪便，后期尿减少。严重时精神沉郁，呼吸频率快，体温多数略低于正常，心率快。重症卧地不起，一般 1～3 天死亡，死亡率很高。

（2）治疗措施。

①药物治疗。投服碳酸氢钠 100 片，每天 1～2 次，连续 2 天；或每次静脉注射复方氯化钠注射液 3 000～5 000 毫升，5％碳酸氢钠注射液 300～500 毫升，20％安钠咖注射液 10 毫升，每天 1 次，连续 2～3 天。

②手术治疗。严重过食引起乳酸中毒，应立即施行瘤胃切开术，取出发酵酸败的饲料。

九、犊牛疾病

1. 犊牛肺炎　肺炎是附带有严重呼吸障碍的肺部炎症性疾患。初生至 2 月龄的犊牛较多发生。主要原因是管理不当，导致病菌感染所致，危害较大。其特征是患牛不吃食，喜卧，鼻镜干，体温高，精神郁闷，咳嗽，鼻孔有分泌物流出，体温升高，呼吸困难和肺部听诊有异常呼吸音。

（1）临床症状。根据临床症状可分为支气管肺炎和异物性肺炎。

①病初先有弥漫性支气管炎或细支气管炎的症状。如精神沉郁，食欲减退或废绝，体温升高达 40～41℃，脉搏 80～100 次/分钟，呼吸浅而快，咳嗽，站立不动，头颈伸直，有痛苦感。听诊，可听到肺泡音粗哑，症状加重后气管内渗出物增加则出现罗音，并排出脓样鼻汁。症状进一步加重后，患病肺叶的一部分变硬，以致空气不能进出，肺泡音就会消失。让病牛运动则呈腹式呼吸，眼结膜发绀而呈严重的呼吸困难状态。

②因误咽而将异物吸入气管和肺部后，不久就出现精神沉郁、呼吸急速、咳嗽。听诊肺部可听到泡沫性的罗音。当大量误咽时，在很短时间内就发生呼吸困难，流出泡沫样鼻汁，因窒息而死亡。如吸入腐蚀性药物或饲料中腐败化脓细菌侵入肺部，可继发化脓性肺炎，病牛出现发高烧、呼吸困难、咳嗽，排出多量的脓样鼻汁。听诊可听到湿性罗音，在呼吸时可嗅到强烈的恶臭气味。

（2）防治措施。

①合理饲养怀孕母牛，使母牛得到必需的营养，以便产出身体健壮的犊牛。

②对病牛要置于通风换气良好、安静的环境下进行治疗。在发生感冒等呼吸系统疾病时，应尽快隔离病牛；最重要的是，在没达到肺炎程度以前，要进行适当的治疗，但必须达到完全治愈才能终止；对因病而衰弱的牛灌服药物时，不要强行灌服，最好经鼻或口，用胃导管准确地投药。

③在治疗中，要用全身给药法。临床实践证明，以青霉素和链霉素联合应用效果较好。青霉素按每千克体重 1.3 万～1.4 万

单位，链霉素 3 万～3.5 万单位，加适量注射水，每日肌内注射 2～3 次，连用 5～7 天。病重者可静脉注射磺胺二甲基嘧啶、维生素 C、B 族维生素（按体重计），每天 2 次肌内注射或静脉注射。随后配合应用磺胺类药物，可有较好效果。同时，还可用一种抗组织胺剂和祛痰剂作为补充治疗。另外，应配合强心、补液等对症疗法。对重症病例，可直接向气管内注入抗生素或消炎剂，或者用喷雾器将抗生素或消炎剂以超微粒子状态与氧气一同让牛吸入，可取得显著的治疗效果。

④对于真菌性肺炎，要给予抗真菌性抗生素，用喷雾器吸入法可收到显著效果。轻度异物性肺炎，可用大量抗生素，配合使用毛果芸香碱，疗效更好。

2. 犊牛大肠杆菌病　犊牛大肠杆菌病又称犊牛白痢病，是由致病性大肠杆菌引起犊牛的一种急性传染病。临床特征是呈急性败血症和排灰白色的稀便。

（1）流行特点。本病以 10 日以内犊牛易发，特别是生后1～3 日龄的犊牛最易发病。大肠杆菌广泛存在于自然界，可随乳汁或其他污物进入犊牛胃肠道，当新生犊牛抵抗力不足或发生消化障碍时，便可引发本病，气候应激、饲养管理不当、营养不良、初乳不及时等可促发本病。

（2）临床症状。可根据临床症状、流行情况、饲养状况及剖检变化等综合分析判定。临床表现可分为 3 种类型：

①败血型。也称脓毒型。潜伏期很短，仅数小时。主要发生于产后 3 天内的犊牛；大肠杆菌经消化道进入血液，引起急性败血症。发病急，病程短。表现体温升高，精神不振，不吃奶，多数有腹泻，粪似蛋汤样，淡灰白色。四肢无力，卧地不起。多发生于吃不到初乳的犊牛。败血型发展很快，常于病后 1 天内死亡。

②中毒型。也称肠毒血型，此型比较少见。主要是由于大肠杆菌在小肠内大量繁殖，产生毒素所致。急性者未出现症状就突

然死亡。病程稍长的，可见典型的中毒性神经症状，先不安，兴奋，后沉郁，直至昏迷，进而死亡。

③肠炎型。也称肠型，体温稍有升高，主要表现腹泻。病初排出的粪便呈淡黄色，粥样，有恶臭，继则呈水样，淡灰白色，混有凝血块、血丝和气泡。严重者出现脱水现象，卧地不起，全身衰弱。如不及时治疗，常因虚脱或继发肺炎而死亡。个别病例也会自愈，但以后发育迟缓。剖检主要呈现胃肠炎变化。

（3）剖检变化。败血症死亡的病犊，常无明显的剖检变化。白痢型死亡的犊牛，真胃内有大量的凝乳块，黏膜充血、水肿、有出血点，小肠黏膜充血、出血及部分黏膜上皮脱落，肠内容物混有血液和气泡，肠系膜淋巴结肿大，切面多汁，心内膜有出血点，肝和肾苍白，有时有出血点，胆囊内充满黏稠暗绿色胆汁，病程长的病犊，还可见到肺炎及关节炎变化。

（4）防治措施。

①预防措施。

a. 养好妊娠母牛。改善妊娠母牛的饲养管理，保证胎儿正常发育，产后能分泌良好的乳汁，以满足新生犊牛的生理需要。

b. 及时饲喂初乳。为使犊牛尽早获得抗病的母源抗体，在产后 30 分钟内（至少不迟于 1 小时）喂上初乳，第一次喂量应稍大些，在常发病的牛场，凡出生犊牛在饲喂初乳前，皮下注射母牛血液 30～50 毫升，并及早喂上初乳，对预防犊牛大肠杆菌是重要的一环。

c. 保持清洁卫生。产房要彻底消毒，接产时，母畜外阴部及助产人员手臂用 1%～2%来苏儿液清洗消毒。严格处理脐带，应距腹壁 5 厘米处剪断，断端用 10%碘酒浸泡 1 分钟或灌注，防止因脐带感染而发生败血症。要经常擦洗母牛乳头。

②治疗措施。本病的治疗原则是抗菌、补液、调节胃肠机能和调整肠道微生态平衡。

a. 抗菌。可用土霉素、链霉素或新霉素。内服的初次剂量为每千克体重 30～50 毫克。12 小时后剂量可减半，连服 3～5天。或以每千克体重 10～30 毫克的剂量肌内注射，每天 2 次。

b. 补液。将补液的药液加温，使之接近体温。补液量以脱水程度而定，原则上失多少水补多少水。当有食欲或能自吮时，可用口服补液盐。口服补液盐处方为：氯化钠 1.5 克，氯化钾1.5 克，碳酸氢钠 2.5 克，葡萄糖粉 20 克，温水 1 000 毫升。不能自吮时，可用 5％葡萄糖生理盐水或复方氯化钠液 1 000～1 500毫升，静脉注射。发生酸中毒时，可用 5％碳酸氢钠液80～100 毫升。注射时速度宜慢。如能配合适量母牛血液更好，皮下注射或静脉注射，一次 150～200 毫升，可增强抗病能力。

c. 调节胃肠机能。可用乳酸 2 克、鱼石脂 20 克、加水 90毫升调匀，每次灌服 5 毫升，每天 2～3 次。也可内服保护剂和吸附剂，如次硝酸铋 5～10 克、白陶土 50～100 克、活性炭10～20 克等，以保护肠黏膜，减少毒素吸收，促进早日康复。有的用复方新诺明，每千克体重 0.06 克，乳酸菌素片 5～10 片、食母生 5～10 片，混合后一次内服，每天 2 次，连用 2～3 天，疗效良好。

d. 调整肠道微生态平衡。待病情有所好转时、可停止应用抗菌药，内服调整肠道微生态平衡的生态制剂。例如，促菌生6～12 片，配合乳酶生 5～10 片，每天 2 次；或健复生 1～2 包，每天 2 次；或其他乳酸杆菌制剂。使肠道正常菌群早日恢复其生态平衡，有利于早日康复。

（5）鉴别诊断。犊牛大肠杆菌病在临床上与牛沙门氏菌病、犊牛梭菌型肠炎、新生犊牛病毒性腹泻、牛球虫病、牛冬痢有类症，具体鉴别如下：

①牛沙门氏菌病。该病主要是由沙门氏菌引起的一种传染病，又称犊牛副伤寒。主要侵害 1～2 月龄犊牛。临床上以发热、下痢为主要特征。粪便带血、恶臭；胃肠黏膜和浆膜上有出血斑。

②犊牛梭菌型肠炎。该病是由魏氏梭菌外毒素引起的幼犊的一种急性致死性传染病。临床上以畸形死亡和排血便为特征，主要病变是小肠黏膜坏死。

③新生犊牛病毒性腹泻。该病是由多种病毒引起的急性腹泻综合征。由轮状病毒感染引起的腹泻，多发生于1周龄以内的牛犊；冠状病毒感染的病例多见于2～3周龄犊牛。临床上均以精神萎靡、厌食、呕吐、腹泻（粪便呈黄白色、液体）和体重减轻为主要特征。

④牛球虫病。该病是由多种球虫引起的一种肠道原虫病。临床上以恶臭的血痢和直肠、大肠或盲肠黏膜有出血性炎症和溃疡、坏死为主要特征。取直肠黏膜刮取物和粪便涂片镜检，可发现大量球虫卵囊。

⑤牛冬痢。又称牛黑痢，是由空肠弯杆菌引起牛群在秋冬季节舍饲期间暴发的一种急性肠道传染病。有时冠状病毒参与致病。大小牛都可感染，但成年牛病情严重。临床上以排水样棕色稀便和出血性下痢为特征，但全身症状轻微，很少死亡。

第五章
奶牛场环境控制与粪污处理技术

第一节　奶牛场环境控制

　　奶牛生活的舍内小环境，包含温度、湿度、通风、光照等要素，这些要素相互作用，构成了一个相对独立的舍内小气候系统。奶牛的生产性能及养殖场的经济效益，与牛舍小气候密切相关。在适合奶牛生物学特性的舒适环境中，奶牛食欲旺盛、代谢正常、机体健壮、免疫力强，产奶性能得到最大限度的发挥，养牛场经济效益可以达到最大化。营造舒适的牛舍小气候，除了在建筑养牛场时需要充分考虑场址位置、牛舍结构、场内布局以外，关键环节在于日常管理，只要管理用心、措施到位，即使没有很高的设备投入，也能获得理想的效果。

一、奶牛舍内温度的控制

　　奶牛最重要的生物学特性是相对耐寒而不耐热。牛舍温度控制在适宜温度范围内，奶牛产奶量高，饲料转化率高，抗病力强，饲养效益好。超出适宜温度范围，会对奶牛的生产性能造成不良影响。温度过高，影响食欲，瘤胃微生物发酵能力下降，饲料转化率不高，对产奶极为不利；温度过低，一方面降低饲料转化率；另一方面，奶牛要提高代谢率，以增加产热量来维持体温，从而显著增加饲料的消耗。

　　当环境温度超过27℃时，奶牛采食量减少，生产性能受到影响；当环境温度低于8℃时，奶牛的维持需要增加，虽然采食量增加，但饲料消耗增多。过低的气温对奶牛危害也很大，如成年奶牛长时间在−8℃环境中，会浑身发抖，饮食欲受到严重影响。研究表明，奶牛适宜的环境温度为5～21℃。牛舍内温度应基本保持均衡一致，地面同天花板附近的温差以不超过2.5～3℃为宜，墙壁附近与牛舍中央的温差不能超过3℃。舍内温度是经常变化的，应人工监测与控制，稳定在适宜范围内。牛舍内，夏季应做好防暑降温工作，冬季要注意防寒保暖。各类奶牛舍适宜温度见表5-1。

表5-1 奶牛舍内适宜温度和最高、最低温度

单位：℃

舍　别	最适温度	最低温度	最高温度
成年牛舍	9～17	2～6	25～27
犊牛舍	6～8	4	25～27
产房	15	10～12	25～27
哺乳犊牛舍	15～25	3～6	25～27

不同的奶牛品种和个体，对环境温度要求不一样，地区温度差异也会给奶牛生产带来很大影响。要针对具体情况，在牛舍的建筑设计上进行合理调整，在生产实际中采取不同的管理控制措施。

1. 通过"喷淋＋风扇"模式控制奶牛舍内高温

（1）模式选择。"喷淋＋风扇"模式主要是通过风扇加快水分挥发带走热量，是当前国际公认的最有效的防暑降温方式，尤其在我国南方地区。就是否采用该模式，奶牛场主要负责人、主要技术人员等应在思想上达成共识，否则在执行过程中会大打折扣。

（2）衡量标准。温湿度指数THI>69时；呼吸频率>72次/分；直肠温度>39℃时，奶牛开始产生热应激。仅凭温度一项指标判断热应激是片面的，或仅凭人的自我感觉来判断更不合理，因为奶牛最佳温度舒适区域与人最佳温度舒适区是有差别的。

（3）硬件要求。

①风扇安装要求。风扇的风向：与主风向一致，固定朝同一方向吹，尤其注意奶厅和待挤厅风向也要一致。风扇高度：最底边缘 2.25～2.4 米。风扇角度：25°～30°。风扇直径＞0.9 米。最大间隔 6～7 米（直径 2.2 米风扇间隔 10～12 米为宜）。风扇要每年保养清除表面灰尘（热应激来临前）。研究表明，积灰将导致风速有效性下降 40%以上。衡量指标：风扇末端风速＞2.5米/秒以上。

②喷淋安装要求。

a. 待挤厅喷淋安装要求。喷水量 500 升/小时；喷淋角度必须正确（360°），不能有死角；喷头安装的高度：牛背上方 1.5米以上；每排喷嘴间的距离 1.5 米；每排喷淋管道距离 2 米；足够的水压（可添加增压泵）；地面适当坡度不能有积水。

b. 奶牛舍要求。喷淋安装在颈夹上方；喷水量 120 升/小时；喷淋角度必须正确（180°）；喷头安装的高度：牛背上方1.5 米以上；喷嘴间的距离 1.5 米；足够的水压（可添加增压泵）；地面适当坡度不能有积水。小牧场尤其拴系式牧场也可以安装简易喷淋装置（500 千克或 1 吨储水桶，1 台增压泵），但最好是喷淋专用喷头或进口喷淋头，以确保喷淋效果。

（4）防暑降温的持续性。防暑降温工作是一项持续性工作，仅仅在白天防暑降温是不够的，炎热夏季的晚上同样也存在热应激，也需要采取防暑降温措施。晚上下班后也要将喷淋装置开启，有些牧场会忽视晚上的喷淋工作仅开风扇，这是不够的。可通过时间继电器设定好间隔时间。

（5）喷淋的有效性。判断喷淋是否给牛降温到位，最简单的方法就是随机抽检几头奶牛量体温，如果体温正常就说明喷淋效果很好，如果温度仍然高于奶牛正常体温则说明喷淋不到位。一般每天 14:00 后测量体温。要求经连续几个喷淋循环后奶牛体温正常,控制在 39℃左右。

(6) 喷淋开启规则。温湿度指数 THI=69～73 时轻度热应激,开启风扇;温湿度指数 THI=74～79 时中度热应激,开启喷淋,30 秒喷淋(根据实际牛身湿度确认),5 分钟间隔;温湿度指数 THI=80～87 时严重热应激,24 小时开启喷淋,也就是说晚上下班后仍然要喷淋。

(7) 喷雾。拴系式牛舍内喷淋难以解决污水处理问题,同时牛床湿度大。一般建议考虑使用"喷雾+风扇"系统。其主要原理是借助喷雾系统加快空气流动,通过降低环境温度来降低牛只热应激。但需要注意使用自来水,地下水会导致喷淋头堵塞。

操作要求:1～2 分钟喷雾,3～5 分钟间隔,需要根据出水量、奶牛直肠温度等来确定。

2. 做好奶牛舍冬季防寒保暖工作

(1) 主要从以下 4 个方面加强牛舍的保温工作。

①牛舍采用双层塑钢窗户,加上门帘。窗户是双层的塑钢,冬天全封闭。牛舍中间的过道要随时关闭,不然地面容易形成冰面。还有就是勤清粪,清粪的时候门窗要关闭,清完粪后,牛不在牛舍时拉开门帘,通风 8～10 分钟。为了防止舍内太潮湿,牛舍的棚顶要留通气孔,但要确保牛舍内的温度。

②电动充气墙为牛舍保温。在牛舍的侧墙上安装电动控制的充气墙,依靠两层覆盖物之间的空气作为隔离墙。在充气泵不工作的状态下,墙体滑到下端,便于牛舍的通风,在充满气体后,墙体将洞口覆盖,起到保温的作用。可在牛舍内通过安装温湿度传感器的方式通过控制系统自动调节通风量的大小,以保证牛舍的通风。

③安装风机,保证通风。选择运行安全稳定的风机,能够有效改善舍内空气质量,为动物提供舒适的生活环境;可调控风机进排空气的流量,使舍内热量均衡分布,保持舍内环境湿度最

佳化。

④保证奶牛饮温水，提高产奶量。安装自动电热温控饮水池，保证奶牛饮水5～15℃。水不能太热，如果水温到30℃，牛喝了会因为出汗而易感冒。这个温度范围是奶牛正常的饮水温度范围，并不是说温度越高越好。奶牛冬季饮温水可以减少能量消耗，提高饲料转化率。牛场可以根据具体情况设置所需的温度，当水温达到设定温度后自动断电停止加热，变成保温。

（2）保温的同时一定要保证通风。

①保温的同时一定要保证通风。奶牛是怕热不怕冷的动物，如果不是寒冷地区，不需要考虑保温的问题。牛舍做好保温，势必就会影响通风，如果牛舍通风不好，湿度会很大，另外氨气浓度会很大，这比阴冷对奶牛的影响还要大一些。可以在牛舍的顶部设置一个通风带，保持牛舍空气的流通；侧墙采用卷帘或是滑拉窗，在牛舍的檐口下面保持200～300毫米的通风口，常年透气，目的是让舍外的新鲜空气及时补充进来，将牛舍潮湿污浊的空气排走，但风不能直接吹到牛身上，这样很可能造成牛的冷应激。通过檐口下的通风口只是交换牛舍上部空气，因为檐高一般做到15米多，所以对牛的影响很小。另外就是大门，一般使用电动卷门，控制开闭时间，尽量避免穿堂风。建筑上，牛舍顶部采用的复合聚苯板，厚度在100毫米以上。需要强调一点是，在合适的时间，如中午温度高的时候，牛舍还是需要通风，通风很重要。

②产房和犊牛舍设置暖气。加暖气管或者暖气片，除了考虑到牛外，还顾及兽医等工人操作时的取暖问题。

犊牛对于寒冷相对敏感一些，如果是-40℃，那对犊牛的危害会比较大。犊牛舍一般采用小型畜舍，设置大卧床，上面垫上垫料，下面地面做硬化处理，然后加上地暖，四周加上暖气管，密封的时候温度能控制在12℃左右，如果是白天通风，温度也能比外界温度高十几度。犊牛在这样的环境下很舒服。

③增加泌乳牛日粮能量浓度。增加泌乳牛日粮能量浓度：1千克牛奶相应多添加1两玉米面，增加日粮的能量浓度。例如，平时1千克牛奶给6两混合饲料，当气温下降时，会多添加1两玉米面，变成7两的混合饲料。

④运动场做好挡风墙，勤垫褥草。

a. 调整牛群在运动场的时间。夏季一般6:30就把牛放到运动场，冬季早晨牛出舍的时间要晚一些，一般是7:00出太阳之后。特别是有风的天，出去喝一点水就要回来，如果有风天的话，晚上圈牛的时间也比较早，一般15:30、16:00左右。

b. 牛舍防风的同时要适当通风。牛舍防寒很重要，但封闭太严实也不行，牛尿牛粪挥发后，空气中氨气浓度太大，影响空气质量，所以要留天窗换气。另外是防风，特别是防贼风。

c. 运动场做好挡风墙，勤垫褥草。牛舍一般是东西走向，这样运动场的西边可以临时做一个约3米高的挡风墙。如果牛舍没有卧床，牛总要去运动场，做一个挡风墙可以一定程度上蔽风。另外，运动场勤垫褥草，在冰雪天气，保证奶牛乳房不接触到冰雪。如果遇到下雪天气，运动场要及时清雪。牛走的通道及时撒一些防滑的沙子或者炉灰，防止牛走的时候摔倒，进入站挤奶通道做些防滑措施。

⑤挤奶时少冲水，药浴液多加点甘油。挤奶时不能像夏天一样大面积地用水冲，主要是用毛巾擦，在挤奶时尽量不要让乳房太湿。稀释药浴时可以少加点水，再加点类似甘油的东西，有滋润乳房的作用。挤完奶后要尽量保持乳房干燥，需要的话擦一些凡士林。另外，设置一个封闭的挤奶通道，起到防寒防风的作用。不能让奶牛去挤奶厅的过程中感觉到不舒服。

二、奶牛舍内湿度的控制

空气湿度过小，舍内容易起灰尘，奶牛皮肤、黏膜防御能力降低，易得皮肤病和呼吸道疾病，对健康极为不利；空气湿度过大，有害微生物大量滋生，奶牛也容易发病。保持舍内合适的相对湿度，是奶牛生产需要高度重视的问题。奶牛对舍内环境湿度要求为 55%～75%，一般情况下，舍内相对湿度以不超过 80% 为宜。

现实生产中，湿度往往与温度共同影响奶牛的生产性能。无论是高温高湿，还是低温高湿，都不利于奶牛生产。在高温高湿的环境中，奶牛体表散热受阻，体温上升加快，严重时可导致呼吸困难，甚至会导致死亡；高温高湿环境使奶牛抵抗力减弱，肢蹄病发病率增加，传染病容易蔓延。在低温高湿的环境中，奶牛体热散发很快，导致体温下降，影响产奶，降低饲料转化率，增加生产成本；低温高湿环境使奶牛易患感冒、风湿病、关节炎等疾病。

在牛舍四周墙壁的阻挡下，牛舍内空气流通不畅，奶牛体内排出的水汽，堆积在牛舍内潮湿物体表面蒸发的水分，再加上阴雨天气的影响，往往使得牛舍内空气湿度远高于舍外，对奶牛会造成不利的影响。所以，无论是在高温条件下，还是在低温条件下，都要高度关注奶牛舍内的湿度。

要保持奶牛舍内合适的湿度，重点在于加强通风管理、控制冲刷地面的次数、及时清理舍内粪便污水；在舍内地面上铺撒生石灰，使其吸水降湿，同时还可发挥消毒作用；低于 20℃ 的水管通过潮湿的牛舍时，舍内的水蒸气会在水管上凝结为水珠，如果舍内多设几趟水管，同时做好排水设施，就可有效降低舍内潮湿的程度。

三、奶牛舍内通风的控制

新鲜的空气是促进奶牛新陈代谢的必需条件，还可避免灰尘飞扬和病原菌繁殖，减少疾病的传播。

通风是保持奶牛舍内温度合适的关键措施。通风可使奶牛舍内的空气与外界气体对流交换，带走牛体产生的热量，调节牛体温度和舍内温度。奶牛舍内气流速度以 0.2～0.3 米/秒为宜。在气温超过 30℃ 的酷热天气，气流速度可提高到 0.9～1 米/秒，以加快降温速度、排出污浊气体。有专家建议，当舍外温度为 —20℃ 时，为保证舍内温度在 5～10℃、湿度在 70%～90%，牛舍的通风量应达到 2.64～4.35 立方米/秒。

舍内通风与保温是矛盾的，生产上要采取灵活机动的管理措施。如炎热的夏季，可使用电风扇、排气扇等设备，以加强奶牛舍内的涡流速度，加大舍内空气与舍外空气的流动交换；而在冬季寒风侵袭时，则须适当关闭门窗，将牛舍四周密封，使舍内气温保持相对稳定，减少奶牛呼吸道、消化道疾病的发生。

通风是保持奶牛舍内空气清新的重要措施。在敞棚、开放式或半开放式牛舍内，空气流动性大，牛舍中的空气成分与外界大气相差不大。但在封闭式牛舍中，空气流动不畅，如果设计不当（墙壁没有透气孔、过于封闭）或管理不善，奶牛排出的粪尿、呼出的气体以及排泄物和饲槽内剩余残渣发生腐败分解，会导致牛舍内有害气体（如氨气、硫化氢、二氧化碳）增多，引发中毒和呼吸道疾病，继发多种疾病，严重影响奶牛的生产力。从这个角度看，也必须重视牛舍通风换气，保持牛舍空气清新卫生。一般要求牛舍中二氧化碳的含量不超过 1 500 毫克/立方米，硫化氢不超过 8 毫克/立方米，氨气不超过 20 毫克/立方米。

消毒和清理粪便是保持奶牛舍内空情清新的辅助措施。喷雾消毒不但能杀灭病原微生物，还能起到沉降灰尘的作用，使奶牛舍内空气清新；干燥天气，配合喷雾消毒，还可提高奶牛舍内的相对湿度。牛舍每月应至少消毒 1 次，转饲、转舍时必须消毒牛舍，产房在每次产犊时都要消毒。及时清理舍内粪便，可大幅度降低有害气体的产生和聚集。炎热的夏季，粪便容易发酵，寒冷的冬季，通风减少，有害气体容易聚集，及时清理粪便都显得非常重要。

四、奶牛舍内光照的控制

太阳光辐射具有光热效应、光电效应和光化学效应，保持舍内一定的直射阳光和充足的散射阳光，对奶牛的生长发育和保持健康有十分重要的意义。阳光照射能提高舍内温度，还可刺激并扩张奶牛毛细血管，促进血液循环，有利于新陈代谢；紫外线能杀灭病原微生物，促进日粮中钙、磷的吸收，有利于骨骼的正常生长和代谢；阳光照射的强度与每天照射的时间变化，还可使奶牛脑神经中枢发生相应的反射，对提高奶牛繁殖性能和生产性能有一定作用。试验证明，采用 16 小时光照、8 小时黑暗，可使奶牛采食量增加，产奶量得到明显提升。

奶牛舍内光线是否充足，可通过采光系数客观反映出来。采光系数实际上就是窗户采光面积与舍内地面面积的比值。同时，还要求入射角（窗户上沿至牛舍跨度中央一点连线与地面水平线之间的夹角）不小于 25°，透光角（窗户上、下沿分别至牛舍跨度中央一点连线之间的夹角）不小于 5°，应保证冬季牛床上每天有 6 小时的光照时间。简略地说，为了保持采光效果，牛舍窗户面积应接近于墙壁面积的 1/4，以稍大些为佳。生产实际中，开放式和半敞开式牛舍采光效果较为理想，还有利于通风和清理粪便，冬季架设塑料暖棚取暖效果也很好，调整牛舍后墙高度，可达到采光的最优效果。

五、奶牛舍内外噪声的控制

噪声影响奶牛的采食、反刍、休息等行为习惯，最终影响生产性能的发挥。强烈的噪声会使奶牛受到惊吓而变得烦躁不安，出现噪声应激等不良现象，导致奶牛休息不好、食欲下降，从而抑制增重、降低生长速度，影响产奶量。奶牛处于噪声环境中，繁殖力也会受到影响。因此，奶牛舍应远离噪声源，养牛场内要保持安静。一般要求奶牛舍内的噪声水平，白天不能超过 90 分贝，夜间不超过 50 分贝。

奶牛舍内的噪声分为两类：一类噪声来自舍内，主要是牛群生活的叫声和排气扇产生的噪声。监测结果表明，牛舍排气扇的噪声为 75～85 分贝，牛群叫唤声则为 50～60 分贝，这些噪声对奶牛的影响相对较小。另一类噪声来自舍外环境，包括刹车声、机器轰鸣声、爆炸声等，这些噪声强度高、危害大，需要重点管控。

减少噪声污染的措施，关键在于建筑规划与设计。养牛场应远离公路、铁路、工矿企业等噪声污染区域；场内规划要合理，汽车、拖拉机等不能靠近牛舍。牛舍内墙面装饰泡沫塑料或微孔板消声器，削弱噪声的效果特别好，缺点是前期投入较大。养牛场周围大量植树，既有利于降低风速，又能减少养殖场有害气体，还可使外来噪声降低 10 分贝以上。平时饲养管理人员在养牛场内活动时，要避免产生大的声响；清理舍内粪便和垫草时，应将奶牛赶出牛舍。

六、奶牛饲养密度的控制

奶牛饲养密度是指每头奶牛占牛床或牛栏面积，指舍内奶牛密集程度。饲养密度大，则单位免疫内饲养奶牛头数多。奶牛饲养密度能影响牛舍内环境卫生。如奶牛舍产热量、水汽、二氧化碳产量、灰尘、微生物、有害气体和噪声等均受到影响。舍内奶牛头数多，产热量高，产生水汽、二氧化碳、灰尘、微生物、有害气体的量都高，噪声也大。另外，饲养密度对奶牛生产力也有影响。饲养密度大，争斗次数多，采食时间延长，躺卧时间短，强弱分明，槽头争斗剧烈，同时对奶牛的增重、饲料转化率和产奶能力都有影响。奶牛饲养密度受品种、体型、用途、生理阶段、气候特点、季节等多种因素影响。在确保经济效益的前提下，适宜饲养密度为：泌乳牛牛床面积（1.65～1.85）米×（1.10～1.20）米，围生期牛牛床面积为（1.80～2.00）米×

（1.20～1.25）米，青年母牛牛床面积（1.50～1.60）米×1.10米，育成牛牛床面积（1.60～1.70）米×1.00米，犊牛牛床面积 1.20 米×0.90 米。

七、加强饲养管理

1. 料槽管理 饲养方面极端高温时，每天保证 22 小时以上料缸有料，可适当调整上下班时间，增加发料次数。另外，有条件的牧场下班后 2 小时内可安排工人继续推扫料缸，以提高奶牛干物质采食量。

2. 调整日粮 提高日粮营养浓度，添加矿物质（K、Na、Mg）；考虑使用添加剂（缓冲剂、酵母），提供优质粗料等，TMR 饲料中还可添加防腐剂（丙酸）等。

3. 充足饮水 保持清洁足量的饮水，尤其水池上方要有遮阳设施，饮水不足时要及时更换水管或饮水装置，必要时可增加蓄水池或增压泵。

4. 加强巡视 下班后安排专人值班，牛舍不离人，以防停水、停电、个别牛只中暑等。

5. 防暑降温 牛舍四周应在高温来临前提前搭建好遮阳网，要有一定的高度，不能为了遮阳网的牢固而故意降低搭建的高度，从而影响牛舍的通风效果。牛舍内外墙喷白，以减少紫外线辐射。

6. 有效跟踪 每个牛舍张贴热应激转化图表及悬挂温湿度计。并专人记录每天的温度、湿度、THI 指数、奶牛体温、产量等。

7. 保健管理 每天一次灭蚊蝇工作（指定专人负责），尤其是挤奶厅，上班前 2 小时喷洒灭蚊蝇药；每周进行 2 次蹄浴工作；夏季来临前修剪牛尾巴，减少潜在污染；围产牛和干奶牛也要进行"喷淋＋风扇"的降温措施，喷淋时间 4～5 小时/天，或者进行喷雾。

第二节 奶牛场粪污处理

一、奶牛场的粪污清理技术

规模奶牛场的粪污处理主要包括各阶段奶牛饲养过程中产生的粪便、尿液、产生的污水。当前，规模奶牛场的舍内多为水泥及其他硬化地面，为使干粪与尿液及污水分离，通常在牛舍一侧或两侧设有排尿沟，且牛舍的底边稍向排尿沟倾斜。固体粪便通过人工清粪或半机械清粪、刮粪板清粪等方式清除到舍外，然后运至堆粪场；尿液和污水经排尿沟进入污水储存池。部分牛场使用水冲或软床等方式清粪。目前，规模奶牛场的清粪方式主要有人工清粪、半机械清粪、刮粪板清粪、水冲清粪和发酵床饲养几种。

1. 人工清粪 人工清粪，即人工利用铁锨、铲板、笤帚等将粪便收集成堆，人力装车运至堆粪场或直接施入农田，是小规模奶牛场普遍采用的清粪方式。当粪便与垫料混合或舍内有排尿沟对粪尿进行分离时，粪便成半干状态，此时多采用人工清粪。由饲养员定期对舍内水泥地面上的牛粪进行人工清理（图 5-1），尿液和冲洗污水则通过牛舍两侧的排尿沟排入储存池。人工清粪

图 5-1　人工清粪

一般在奶牛挤奶或休息时进行，每天 2～3 次。

人工清粪无需设备投资、简单灵活；但工人工作强度大、环境差、工作效率低。随着人工成本不断增加，这种清粪方式逐渐被机器清粪方式取代。

2. 半机械清粪　半机械清粪将铲车、拖拉机改装成清粪铲车，或者购买专用清粪车辆、小型装载机进行清粪。目前，铲车清粪工艺运用较多，是从人工清粪到机械清粪的过渡方式（图5-2）。

清粪铲车由小型装载机改造而成（图5-3），推粪部分利用了废旧轮胎制成一个刮粪斗，更换方便，小巧灵活。驾驶员开车把清粪通道中的粪刮到牛舍一端的积粪池中，然后通过吸粪车把牛粪集中运走。

图 5-2　清粪铲车　　　　　　图 5-3　改造后的清粪铲车

3. 刮粪板清粪　新建的规模牛场大多采用了刮粪板清粪，该系统主要由刮粪板和动力装置组成。清粪时，动力装置通过链条带动刮粪板沿着牛床地面前行，刮粪板将地面牛粪推至集中粪沟中（图5-4～图5-7）。这种设备初期投资较大，当牛舍长度在100～120 米和 200～340 米时，设备的利用效率最高；设备的最高用电量不超过 18 度/天，仅须对转角轮进行润滑维护（间隔2～3 周）。

该清粪方式能随时清粪，机械操作简单，工作安全可靠，刮粪高度及运行速度适中，基本没有噪声，对牛群的行走、饲喂、休息不造成任何影响。刮粪板不需要高级的、专业的安装基础，

图 5-4 刮粪板清粪场景 1

图 5-5 刮粪板清粪场景 2

图 5-6 刮粪板清粪场景 3

图 5-7 刮粪板清粪场景 4

无论是新建的还是旧牛舍，除积粪池外，设备的安装都非常方便。

4. 水冲清粪　水冲清粪适于在水源充足，气温较高的南方地区使用。采用水冲清粪方式的牛场一般设有冲洗阀、水冲泵、污水排出系统、储粪池、搅拌机、固液分离机等。用水冲泵将牛舍粪污由舍内冲至牛舍端部的排尿沟，再由排污沟输送至储存池，搅拌均匀后进行固液分离，固体粪便送至堆粪场经堆积发酵制作有机肥或者直接施入农田，也可晾晒后作为牛床垫料使用；液体进行多级净化或者沼气发酵，也可以做冲洗水塔的循环水源。

污水排出系统一般由排尿沟、降口、地下排出管及粪水池组成。排尿沟一般设在畜栏的后端，通至舍外储存池、排尿沟的截面一般为方形或半圆形。降口，通称水漏，是排尿沟与地下排出管的衔接部分；为了防止粪草落入堵塞，上面应装铁篦子，在降口中可设水封，以阻止粪水池中的臭气经由地下排出管进入舍内。地下排出管，与排尿管垂直，用于将由降口流下来的尿及污水导向牛舍外的粪水池；在寒冷地区，须对地下排出管的舍外部分采取防冻措施，以免管中污液结冰；如地下排污管较长，应在墙外设检查井，以便在管道堵塞时进行疏通。

水冲方式清粪对牛舍地面有一定的要求，牛舍地面必须有一定的坡度、宽度和深度，牛舍温度必须在0℃以上，否则系统很难正常运行。因此，更适合在南方地区使用。水冲清粪也在地面铺设漏缝地板的牛舍使用，地面下设粪沟，尿液从地板的缝隙流入下面的粪沟，固体粪便家畜踩入地沟内，少量残粪通过人工冲洗清理，粪便和污水通过粪沟排入粪水池。牛舍漏缝地板多采用混凝土材质，经久耐用，便于清洗消毒。

水冲清粪方式需要的人力少、劳动强度小、劳动效率高，能保证牛舍的清洁卫生。缺点是冲洗用水量大、产生的污水量也大；粪水储存、管理、处理工艺复杂；寒冷地区冬季易出现污水冰冻的情况。

5. 发酵床饲养 该方法适合小规模奶牛场使用。发酵床饲养，就是在牛舍的地面上铺设稻草或是锯末做成的垫料，垫料中添加生物制剂，当牛排出的粪尿混合到垫料上后，生物发酵素能迅速将其分解，大大降低臭味、氨气等对周围空气的污染。清理出来的牛粪则直接送往牧场中的粪便加工厂，进行无害化处理，生产后的地面需要喷上消毒剂，防止病菌滋生。一些奶牛场采用了锯末、稻壳等原料制作软床（图 5-8），在牧场建设了有机肥料处理中心，对清理出来的牛粪便进一步进行无害化处理，生产有机肥料。

图 5-8　发酵床饲养

二、奶牛场的粪污无害化处理技术

奶牛场的粪污清理出牛舍后，由于粪便中还有较多病菌，还需要进一步的无害化处理。固态和半固态粪便直接运至堆粪场，液态和半液态粪便一般要先在储粪池中沉淀，进行固液分离后，固态部分送至堆粪场，液体部分送至污水池或沼气池进行处理。

储存设施应远离地下水源，距离不小于 2 000 米。储存设施应采取有效的防渗处理，防止污染地下水，顶盖防止雨水进入。

堆粪场多建在地上，为倒梯形，地面用水泥、砖等修建而成，且具有防渗功能，墙面用水泥或其他防水材料修建，顶部为彩钢或其他材料的遮雨棚，防止雨水进入。地面向墙稍稍倾斜，墙角设有排水沟，半固态粪便的液体和雨水通过排水沟排入设在场外的污水池。堆粪场适用于干清方式清粪或固液分离处理后的固态粪便的储存。一般在牛场的下风向，远离牛舍；堆粪场规模的大小根据牛场规模和牛粪的储存时间而定，用作肥料还田的牛场，应综合考虑用肥的季节性变化，以用肥淡季和高温季节为基础，设计足够量的粪场。

1. 堆肥法进行无害化处理　堆肥技术是牛粪无害化处理和资源化利用的重要途径。牛粪堆肥在与其他资源的配合发酵、发酵菌剂的优选、添加剂、发酵温度、湿度、发酵后的产物特性等方面，进行了较为系统的应用。

（1）堆肥基本原理。堆肥是在人工控制水分、碳氮比和通风条件下，通过微生物作用，对固体粪便中的有机物进行降解，使之矿质化、腐殖化和无害化的过程。

堆肥过程中的高温不仅可以杀灭粪便中的各种病原微生物和杂草种子，使粪便达到无害化，还能生成可被植物吸收利用的有效养分，具有土壤改良和调节作用。堆肥处理具有运行费用低、处理量大、无二次污染等优点而被广泛使用。

堆肥分好氧和厌氧堆肥。好氧堆肥是依靠专性和兼性好氧微生物的作用，使有机物降解的特殊化过程，好氧堆肥分解速度快、周期短、异味少、有机物分解充分；厌氧堆肥是依靠专性和兼性厌氧生物的作用，使有机物降解的过程，厌氧堆肥分解速度慢、发酵周期长，且堆制过程中易产生臭气，目前主要采用好氧堆肥。

（2）好氧堆肥法处理牛粪。好氧堆肥是指在有氧条件下，通过好氧微生物的代谢活动，对有机物进行分解代谢，代谢过程中释放的热量使堆体温度升高并保持在55℃以上，从而实现粪便无害化，生产有机肥料。

①好氧堆肥工艺流程。好氧堆肥包括前处理、高温发酵、腐熟、后处理和储存等一系列过程。

②堆肥分类。按照堆肥复杂程度以及设备使用情况，堆肥系统主要分为条垛堆肥、强制通风堆肥和槽式堆肥三大类。其中，条垛堆肥主要通过人工或机械的定期翻堆配合自然通风，维持堆体有氧状态；与条垛堆肥相比，强制通风堆肥过程中不进行翻堆，缩短堆肥周期；槽式堆肥则在一个或几个容器中进行，通气和水分条件得到了更好的控制。

a. 条垛堆肥。条垛堆肥是传统的堆肥方法，它将堆肥物料以条垛式堆状堆置，在好氧条件下进行发酵。条垛的断面可以是梯形、无规则四边形或三角形。条垛堆肥的特点是通过定期翻堆的方法通风。堆体最佳尺寸根据气候条件、场地有效使用面积、翻堆设备、堆肥原料的性质及通风条件的限制而定。

条垛堆肥通过定期机械搅拌或人工翻堆使堆体保持有氧状态。大规模条垛堆肥可以采用多条平行的条垛。由预处理、堆制、翻堆三部分组成。

场地要求：堆肥场地必须坚固，场地表面材料常用沥青或混凝土，防渗漏、防雨，场地面积要与处理粪便量相适宜。

条垛堆制：将混合均匀的堆肥物料堆成长条形贩堆或条垛。在不会导致条堆倾塌和显著影响物料的孔隙窖的前提下，尽量堆高。一般条垛适宜规格为，垛宽 2~4 米，高 1.0~1.5 米，长度不限。条垛太大，翻堆时有臭气排放；条垛太小则散热快，堆体保温效果不好。

堆垛表面覆盖约 30 厘米的腐熟堆肥，以减少臭味扩散和保持堆体温度。

采用人工或机械方法进行堆肥物料的翻转和重新堆制。翻堆不仅能保证物料供氧，促进有机质的均匀降解；而且能使所有的物料在堆肥内部高温区域停留一定时间，以满足物料杀菌和无害化的需要。翻堆过程既可以在原地进行，又可将物料从原地移至附近或地方重新堆制。

翻堆次数取决于条垛中微生物的耗氧量，翻堆的频率在堆肥初期显著高于堆肥后期。翻堆的频率还受腐熟程度、翻堆设备、占地空间及经济等其他因素影响。一般来说，1～3 天翻堆一次，当温度超过 70℃时要增加翻堆。

条垛堆肥系统的翻堆设备分斗式装载机或推土机、垮式翻堆机、侧式翻堆机（需要拖拉机牵引）。美国常用的是垮式翻堆机，而侧式翻堆机在欧洲比较普遍。

b. 强制通风堆肥。堆肥物料堆放在铺设多孔通风管道地面的通风管道系统上，利用鼓风机空气强制输送至堆体中进行好氧发酵，如果空气供应很充足，堆料混合均匀，堆肥过程中一般不进行物料翻堆，堆肥周期 3～5 周。

根据原料的透气性、天气条件以及所用的设备能达到的距离来建造相对较高的堆体有利于冬季保存热量。另外，可在堆体铺一层腐熟堆肥，使堆体保湿、绝热、防止热量损失，并过滤在堆体内产生的氨气和其他臭气。

如果堆体太长，距离鼓风机最远的位置氧气可能不足，堆体中形成气流通道会导致空气从大部分堆体的原料旁绕过。当这种情况发生时，堆体氧气不均一，会产生厌氧区域，部分堆肥不能腐熟，通常需要加硬度的固体调理剂来帮助腐熟堆肥。为了维持堆体良好的通气性，畜禽粪便在堆制之前必须与调理剂充分混合。所需的通风速率、风机选型以及氧气管道由堆体大小决定。

强制通风堆肥操作步骤包括 5 步：按比例将畜禽粪便与调理剂均匀混合；在通气管上铺垫约 10 厘米的调理剂；将混合的堆肥物料堆放在调节剂上；将风机与通气管道连接给堆体供氧；堆体发酵为 21 天。

c. 槽式堆肥。槽式堆肥系统将可控通风与定期翻堆相结合，堆肥过程发生在长而窄"槽"的通道内。轨道由墙体支撑，在轨道上有一台翻堆机。原料布料斗放置在槽的首端或末端，随着翻堆机在轨道上移动、搅拌，堆肥混合原料向槽的另一端位移，当原料基本腐熟时，能刚好被移出槽外。槽式翻堆机用旋转的桨叶或连枷使原料通风、粉碎，并保持孔隙度。槽式堆肥系统可通过自动控制系统操作。

发酵槽的尺寸根据物料量的多少及选用的翻堆设备类型决定。常用翻堆设备有搅拌式翻堆机、链板式翻堆机、双螺旋式翻堆机和铣盘式翻堆机等。一般每隔1～2天翻堆1次。发酵物料入槽后3天即可达到45℃，在槽内要求温度55℃以上持续7天左右，发酵周期通常为12～15天，挥发性有机物降解50％以上。将发酵槽内的物料运至腐熟区进行二次发酵，剩余有机物进一步分解、腐熟、干燥、稳定。

机械翻堆肥工艺自动化程度高，生产环境较好，适用于大中型养殖场、养殖小区和散养密集区。堆体高1.5米左右，槽宽根据搅拌机或翻堆机跨度而定。

2. 牛粪用于水产养殖　由于饲料在牛体内被微生物降解程度高，因此，牛粪对水中氧气的消耗比其他畜禽粪便低。试验证实，鱼塘施牛粪，鱼塘缺氧浮头现象少。单纯用牛粪肥养鱼，应以滤、杂食性鱼为主，通常鲢占总放养量的65％左右，鳙占15％～20％，鲤占7％左右，鲫和罗非鱼占3％左右，团头鲂占5％左右。兼用青饲料和牛粪肥养鱼，可适当增加青鱼、鳊等草食性鱼类的放养量，一般食草性鱼类占放养量的15％～20％，产量为总产量的12％左右。在鱼种放养上，按比例减少鲢、鳙的放养量。

牛粪养鱼时不需要发酵，用新鲜粪肥更好。投放次数和量要根据天气、水色、鱼类生长和浮头情况灵活把握。

美国夏威夷海洋生物研究所把干牛粪做虾饵料添加剂收到良好效果。具体方法：把牛粪收集起来经烘干、消毒、脱臭、磨粉等工艺，1～14周龄的虾，在饵料中添加50％～60％的牛粪粉；1周龄以下的虾添加20％～40％的牛粪粉。虾的生长速度比对照组大大加快，虾的饵料成本下降 35％～45％。

3. 沼气法无害化处理牛粪

（1）沼气工程技术发展概况。沼气工程技术是以厌氧发酵为核心的畜禽粪污处理方式。20 世纪 70 年代，国外开始研发沼气处理技术，主要用于城市生活污水和畜禽养殖场粪污处理。目前，欧洲以及美国、加拿大等国家和地区均建有大规模的沼气工程设施，生产的沼气主要用于发电。目前，随着沼气处理技术的不断完善和发展，厌氧发酵（沼气）技术已成为我国大中型奶牛场粪污处理的主要方式之一。

（2）沼气工程技术优缺点。养殖场沼气工程技术包括预处理、厌氧发酵以及后处理等几个部分。预处理的作用主要是通过固体分离、沉沙等以去除水中杂质；厌氧发酵则是将预处理后的污水进行发酵处理，对污水中有机污染物进行生物降解；后处理主要是对发酵后的剩余物进行进一步处理与利用。三者密不可分，互为统一。

①沼气工程技术的优点。

a. 减少疾病传播。奶牛场产生的粪便中的病源微生物经过中、高温厌氧发酵后被基本杀灭，可有效减少疾病的传播和蔓延。

b. 变废为宝。发酵后的沼气经过脱硫处理后，是优质的清洁燃料。发酵后的沼液中含有各类氨基酸、维生素、蛋白质、赤霉素、生长素、糖类、核酸等，也含有抑制和杀灭植物有害病菌的活性物质，是优质的有机液态肥，其营养成分可直接被农作物吸收，参与光合作用，从而增加产量、提高品质。同时，植物叶面喷施沼液，对部分病虫有较好的防治作用，减少化肥和农药污染，为无公害农产品生产提供了保障条件。发酵后的沼渣营养成分丰富，养分含量较全面。其中，有机质 36％～49％，腐殖酸 10.1％～24.6％，粗蛋白质 5％～9％，氮 0.4％～0.6％，钾 0.6％～1.2％，还有一些矿物质养分，经过再次还田后对改良土壤起着重要作用。

c. 改善奶牛场环境。奶牛场粪污进行厌氧发酵处理可减少甚至避免粪污储存的臭气排放，能有效改善奶牛场及其周围的空气环境质量。

②沼气工程技术的缺点。虽然沼气工程技术具有较多的优点，但是在实际应用过程中也存在一些缺点，主要包括：

a. 沼气发酵受温度影响，夏季温度高，产气率高，冬季温度低，产气慢且效率低，特别是在北方寒冷地方冬季粪污处理效果差。

b. 大中型奶牛场由于污水量大，需要建设的沼气工程设施投资大、运行成本较高。

c. 沼渣和沼液如不进行适当的处理或利用，将导致二次污染。厌氧发酵池对建筑材料、建设工艺、施工要求等较高，任何环节稍有不慎，容易造成漏气或不产气，影响正常运行。

（3）沼气厌氧发酵技术主要形式。沼气厌氧发酵技术是沼气工程的关键技术，包括常规和高效发酵工艺技术，如上流式厌氧污泥床（UASB）、升流式厌氧固体反应器（USR）、全混式厌氧反应器等。

①上流式厌氧污泥床（UASB）。上流式厌氧污泥床反应器是一种处理污水的厌氧生物方法，又称升流式厌氧污泥床，英文缩写 UASB（up-flow anaerobic sludge bed/blanket）。由荷兰Lettinga 教授于 1977 年发明。这是目前世界上发展最快、应用最多的厌氧反应器，由于该反应器结构简单、运行费用低、处理效率高而被广泛使用。该反应器适用于固体悬浮物含量较低的污水处理。

UASB 由污泥反应区、气液固三相分离器（包括沉淀区）和气室三部分组成。在底部反应区内存留大量厌氧污泥，具有良好的沉淀性能和凝聚性能的污泥在下部形成污泥层。要处理的污水从厌氧污泥床底部流入与污泥层中污泥进行混合接触，污泥中的微生物分解污水中的有机物，把它转化为沼气。沼气以微小气泡形式不断放出，微小气泡在上升过程中，不断合并，逐渐形成较大的气泡，在污泥床上部由于沼气的搅动形成一个污泥浓度较稀薄的污泥和水一起上升进入三相分离器，沼气碰到分离器下部的反射板时，折向反射板的四周，然后穿过水层进入气室，集中在气室沼气，用导管导出，固液混合液经过反射进入三相分离器的沉淀区，污水中的污泥发生絮凝，颗粒逐渐增大，并在重力作用下沉降。沉淀至斜壁上的污泥沿着斜壁滑回厌氧反应区内，使反应区内积累大量的污泥，与污泥分离后的处理水从沉淀区溢流堰上部溢出，然后排出污泥床。

上流式厌氧污泥床反应器的优缺点：

优点：结构简单，不需要搅拌装置和供生物附着的填料；较长的 SRT（固体滞留期）和 MRT（微生物滞留期）使其具有很高的容积负荷率；颗粒污泥的形式，使反应器内可维持很高的生物量，增加了有机物去除效果；出水的悬浮固体含量低。

缺点：需要安装三相分离器；进水中的悬浮固体不宜过高，一般控制在 100 毫克/升以下；需要有效的布水器使进料均布于反应器的底部；对水质或负荷突然变化较敏感，耐冲击力稍差。

②升流式厌氧固体反应器（USR）。升流式厌氧固体反应器是一种结构简单，适用于高浓度悬浮固体原料的反应器。原料从底部进入反应器内，与消化器里的活性污泥接触，使原料得到快速消化。未消化的生物质固体颗粒和沼气发酵微生物，靠自然沉降滞留于反应器内，上清液从反应器上部排出，这样就可以得到比水力停留时间（HRT）长得多的固体滞留期和微生物滞留期，从而提高了固体有机物的分解率和消化器的效率。

升流式厌氧固体反应器的优缺点：

优点：在重力的作用下，比重较大的固体物与微生物靠自然沉降作用积累在反应器下部，使反应器内始终保持较高的固体量和生物量，使其在较高负荷下能稳定运行；由于 SRT（固体滞留期）较长，出水带出的污泥不须回流，固体物得到了较为彻底的消化，固形物 SS（悬浮物）去除率在 $60\%\sim70\%$；当超负荷运行时，污泥降尘性能变差，出水 COD（化学需氧量）升高，但一般不会造成酸化；反应器内不需要三相分离器，不需要污泥回流，也不需要完全混合式的搅拌装置。

缺点：进料固形物 SS（悬浮物）在 $5\%\sim6\%$，再提高易出现布水管堵塞等问题（单管布水易断流）；对含纤维较高的料液（如牛粪），必须采取强化措施以防表面结壳。

③全混式厌氧反应器（CSTR）。全混式厌氧反应器（CSTR）是在常规反应内安装了搅拌装置，使发酵原料和微生物处于完全混合状态，与常规反应器相比，活性区遍布整个反应器，其效率比常规反应器有明显提高。

该反应器采用持续恒温、连续投料或半连续投料运行，适用于高浓度及含有大量悬浮固体原料的处理。在该反应器内，新进入的原料由于搅拌作用很快与全部发酵液混合，使发酵底物浓度始终保持相对较低状态，而其排出的料液又与发酵液的底物浓度相等，并且在出料时微生物也一起排出，所以，出料浓度一般较高。该反应器的 HRT、SRT 和 MRT 完全相等，为了使生长缓慢的产甲烷菌的增殖和冲出的速度保持平衡，所以，要求 HRT 在 10～15 天或更长。

全混式厌氧反应器的优缺点：

优点：该工艺可以进入高悬浮固体含量的原料；反应器内物料均匀分布，避免了分层状态，增加底物和微生物接触的机会；反应器内温度分布均匀；进入反应器内的任何一点抑制物质，能够迅速分散保持最低的浓度水平；避免了浮渣结壳、堵塞、气体逸出不畅现象。

缺点：由于该消化器无法做到 SRT（固体滞留期）和 MRT（微生物滞留期）在大于 HRT（水力停留时间）的情况下运行，因此反应器体积较大；需要搅拌装置，能量消耗较高；大型反应器难以做到完全混合；底物流出该系统时未完全消化，微生物随出料而流失。

④厌氧折流反应器（ABR）。厌氧折流反应器被称为第三代厌氧反应器，其不仅生物固体截留能力强，而且水力混合条件好。随着厌氧技术的发展，其工艺的水力设计已由简单的推流式或完全混合式发展到了混合型复杂水力流态。

厌氧折流反应器中使用一系列垂直安装的折流板使被处理的废水在反应器内沿折流板做上下流动，借助于处理过程中反应器内产生的沼气应器内的微生物固体在折流板所形成的各个隔室内做上下膨胀和沉淀运动，而整个反应器内的水流则以较慢的速度做水平流动。由于污水在折流板的作用下，水流绕折流板流动而使水流在反应器内的流径的总长度增加，再加之折流板的阻挡及污泥的沉降作用，生物固体被有效地截留在反应器内。由此可见，虽然在构造上 ABR 可以看作是多个 UASB 的简单串联，但在工艺上与单个 UASB 有着显著的不同，UASB 可近似看作是一种完全混合式反应器，ABR 则由于上下折流板的阻挡和分隔作用，使水流在不同隔室中的流态呈完全混合态（水流的上升及产气的搅拌作用），而在反应器的整个流程方向则表现为推流态。在反应动力学的角度，这种完全混合与推流相结合的复合型流态十分利于保证反应器的容积利用率、提高处理效果及促进运行的稳定性，是一种极佳的流态形式。同时，在一定处理能力下，这个复合型流态所需的反应器容积也比单个完全混合式的反应器容积低很多。

该反应器所具有的特点包括：反应器具有良好的水力流态，这些反应器通过构造上的改进，使其中的水流大多呈推流与完全混合流相结合的复合型流态，因而具有高的反应器容积利用率，可获得较强的处理能力；具有良好的生物固体的截留能力，并使一个反应器内微生物在不同的区域内生长，与不同阶段的进水相接触，在一定程度上实现生物相的分离，从而可稳定和提高设施的处理效果；通过构造上改进，延长水流在反应器内的流径，从而促进废水与污水的接触。

（4）沼气工程技术应用。沼气工程技术在奶牛场粪污处理实践中主要采用以下模式：

①沼气（厌氧）还田模式。它又称农牧结合方式，根据畜禽粪便污水中养分含量和作物生长的营养需要，将畜禽养殖场产生的废水和粪便无害化处理后施用于农田、果园、菜园、苗木、花卉种植以及牧草地等，实现种养结合，该方式适用于远离城市、土地宽广、周边有足够农田的养殖场。

主要优点：变废为宝，最大限度地对污染物进行资源化利用；可以减少化肥施用，增加土壤肥力。

主要缺点：需要有足够的土地对沼渣液进行消纳；雨季以及非用肥季节需要有足够的容器储存沼渣沼液；施用方式不当或连续过量施用会导致硝酸盐、磷及重金属的沉积，对地表水和地下水造成污染；施肥过程中挥发的氨、硫化氢等有害气体对空气造成一定的污染。

②沼气（厌氧）自然处理模式。采用氧化塘、土地处理系统或人工湿地等自然处理系统对厌氧处理出水进行处理。主要利用氧化塘的藻菌共生体系的好氧分解（好氧细菌）、厌氧消化（厌氧细菌）和光合作用（藻类和水生植物），土地处理系统的生物、化学、物理固定与降解作用，以及人工湿地的植物、微生物作用对厌氧处理出水进行净化。适用于距城市较远、土地宽广、地价较低、有滩涂、荒地、林地或低洼地可做粪污自然生态处理的地区。

主要优点：运行管理费用低，能耗少；污泥量少，不需要复杂的污泥处理系统；不需要复杂的设备，管理方便；对周围环境影响小。适用于离城市较远，气温较高，土地宽广，地价较低，有滩涂、荒地、禁地或低洼地可做废水自然处理系统的地区，采用人工清粪的大型奶牛场。

主要缺点：土地占用量较大；处理效果易受季节温度变化的影响，冬季的处理效果不稳定；易污染地下水。

③沼气（厌氧）达标排放模式。即采用工业化处理污水的模式处理奶牛养殖场排放的粪污，该方式的畜禽养殖粪污处理系统由预处理、厌氧处理（沼气发酵）、好氧处理、后处理、污泥处理及沼气净化、储存与利用等部分组成。需要较为复杂的机械设备和要求较高的构筑物，其设计、运转均需要具有较高技术水平的专业人员来执行。适用于地处市近郊、经济发达、土地紧张地区的奶牛场的粪污处理。

主要优点：粪污处理效果好，污染治理较彻底；占地少，适应性广，受地理位置限制少，受季节温度变化的影响小。

主要缺点：投资大，能耗高，运转费用高；机械设备较多，维护管理量大，管理、操作技术要求高，需要专门的技术人员进行运行管理。

（5）沼气池的基本构造与设计施工。

①沼气池结构。

a. 组成。沼气池的主要组成部分包括进料口、出料口、水压酸化池、发酵主池、储气箱、活动盖、储水圈、导气管、回流管、出肥间和搅拌出料器。

b. 沼气池的容积以日产沼气量为基础划分为以下类型：特大型：＞5 000 立方米/天；大型：500～5 000 立方米/天；中型：150～500 立方米/天；小型：5～150 立方米/天。

②沼气池选址。沼气工程应位于牛场和附近居民区下风向，牛场标高较低处，有较好的工程地质条件，并具有方便的交通运输和供水、供电条件。

③沼气池工程。沼气池工程由主体工程、配套工程、生产管理与生活服务设施构成。主体工程包括发酵原料预处理单元、沼气生产单元、沼气净化储存单元、沼气利用单元、沼渣沼液综合利用单元的生产设备设施。

a. 主体工程。发酵原料预处理单元：主要设施包括料液的抽出管道与输送管道（渠）、格栅、沉沙池、调节池（调配）、集料池、固液分离设施、热交换器、水泵以及附性用房等。

沼气生产单元：主要设施是厌氧反应器（USR）、上流式厌氧污泥床反应器（UASB）和厌氧折流反应器。

沼气净化和储存单元：主要设施有脱水装置、脱硫装置、提纯装置、过滤器等，以及低压湿式储气、低压干式储气、高压储气等。

沼气利用单元：主要设施有发电机组、集中供热管道、锅炉等。沼气利用单元应设置应急燃烧器，禁止沼气直接排入大气。

沼渣沼液综合利用单元：主要是将沼渣沼液作为有机肥料进行农田利用。未能农田利用的沼液采取生物氧化塘、人工湿地等自然处理法进行处理，防止二次污染。

b. 配套工程。配套工程主要包括沼气站内供配电设施、照明设施、工艺控制设施、给排水设施、防雷设施、消防设施、保安监视设施、道路、大门、围墙、通信、运输车辆等。

沼气工程的工程应与主体工程相适应。改（扩）建工程应充分利用原有的设施。沼气站内供配电生产用水、消防用水及生活用水应符合国家现行有关标准的规定；消防设施、防雷接地装置应符合国家现行有关标准的要求；站内应设置必需的通信设施，有条件的应设置安全监视、报警装置。

c. 生产管理与生活服务设施。生产管理与生活服务设施：主要包括办公室、值班室、门卫、食堂、宿舍、公用卫生间等，寒冷地区还应包括采暖设施。其建筑面积视具体情况而定。

④沼气池建筑材料。沼气池采用混凝土结构，建筑材料有水泥、中沙、碎石、砖和少量钢筋。

⑤沼气池的施工。沼气池的施工者，必须是经过农村能源部门培训、考核合格，持有上岗证的技工。必须按《户用沼气池施工操作规程》（GB/T 4752—2016）执行，采用砖模或其他模具

施工。养殖场应配合技术操作，并做好防雨、防冻、排水和混凝土养护工作。

三、牛场污水的无害化处理技术

牛场污水的处理和利用方法有以下几种：

1. 物理处理法　利用格栅、化粪池或滤网等设施进行简单的处理的方法。经物理处理的污水，可除去 40％～65％悬浮物，并使生化需氧量（BOD_5）下降 25％～35％。

污水流入化粪池，经 12～24 小时，BOD_5 生化需氧量降低 30％左右，其中的杂质下沉为污泥，流出的污水则排入下水道。污泥在化粪池内应存放 3 个月至半年，持续进行厌氧发酵。如果没有进一步的处理设施，还须进行药物消毒。

2. 化学处理法　根据污水中所含主要污染物的化学性质，用化学药品除去污水中的溶解物质或胶体物质的方法。

（1）混凝沉淀。用三氯化铁、硫酸铝、硫酸亚铁等混凝剂，使污水中悬浮物和胶体物质沉淀而达到净化目的。

（2）化学消毒。消毒的方法很多，以用氯化消毒法最为方便有效，经济实用。

3. 生物处理法　利用污水中微生物的代谢作用分解其中的有机物，对污水进行处理的方法。

（1）活性污泥法（又称生物曝气法）。在污水中加入活性污泥并通入空气曝气，使其中的有机物被活性污泥吸附、氧化和分解，达到交换法处理污水的目的。活性污泥由细菌、原生物及一些无机物和尚未完全分解的有机物组成，当通入空气后，好气微生物大量繁殖，其中以细菌含量最多，许多细菌及其分泌物的胶体物质和悬浮物黏附在一起，形成具有很强吸附能力和氧化分解能力的絮状菌胶团。所以，在污水中投入活性污泥，即可使污水净化。

活性污泥法的一般流程：污水进入曝气池，与回流污泥混合,靠设在池中的叶轮旋转、翻动,使空气中的氧进入水中,进行曝气,有机物即被活性污泥吸附和氧化分解。从曝气池流出的污水与活性污泥的混合液,渗入沉淀池,在此进行泥水分离,排出被净化的水,而沉淀下来的活性污泥一部分回流入曝气池,剩余的部分则再进行脱水、浓缩、消化等无害化处理或厌氧处理后利用。

(2)生物过滤法(又称生物膜法)。使污水通过一层表面流满生物膜的过滤法,依靠生物膜大量微生物的作用,并在氧气充足的条件下,氧化污水中的有机物。

①普通生物滤池。生物滤池内设有碎石、炉渣、焦炭或轻质塑料板、蜂窝纸等,污水由上方进入,被滤料截留其中的悬浮物和胶体物质,使微生物大量繁殖,逐渐形成由菌胶团、真菌菌群和部分原生动物组成的生物膜。生物膜大量吸附污水中的有机物,并在通气良好的条件下进行氧化分解,达到净化的目的。

②生物滤塔。滤塔分层设置盛有滤料的格栅,微生物在滤料表面形成生物膜,因塔身高,使污水与生物膜接触的时间增长,更有利于生物膜对有机质的氧化分解。据试验,牛场污水处理后,其化学需氧量(COD)为 3 200~5 300 毫克/升。所以,生物滤塔具有效率高、占地少、造价低的特点。

③生物转盘。由装在水平轴上的许多圆盘和氧化池(沟)组成,圆盘一半浸没在污水中,微生物即盘表面形成生物膜,当圆盘缓慢转动时(0.8~3.0 转/分),生物膜交替接触空气和污水,于是污水中的有机物不断被微生物氧化分解。据试验,生物转盘可使生化需氧量(BOD_5)除去率达 90%。经处理后的污水,还需要进行消毒,杀灭水中的病原微生物,才能安全利用。

第六章

奶牛疫病诊断及治疗

第一节　奶牛疫病诊断监测技术

一、临床检查和流行病学调查要点

临床检查和流行病学调查是牛病临床诊断的基本内容。临床检查的目的在于发现并搜集作为诊断根据的症状等资料。症状是病牛所表现的病理性异常现象。由于每种疾病可能表现有许多症状，而各个症状在诊断中的地位与意义各不相同，所以必须对每个症状给予一定的评价，作为某一疾病所特有的症状常具有较为特异性的诊断意义；作为某一器官或局部疾病时的特定的局部症状表现，在确定疾病主要侵害的器官、部位上常起主要作用；表现明显或对病牛危害严重的症状，在提示可能性诊断及推断预后上，应该给予重视；在疾病的初期所出现的前驱或早期症状，可为疾病的早期诊断提供启示和线索。流行病学调查是通过问诊和查阅有关资料或深入现场，对病牛和牛群、环境条件以及发病情况和发病特点等的调查。流行病学调查在探索致病原因、流行经过等方面有十分重要的意义。

1. 牛病的临床检查要点　临床检查的基本方法是视诊、触诊、叩诊和听诊。对病牛的临床检查应着重进行以下几方面的检：

（1）通过详细的视诊，以观察其整体状态变化，特别是对其发育程度、营养状况、精神状态、运动行为、消化与排泄的活动和功能等项内容，更应详加注意。

（2）注意听取其病理性声音，如喘息、咳嗽、喷嚏、呻吟等，尤其应注意其喘息的特点及咳嗽的特征。

（3）测定体温、脉搏及呼吸数等生理指标，特别是体温的升高常可提示某些急性传染病。

（4）细致检查牛体各部位及内脏器官，在普遍检查的基础上，对表皮状态特别是鼻盘的湿润度和颜色、皮肤的出血点、疹块、疹等更应注意；通过软腹壁对腹腔器官进行深入触诊，也不应忽视。

2. 牛病的流行病学调查要点　由于在门诊条件下，实际接触病牛的时间短，甚至机会少，很多症状、资料都须经过询问（问诊）才能得到线索。详细的流行病学调查及在需要、条件许可下的现场实际调查，能为临床诊断提供重要的启示和明确的方向。流行病学调查应侧重以下几点：

（1）询问牛病及其经过。何时发病？可推测病的急性或慢性。病的主要表现？可提示其主要症状，并为症状鉴别诊断提供前提。经过如何？是渐重或渐轻，以分析病势的发展趋势。是否经过治疗，效果如何？根据疗效验证，作为诊断参考。牛群中或同村、邻舍的牛，是否有类似的病例同时或相继发生？可以判断是单发、群发，以及是否有传染性。疫病传播得快慢？如是短时间内迅速传播、大批流行，则提示急性传染病的可能，如口蹄疫、牛流行热等；在长期经过中不断地相继发生或散发，则主要考虑为牛结核病或副结核病等。

牛的年龄，有否死亡及死亡率如何，死亡牛的年龄？在问诊、调查时应予特别注意。牛发病的同时，其他牲畜是否有类似疾病发生？在判断多种动物共患疾病方面更为重要。如在病牛的蹄趾部出现疱疹并呈现跛行的同时，猪、羊、骆驼等也有大批同样症状的病畜，通常即可判定为口蹄疫。对死亡牛是否进行过剖检，变化如何？病理解剖学特征是做出综合诊断的重要条件。

（2）问病史及疫情。场、村牛群过去有什么疫病，过去是否有类似疫病的发生，其经过及结果如何？分析本次疫病与过去疫病的关系，尤其有利于某些可作为地区性常在的疫病的判断、分析。

本地区及附近场、村过去的疫情和现在的病情如何，以及是否有和疫病传播有关系的条件及机会？在推断疫病的来源方面，可供参考。

牛群的补给情况，是否经过检疫与隔离，当地牛交易市场的管理情况及检疫、防疫制度如何等均应注意了解，以便综合、分析。

（3）问防疫及其效果。防疫制度及其贯彻情况如何，是否有消毒设施，病死牛尸体的处理怎样？在分析疫病的传播上有一定的实际意义，如牛场中没有合理的防疫制度或虽有但执行不严格，随意由外地引进牛不检疫或人员往来频繁而不消毒，病死牛尸体随便处理等，均有利于疫病的蔓延甚至可造成传染病的大流行。

预防接种的实施情况如何？特别应对牛流行热、口蹄疫、炭疽等主要传染病预防接种的实际效果进行了解，以利于情况的分析及诊断的参考。

此外，对牛群的驱虫制度及其实施情况如何，针对某些地区性常在、多发病所采取的预防措施如何？也要进行了解。

（4）详细了解有关饲养、管理、卫生情况。牛舍饲槽、运动场的卫生条件、状况如何，粪便的清除及处理情况怎样？如圈舍泥泞、饲槽不洁，常为牛副伤寒的发病条件；环境不卫生及乳头不洁可成为大肠杆菌病的致病因素。

饲料的组成、种类、质量与数量，储存与调制方法及饲喂制度如何？饲喂不当常可引起某些代谢紊乱、消化系统及中毒性疾病，如犊牛营养不良、白肌病、维生素缺乏症或贫血等。在此种情况下，机体抵抗力降低，容易继发传染病；饲料调制不当或用霉变饲料喂牛，常可造成中毒病和胃肠炎。

系统而全面的调查，才能得到充分而真实的症状、资料，并为正确的诊断提供可靠的基础。然而，在很多情况下，仅仅根据一般的临床检查及流行病学调查，还难以得出明确的诊断结论。为此，必要时须进行某些特殊的检验项目，以及对典型病牛或病死牛进行病理解剖或病理组织学检查。特殊项目检验及病理学检查对综合诊断有十分重要的价值。

随着养牛业向集约化、规模化发展，对牛群群发性疾病的诊断已成为兽医工作者在牛病防治领域的一项重要任务。因此在疫病诊断中，还必须注意对牛群群发性疫病的诊断，并做好群发病的防治工作。

二、病理学诊断技术

病理学诊断是牛病诊断的一种重要方法，它是对病死牛或濒死期的牛进行剖检，用肉眼和显微镜检查各器官及其组织细胞的病理变化，以达到诊断的目的。某些疾病，特别是传染病，都有一定的特殊性病理变化，如牛流行热、牛瘟、牛副伤寒等，通过尸体剖检就可做出临床诊断。当然对最急性病例，往往缺乏特有的病理变化，临床上应尽可能多检查几头，通过对多头牛的检查结果，常能搜集到某一疾病的典型病理变化，支持诊断工作。有些疾病除肉眼检查外，还须采取病料送实验室做病理组织学检查才能确诊。病理学诊断技术主要包括以下内容：

1. 器材准备 包括胶皮手套、靴子、解剖器材（解剖刀、骨剪、外科剪、镊子和塑料袋等）、装有10%福尔马林的广口玻璃瓶等。

2. 观（检）查 对病死牛的眼、鼻、口、耳、肛门、皮肤和蹄等做全面的外观检查。

3. 尸体解剖技术要点 将牛尸体成仰卧位，先切断肩胛骨内侧和髋关节周围的肌肉，使四肢摊开，然后沿腹壁中线向前切至下颌骨，向后切到肛门，掀开皮肤，再切开剑状软骨至肛门之间的腹壁，沿左右最后肋骨切开腹壁至脊柱部，使腹腔脏器全部暴露。此时检查腹腔脏器的位置是否正常，有无异物和寄生虫，腹膜有无粘连，腹水量、颜色是否正常。然后由横膈处切断食管，由骨盆腔切断直肠，按肝、脾、肾、胃、肠等的次序分别取出检查。胸腔解剖检查沿季肋部切断膈膜，先用刀或骨剪切断肋软骨和胸骨连接部，再把刀伸入胸腔，划断脊柱两侧肋骨和胸椎连接部的胸膜及肌肉，然后用刀按压两侧的胸壁肋骨，使肋骨和胸连接处的关节自行折裂而使胸腔敞开。首先检查胸腔液的量和性状，胸膜的色泽和光滑度，有无出血、炎症或粘连，而后摘取心、肺等进行检查。

4. 病理检查　尸体解剖和病理检验一般同步进行，边解剖边检验，以便观察到新鲜的病理变化。对实质器官（肝、脾、肾、心脏、肺、胰、淋巴结等）的检查，应先观察其大小、色泽、光滑度、硬度和弹性，有无肿胀、结节、坏死、变性、出血、充血、瘀血等常见病理变化，之后将其切开，观察切面的病理变化。胃肠一般放在最后检验，先观察浆膜变化，后切开进行检查。气管、膀胱、胆囊的检查方法与胃肠相同。脑和骨只有在必要时进行检验。此外，在肉眼观察的同时，必要情况下，应采取小块病变组织（2厘米×3厘米）放入盛有10％福尔马林溶液的广口瓶固定，以便进行病理组织学检查，或采集相关病料送实验室检验。

三、实验室检查

许多疾病的确诊或流行病学调查，必须有实验室检查。实验室检查包括内容很多，概括起来有以下几个方面：

1. 常规实验室检验　主要包括病牛的血液、尿液、粪便、胃液及胃内容物、脑脊髓液、渗出液及漏出液、血液生化检验等内容，在实验室的特定设备、条件与方法下，测定其物理性状，分析其化学成分，或借助显微镜观察其有形成分等，为疾病的诊断、鉴别、治疗以及预后判断提供参考。

2. 病理组织学检查　是将送检的病理组织学检查病料，通过病理组织学检查的病料修整、石蜡包埋、切片、固定、染色、封片等病理切片方法制作成病理组织学切片，借助光学显微镜观察其各器官组织和细胞的病理学变化的过程，其结果可作为疾病诊断、鉴别等的依据。

3. 病原体检查　是实验室常用特别是在牛的疫病的诊断工作中最为常用。病原体检查主要包括普通显微镜或电子显微镜检查、病原体的分离培养鉴定、实验动物或鸡胚接种试验等。病原体的检查在牛病确诊诊断方面有着十分重要的意义和价值。

4. 血清学检查　也是牛病诊断及流行病学调查最常用的实验室检查方法之一。其主要是测定血清中的特异性抗体或送检病料中的抗原，包括沉淀试验（含琼脂扩散试验）、凝集试验（含间接血凝试验等）、补体结合试验、中和试验、免疫荧光试验、放射免疫试验、酶联免疫吸附试验，以及核酸探针、多聚酶链式反应等现代化疫病检测技术等。

四、病料的采集、保存和送检方法

1. 病料的采集　合理取材是实验室检查能否成功的重要条件之一。因此，采集病料应注意以下几种情况：一是怀疑某种传染病，应采该病常侵害的部位；二是提不出怀疑对象时，则采全身各脏器组织；三是败血性传染病，如牛瘟、牛出血性败血症等，应采集心脏、肝、脾、肺、肾、淋巴结和胃肠等器官、组织，胃、肠的断端应做结扎处理；四是以侵害某种器官为主的传染病，应采集该病侵害的主要器官组织，如狂犬病采取脑和脊髓，牛肺疫采取肺的病变部位，呈现流产的传染病则采取胎儿和胎衣，口蹄疫则采集口、蹄部的水疱皮和水疱液等；五是检查血清抗体时，采集血液，待血凝固血清析出后，分离血清送检；六是对怀疑为中毒性疾病时，应采集喂食的饲料、饮水等，以及胃内容物；七是进行常规检验，需要什么项目则采集什么，如要进行尿液化验分析，就采集尿液；八是疫病检验，病料必须无菌采集。

2. 病料的保存 除病料采集要得当外，要保持采集的病料新鲜或接近新鲜，保存方法十分重要。保存检验材料的方法有以下几种：

（1）细菌检验材料。将无菌采集的组织块（新鲜）等材料，保存于饱和盐水（蒸馏水 100 毫升，加入氯化钠 38～39 克，充分溶解、过滤、高压灭菌后使用）或 30% 甘油缓冲液（纯净甘油 30 毫升，氯化钠 0.5 克，磷酸氢二钠 1.0 克，蒸馏水加至 100 毫升，高压灭菌后使用）中，容器加塞封固送检。

（2）检验材料。将无菌采集的病料保存于 50% 的甘油缓冲液（中性甘油 500 毫升，氯化钠 8.5 克，蒸馏水 500 毫升，分装，高压灭菌后使用）中送检。病料为液体，如口蹄疫水疱液，则应无菌采集装灭菌小瓶中密封后直接送检。

（3）病理组织学检查材料。将组织块放入 10% 的福尔马林溶液或 95% 的酒精中固定（固定液的量应是标本体积的 5～6 倍以上，用福尔马林溶液固定，应在 24 小时后换固定液 1 次），密封送检。

3. 病料的送检

（1）对送检的病料，应在容器上编号，做好记录，并附详细记录的病料送检单。

（2）对送检的病料应包装安全稳妥；对危险材料、怕热或怕冻的材料，应分别采取措施。一般情况下，微生物学检查材料都怕受热，应冷藏包装送检，而病理学检查材料都怕冻，包装送检应严防冻结。

（3）病料包装好后，应尽快送达检验单位，短途或危险材料应派专人直接送达，远途可以空运。

4. 注意事项

（1）采取病料要及时，应在病畜死后立即进行，最好不超过

6 小时，以防组织变性和腐败。

（2）采集病料应选择症状和病变典型的病例，最好能同时分别选择几种不同病程的病料。

（3）剖检取材之前，应先对病情、病史加以了解和记录，并对剖检前后的病理变化进行详细的记录。

（4）为减少污染机会，一般先采集微生物学检验材料，然后再结合剖检，采集病理检验材料等。

第二节　奶牛疫病防疫技术

一、动物防疫的概念

动物防疫，是指动物疫病的预防、控制、扑灭和动物、动物产品的检疫。

为了加强对动物防疫活动的管理，预防、控制和扑灭动物疫病，促进养殖业发展，保护人体健康，维护公共卫生安全，1997年 7 月 3 日第八届全国人民代表大会常务委员会通过了《中华人民共和国动物防疫法》，于 2007 年 8 月 30 日第十届全国人民代表大会常务委员会第二十九次会议修订通过，自 2008 年 1 月 1日起施行。对动物疫病的预防、疫情的报告、通报和公布、动物疫病的控制和扑灭、动物和动物产品的检疫、动物诊疗、监督管理及保障措施、法律责任等都做出规定。动物防疫问题受到法律的保护。

动物防疫是综合运用多种手段，发动全社会力量，依照动物疫病发生、发展和消亡的科学规律，对动物从引种、饲养、经营、销售、运输、屠宰到动物产品加工、经营、储藏、运输、销售等各个环节严格实施预防、控制、扑灭和检疫措施，保障动物健康及其产品安全的一项系统性工作。

1. 动物疫病的预防　　主要是指对动物采取免疫接种、驱虫、药浴、疫病监测和对动物饲养场所实施环境安全型畜禽舍改造以及采取消毒、生物安全控制、动物疫病的区域化管理等一系列综合性措施，防止动物疫病的发生。

2. 动物疫病的控制 包含两方面内容：一是发生动物疫病时，采取空间电场生物效应涉及的电隔离方法以及化学阻隔、人员阻隔、扑杀、消毒等措施，防止其扩散蔓延，做到有疫不流行；二是对已经存在的动物疫病，采取监测、淘汰等措施，逐步净化直至达到消灭该动物疫病。

3. 动物疫病的扑灭 一般是指发生重大动物疫情时采取的措施，即是指发生对人畜危害严重，可能造成重大经济损失的动物疫病时，需要采取紧急、严厉、综合的"封锁、隔离、销毁、消毒和无害化处理等"强制措施，迅速扑灭疫情。对动物疫病的扑灭应当采取早、快、严、小的原则。"早"，即严格执行疫情报告制度，及早发现和及时报告动物疫情，以便兽医行政主管部门能够及时地掌握动物疫情动态，采取扑灭措施；"快"，即迅速采取各项措施，防止疫情扩散；"严"，即严格执行疫区内各项严厉的处置措施，在限期内扑灭疫情；"小"，即把动物疫情控制在最小范围之内，使动物疫情造成的损失降低到最低程度。

4. 动物、动物产品检疫 是指为了防止动物疫病传播，保护养殖业生产和人体健康，维护公共卫生安全，由法定的动物卫生监督机构采用法定（由国务院兽医主管部门制定）的检疫程序和方法，根据法定的检疫对象即需要检疫的动物传染病和寄生虫病，依照国务院兽医主管部门制定的动物检疫规定，采取法定的处理方式，对动物、动物产品的卫生状况进行检查、定性和处理，并出具法定的检疫证明的一种行政执法行为。实施动物及其产品检疫：一是为了防止染疫的动物及其产品进入流通环节；二是防止动物疫病通过运输、屠宰、加工、储藏和交易等环节传播蔓延；三是为了确保动物源性产品的质量卫生安全。

二、牛传染病防疫原则及内容

1. 原则 牛传染病的流行是由传染源、传染途径和易感牛 3 个要素相互关联而形成的，必须采取适当的综合性卫生防疫措施，消除或切断三者中的任何一个环节，才能控制传染病的发生和流行。

2. 加强饲养管理，搞好清洁卫生 奶牛场必须贯彻"预防为主"的方针，只有加强饲养管理，搞好清洁卫生，增强奶牛的抗病能力，才能减少疾病的发生。各类饲料在饲喂前必须仔细检查，凡是发霉、变质、腐烂的饲料不能饲喂。牛的日粮应根据饲养标准配制，满足生长和生产的需要，并根据不同阶段及时进行调整。要保证供应足够的清洁饮水。饲喂时还要经常注意牛的食欲变化及对饲料的特殊爱好。

奶牛应适量运动。除大风、雨雪、酷暑及放牧场潮湿泥泞不宜放牧外，应经常放牧和运动，增加运动量和光照度。

牛舍门窗要随季节及气候变化注意启闭。其原则是，冬天要保暖，空气要流通，防止贼风及穿堂风，以防奶牛感冒；夏天要做好通风和防暑降温，有条件的可用冷水喷淋，防止热应激。牛舍要尽量做到清洁与干燥。放牧场必须在每次放牧后清除牛粪，并经常清除杂草、碎砖石及其他杂物。

3. 坚持消毒制度，加强隔离和封锁 奶牛场必须严格执行消毒制度，清除一切传染源。生产区及牛舍进口处要设置消毒池及消毒设备，经常保持对进出人员及车辆进出时的有效消毒。生产区的消毒每季度不少于 1 次，牛舍每月消毒 1 次，牛床每周消毒 1 次，产牛舍、隔离牛舍和病牛舍要根据具体情况进行必要的经常性消毒。如发现牛只可能患有传染性疫病时，病牛应隔离饲养，死亡奶牛应送到指定地点妥善处理。养过病牛的场地应立即进行清理和消毒，污染的饲养用具也要严格消毒，垫草（料）要烧毁。发生呼吸道传染病时，牛舍内还应进行喷雾消毒。在疫病流行期间应加强消毒的频率。

引进新牛时，必须先进行必要的传染病检疫。阴性反应的牛还应按规定隔离饲养一段时间，确认无传染病时，才能并入原有牛群饲养。

当暴发烈性传染病时，除严格隔离病牛外，应立即向上级主管部门报告，还应划区域封锁。在封锁区边缘要设置明显标志，减少人员往来，必要的交通路口设立检疫消毒站，执行消毒制度，在封锁区内更应严格消毒。应严格执行兽医主管部门对病、死牛的处理规定，妥善做好消毒工作。在最后一头牛痊愈或处理后，经过一定的封锁期及全面彻底消毒后，才能解除封锁。

4. 建立定期检疫制度 牛结核病和布鲁氏菌病都是人兽共患病。早期查出患病牛只，及早采取果断措施，以确保牛群的健康和产品安全。按现今的规定，牛结核病可用牛结核病提纯结核菌素变态反应法检疫，健康牛群每年进行两次。牛布鲁氏菌病可用布鲁氏菌试管凝集反应法检疫，每年两次。其他的传染病可根据具体疫病采用不同方法进行。

寄生虫病的检疫则根据当地经常发生的寄生虫病及中间宿主进行定期检查，如屠宰牛的剖检、寄生虫虫卵的检查、血液检查以及体表的检查等，对疑似病牛及早做预防性治疗。

5. 定期执行预防接种制度 我国幅员辽阔，各地疫情不一，应遵照执行当地兽医行政部门提出的奶牛主要疾病免疫规程，定期接种疫苗。增强奶牛对传染病的特殊抵抗力，如抗炭疽病的炭疽芽孢苗、口蹄疫苗等。

6. 严格执行农业部有关兽药管理条例新的实施细则 认真实施 2016 年 10 月 1 日新实施的《无公害农产品 兽药使用准则》（NY/T 5030—2016）。

三、做好奶牛卫生保健

奶牛卫生保健包括牛场的卫生防疫措施、乳房卫生保健、蹄部卫生保健和营养代谢病监控等。

1. 牛场的卫生防疫措施

（1）牛场生产区和生活区严格分开，建围墙或防疫沟，生产区门口设消毒室、消毒池。

（2）非本场车辆，人员不能随意进入牛场内，进入的人员要更换工作服、鞋，并进行消毒。

（3）防止一切外来畜禽进入场区。

（4）经常清理牛场环境卫生，使运动场无石头、砖块、塑料、铁丝及积水等，牛舍、运动场每天清扫，粪便及时清除，尸体、胎衣深埋，粪便堆放指定地点发酵。

（5）牛舍人员应搞好个人卫生，每年进行一次体格健康检查，凡患结核、布鲁氏菌病者均调离牛场。

（6）冬季做好保暖工作，夏季做好防暑降温，消灭蚊、蝇工作。每月对牛舍运动场彻底消毒1次。

（7）每年按免疫程序对牛群进行疫苗接种和驱虫工作。

（8）定期对牛群进行检疫，如结核病、布鲁氏菌病等。

（9）发现重大疫情及时上报，封锁隔离，治疗或淘汰，必要时进行紧急预防接种。

2. 乳房卫生保健

（1）经常保持乳房清洁，注意清除损伤乳房的隐患。

（2）挤奶时清洗乳房的水和毛巾必须清洁，水中可加0.03%漂白粉或3%～4%的次氯酸钠等，毛巾要消毒。

（3）挤奶后，每个乳头要立即药浴，可用3%～4%的次氯酸钠（现配）。

（4）停奶前10天监测隐性乳房炎，阳性或临床乳房炎必须治疗，在停奶前3天再监测2次，阴性方可停奶。

（5）挤奶人员、挤奶器等工具一定做好清洗消毒工作。

（6）先挤健康牛后挤病牛奶（用具专用），严重乳房炎患牛，可淘汰。

3. 蹄部卫生保健

（1）牛舍、运动场地面应保持平整、干净、干燥。

（2）保持牛蹄清洁、清除趾（指）间污物或用水清洗（夏天）。

（3）要坚持定期消毒。用 4‰ 硫酸铜液喷洒浴蹄，夏、秋季每 5～7 天进行 1～2 次。冬天可适当延长间隔。

（4）坚持每年对全群牛只肢蹄普查一次，对蹄变形牛于春、秋季节统一修整。

（5）对蹄病患牛及时治疗，促进痊愈过程。

（6）按操作过程正确修蹄。

（7）坚持供应平衡日粮和正确的配种程序。

4. 营养代谢病监控

（1）高产牛在停奶时和产前 10 天左右做血样抽样检查，测定有关生理指标。

（2）定期监测酮体，产前 1 周、产后 1 月内每隔 1～2 天监测 1 次。发现异常及时采取治疗措施。

（3）加强临产牛监护，对高产、体弱、食欲不振的牛在产前 1 周可适当补 20% 葡萄糖酸钙 1～3 次，以增加抵抗力。

（4）注意奶牛高产时的护理。产奶高峰时，可在日粮中添加碳酸氢钠 1.5%（加入精料中）。

（5）每年随机抽检 30～50 头高产牛做血钙、血磷监测。

四、奶牛养殖场疫病的防控措施

1. 建立完善的消毒制度

（1）按奶牛养殖场的饲养规模，在四周应建围墙（网、栏），大门口应设外来人员更衣室和紫外线灯等消毒设备。还要建车辆消毒池，参考尺寸为长 4.5 米、宽 3.5 米、深 0.1 米；人行过道消毒池，参考尺寸为长 2.8 米、宽 1～1.4 米、深 0.05 米。池底要有坡度，并设排水孔。生产区与其他区要建缓冲带，生产区的出入口设消毒池、员工更衣室、紫外线灯和洗涤容器。

（2）每年春秋两季用2%的苛性钠溶液和10%的石灰乳等对牛舍、周围环境、运动场地面、饲槽、水槽等进行消毒处理。

（3）及时处理粪尿，防止污染环境。

2. 定期进行预防接种、检疫

（1）养殖场奶牛在春秋两季要进行结核病检疫。使用精制结核菌素进行皮下注射，经72小时观察局部有无明显的炎性反应，如果皮厚差大于或等于4毫米，可初步判定为阳性病牛，经复检无误后，在动物卫生部门监督下进行捕杀处理。

（2）养殖场还要进行奶牛布鲁氏菌病的检疫。即在春秋两季抽取奶牛血样，采用试管血清凝集试验方法，进行对比试验，如发现阳性病牛，在动物卫生管理部门监督下及时处理。

（3）养殖场奶牛要实行奶牛健康证管理和免疫标识制度，通过对奶牛佩戴耳标，实现一牛一标一号，建立档案，详细记录奶牛免疫、饲养和用药情况，及时掌握和监控牛群疾病情况，为小区原料牛奶卫生安全追溯制度奠定良好的基础。

（4）奶牛养殖场要在当地动物防疫部门指导下，根据各种传染病的发病季节，做好相应的免疫接种计划，每年进行2次口蹄疫疫苗、1次炭疽菌苗预防注射。

3. 坚持自繁自养的原则　坚持自繁自养的原则，既有利于自身的奶牛饲养，又可避免购买奶牛时带进各种传染病。如果必须引进奶牛，一定要从非疫区引进，要选派专业很强的兽医技术人员到产地与兽医部门联合对牛只进行逐头检疫，证明无传染病后才可引进。购进后，应隔离饲养2个月，经检疫无病后方可进入场区饲养。

4. 要进行牛群健康普查，构建良好的生产环境

（1）奶牛养殖场每年应定期对奶牛进行1～2次健康检查（包括酮病、骨营养不良病），了解奶牛群代谢状况，定期邀请当地动物防疫部门对牛只抗体水平进行监测，及时掌握免疫接种效果，为科学制定防疫、检疫程序提供依据。

（2）要抓好疾病预防工作，要突出强调牛群的安全，不能只针对个体，所采取的一切措施要从小区奶牛群体情况出发，应有益于群体。

（3）要做好牛舍间空隙地的绿化工作，注意保持舍内通风换气，搞好冬季防寒保温和夏季防暑降温。注意运动场地的维护，要供应充足的饮水和补饲矿物质。

（4）要搞好牛体自身卫生。进入小区的奶农和饲养员应经常刷拭牛体。奶牛的乳房毛可能沾有大量的污物和细菌，很容易污染牛奶和乳头，其污染物是奶牛患乳房炎的潜在威胁，春秋两季将奶牛保定，用工具将乳房上的毛剃干净。

（5）要注意奶牛的蹄子保护。及时清除地面的碎石、铁丝等坚硬异物，保持牛床、运动场及蹄部清洁干净，每年春秋两季各进行1～2次检蹄、修蹄和护蹄。

5. 应进行针对性的药物预防

（1）对一些细菌引起的疾病，应及时采用针对性强的抗生素进行治疗。如奶牛乳房炎，可先用 50℃ 左右水浸泡的毛巾洗净乳房及乳头，进行按摩。再用 0.1% 高锰酸钾液擦净乳房和乳头；挤完奶后，用 0.5% 碘溶液或 0.15%～1% 洗必泰溶液清洗乳房和乳头。对患病牛，除积极治疗外，还要注意反复挤净乳汁，每天挤 4～6 次有利于痊愈。

（2）对一些寄生虫引起的疾病，如奶牛焦虫病，在蜱繁殖季节和放牧之前，可采取贝尼尔（血虫净）每千克体重 5～7 毫升，临用时用水配成 7% 溶液，臀部肌内注射。

（3）泌乳牛在正常情况下禁止使用任何药物（尤其是抗生素），必须用药时，药残期的牛奶不应作为商品牛奶出售。

（4）对高产奶牛易发生的缺钙等病症，可静脉注射葡萄糖酸钙预防。

总之，小区在栏牛群的主要疾病年发病率应低于 8％～10％，死亡率应在 2％～3％以下。

6. 做好相关业务记录，保存好资料

（1）生产记录。包括产奶量、乳脂率、配种产犊、饲料使用、兽药使用、系谱等。

（2）兽医诊疗记录。包括奶牛健康检查、疾病诊疗、防疫、检疫等，做到一牛一档。

（3）病、死、淘汰牛记录。包括病牛奶的处理、死亡牛只的无害化处理记录。淘汰牛出售时应抄写或复印有关记录随牛带走。

五、奶牛易患传染病的免疫程序

1. 牛口蹄疫弱毒疫苗 每年春、秋两季各用同型的口蹄疫弱毒疫苗接种一次，肌内或皮下注射，1～2 岁牛 1 毫升，2 岁以上牛 2 毫升。注射后 14 天产生免疫力，免疫期 4～6 个月。若第一次注射后，间隔 15 天再注射一次会产生更强的保护力。

2. 牛传染性鼻气管炎疫苗

（1）4～6 月龄犊牛接种。

（2）空怀青年母牛在第一次配种前 40～60 天接种。

（3）妊娠母牛在分娩后 30 天接种。

已注射过该疫苗的牛场，对 4 月龄以下的犊牛不接种任何疫苗。

3. 牛病毒性腹泻疫苗

（1）任何时候都可以使用，妊娠母牛也可以使用，第一次注射后 14 天应再注射 1 次。

（2）1～6 月龄犊牛接种；空怀青年母牛在第一次配种前 40～60 天接种；妊娠母牛在分娩后 30 天接种。

4. 牛布鲁氏菌 19 号菌苗 5～6 月龄母犊牛接种。

5. 猪型布鲁氏菌 2 号菌苗　口服，用法同 19 号菌苗。

6. 羊型布鲁氏菌 5 号菌苗　可用口服。

7. 无毒炭疽芽孢苗　1 岁以上的牛皮下注射 1 毫升，1 岁以下的 0.5 毫升。

六、免疫接种注意事项

1. 生物药品的保存、使用应按说明书规定。

2. 接种时用具（注射器、针头）及注射部位应严格消毒。

3. 生物药品不能混合使用，更不能使用过期疫苗。

4. 装过生物药品的空瓶和当天未用完的生物药品，应该焚烧或深埋（至少埋 80 厘米深）处理；焚烧前应撬开瓶塞，用高浓度漂白粉溶液进行冲洗。

5. 疫苗接种后 2～3 周要观察接种牛，如果接种部位出现局部肿胀、体温升高症状，一般可不做处理；如果反应持续时间过长，全身症状明显，应请兽医诊治。

6. 建立免疫接种档案，每接种一次疫苗，都应将其接种日期、疫苗种类、生物药品批号等详细登记。

第三节　奶牛疫病诊断技术

一、奶牛的接近

接近病牛前，要向畜主了解病牛的性情，有无踢、抵等恶癖，然后以温和的呼声，向病牛发出接近信号，再从其前侧方慢慢接近。

接近后，可用手轻轻抚摸病牛的颈侧或臀部，待其安静后，再行检查。

检查时，应将一手放于病牛的肩部或髋结节部，一旦病牛剧烈骚动抵抗时，即可作为支点向对侧推动并迅速离开。

接近病牛时，一般要由牛主人在旁进行协助。

二、奶牛的保定

1. 徒手保定　用一手握牛角根，另一手用拇指与食指、中指捏住鼻中隔即可固定。此法可用于一般检查、灌药、肌内及静脉注射。

2. 鼻钳保定　用鼻钳经鼻孔夹紧鼻中隔，用手握持钳柄加以固定。此法可用于一般检查、灌药、肌内及静脉注射。

3. 后肢保定　两后肢保定取长的粗绳一条，折成等长两段，于跗关节上方将两后肢胫部围住，然后将绳的一端穿过折转处向一侧拉紧。此法可用于恶癖奶牛的一般检查、静脉注射及乳房、子宫、阴道疾病的治疗。

4. 柱栏保定

（1）二柱栏保定。将牛牵至二柱栏内，鼻绳系于头侧栏柱，然后缠绕围绳，吊挂胸、腹绳即可固定。此法可用于临床检查、各种注射及颈、腹、蹄等部疾病治疗。

（2）四柱、六柱栏保定。将牛牵入四柱、六柱栏内，上好前后保定绳即可保定，必要时可加上背带和腹带。

5. 一条绳倒卧保定法　选一长 12～15 米的长绳，在距绳端 2 米处，将绳拴在牛的角根部，并交二助手向前牵引；绳的另一端向后牵引，在肩胛骨的后角，以半结做一个胸环，绕胸部 1 周后，再在髋结节前再经腹部围绕 1 周，绳游离端由 3～4 个人向后牵引，前方与后方同时向相反的两个方向用力拉绳，牛平稳自然卧倒在地下。牛卧倒后，前方牵引绳的人立即用一只手抓住牛鼻钳（或用手抓住牛的两鼻孔），另一只手抓住牛角使牛的枕部着地，牢固地控制牛头，防止牛抬头，即可有效控制牛，使其不能站起。

三、临床诊断的方法与程序

1. 临床检查的基本方法

（1）问诊。问诊的方法：在检查病牛前，向畜主或饲养、管理人员调查、了解病牛或牛群的发病情况。了解病史、发病时间、地点、发病数量、病后表现、对发病原因的估计、病的经过以及采取的治疗措施与效果等；了解当地疫病流行、防疫、检疫情况等；了解饲养、管理情况，以及饲料的种类、数量、质量及配方、加工情况，饲喂制度，牛舍环境卫生及生产性能等。问诊时，询问内容既要有重点，又要全面搜集情况。对问诊所得资料不要简单地肯定或否定，应结合现症检查结果，进行综合分析，找出诊断的线索。

（2）视诊。视诊是用肉眼直接观察被检动物的状态和从畜群中发现病畜的有效方法。视诊的方法：先不要靠近病牛，也不宜保定，应尽量使奶牛取自然姿势。先观察全貌，然后由前向后、从左到右，边走边看，观察病牛的头、颈、胸、腹、脊柱、四肢、尾、肛门及会阴部，并对照观察两侧胸、腹部及臀部的状态和对称性。最后可进行牵遛，观察运步状态。观察牛群，从中发现精神沉郁、离群呆立、饮食异常、腹泻、咳嗽、喘息及被毛粗乱无光、消瘦衰弱的病牛。视诊最好在自然光照的宽敞场所进行；对运动过强的病牛，应稍经休息，待呼吸平稳后再行观察。

（3）触诊。触诊是利用手对畜体被检部组织、器官进行触压和感觉，以判断其病理变化。触诊的方法：浅表触诊法用手轻压或触摸被检部位，以确定从体表可以感觉到的变化。如体表温度、湿度、局部炎症、肿胀性质；检查心脏的搏动、脉搏和肌肉是否有积液及奶牛胃肠内容物的性质等。触诊时要注意人畜安全，必要时应进行保定；宜先健区后病部，先轻后重，并注意与对应部或健区进行对比。

（4）叩诊。叩诊就是用手指或叩诊器敲打被检部位，并根据所产生的声音的性质推断其病理变化的一种检查方法。叩诊的方法：直接叩诊法是用手指或叩诊锤直接叩击被检部位。

手指叩诊法是将左手中指平放于被检部位，用右手中指或食指的第二指关节处呈屈曲，并以腕力垂直叩击平放于体表手指的

第二指节处。

锤板叩诊法是用叩诊锤和叩诊板进行叩诊。左手持叩诊板，平放于被检部位，右手持叩诊锤，以腕力垂直叩击，以听取其声音。

叩诊宜在安静环境，最好在室内进行。间接叩诊时手指或叩诊板必须与体表紧贴，每点连续叩击数次后再行移位。叩诊用力要适宜，一般对深在器官用强叩诊，浅表器官用轻叩诊。如发现异常叩诊音时，则应左右或与健康部对照叩诊。

（5）听诊。听诊是听取病畜某些器官在活动过程中发出的声音，借以判断其病理变化。直接听诊是在听诊部位放置一块听诊布，然后将耳直接贴于动物被检部位进行听诊。间接听诊是借助听诊器听诊。听诊主要用于听心音；听喉、气管、肺泡呼吸音及胸膜的病理性音响；听胃肠的蠕动音。听诊时应在安静环境，最好在室内进行；听诊时应注意区别动物被毛的摩擦音和肌肉的震颤音。

（6）嗅诊。嗅诊是嗅闻排泄物、分泌物、呼出气味及口腔气味，从而判断病变性质的一种检查方法。嗅诊主要应用于：肺坏疽时，鼻液带有腐败性恶臭；胃肠炎时，粪便腥臭或恶臭，口腔气味腐臭难闻；牛酮血病时，呼出气体有酮体气味；厌氧菌感染时，可闻尸臭气味。

2. 临床检查程序　为了全面而系统地搜集病牛的症状，并通过科学的分析而做出正确诊断，临床检查工作应该有计划、有步骤地按一定程序进行。

（1）病牛登记。病牛登记就是系统地记录就诊奶牛的一般情况和特征，以便识别。登记内容包括奶牛品种、性别、年龄、个体特征、畜主姓名、住址、单位等。

（2）病史调查。通过问诊了解现病史和既往病史，必要时还须深入现场进行流行病学调查。

（3）现症检查。现症检查包括一般检查、系统检查、实验室检验和特殊检查等。

（4）最后综合分析检查结果，建立初步诊断，并拟订治疗方案，通过治疗进一步验证诊断。

四、奶牛一般检查

一般检查是对奶牛进行临床检查的初级阶段。通过检查可以了解奶牛的全身基本状况，并可发现疾病的某些重要症状，为系统检查提供依据。

1. 全身状态的观察

（1）精神状态。主要观察动物的神态、行为、面部表情和眼耳活动。

（2）营养状况。营养良好的奶牛，肌肉丰满、结构匀称、骨不显露、被毛有光泽、精神旺盛。营养不良的奶牛消瘦、毛焦欣吊、皮肤松弛、骨骼表露。

（3）姿势与步态。健康奶牛，姿势正常，步态自然，站立时常低头，食后四肢集于腹下而伏卧，起立时先起后肢。

2. 毛的检查 健康奶牛的被毛平顺而富有光泽。检查被毛时，还应注意被毛污染情况。当奶牛下痢时，肛门附近、尾及后肢可被粪便污染。

3. 皮肤的检查 通过视诊和触诊检查皮肤的颜色、温度、湿度、弹性、疹疱、脓肿、血肿、淋巴结等。

4. 眼结膜的检查

（1）检查方法。首先观察眼睑有无肿胀、外伤及眼分泌物的数量，再检查结膜。一手握角，另一手握鼻中隔并扭转头部或用两手握牛角并向一侧扭转，使头偏向侧方即可观察巩膜。用拇、食指拨开上、下眼睑观察结膜。

（2）正常状态。健康奶牛，双眼明亮、不羞明、不流泪、眼睑无肿胀、眼角无分泌物。

（3）病理变化。潮红是结膜毛细血管充血的象征。常见于热性病、胃肠炎及重症腹痛病等。苍白是贫血的象征。见于大失血、内出血、慢性失血、营养不良性贫血、再生障碍性贫血、溶血性贫血等。黄染是血液中胆红素浓度增高的象征。常见于肝病、溶血性疾病及胆道阻塞等。发绀是血液中还原血红蛋白增多的结果。常见于肺炎、循环障碍、某些中毒（如亚硝酸盐中毒）等。

5. 浅表淋巴结的检查 主要用触诊法，必要时采用穿刺检查。检查时应注意其大小、形状、硬度、敏感性及在皮下的移动性。检查淋巴结是否肿大、坚硬、表面凹凸不平，有热、痛反应。触诊是否有波动感。

6. 体温、脉搏、呼吸测定 体温、脉搏、呼吸是动物生命活动的重要生理指标，测定这些指标，在诊断疾病和判定预后有重要意义。

（1）体温测定。通常是测量直肠温度。测温时，先将体温表的水银柱甩至 35℃ 以下，用酒精棉消毒，检温者一手将奶牛尾根提起并推向对侧，另一手持体温计徐徐插入肛门中，放下尾巴后，将附有的夹子夹在尾毛上，3 分钟后取出，读取度数。一般情况，健康奶牛的体温清晨较低，午后稍高，幼龄奶牛较成年稍高，妊娠奶牛较空怀的稍高，奶牛运动后的体温比安静时略高。这些生理性变动在 37.5～39.5℃。

（2）脉搏数测定。计数每分钟的脉搏次数。奶牛可检查尾动脉，检查者站在奶牛正后方，左手抬起尾部，右手拇指放于尾根背面，用食、中指在距尾根左右处检查。奶牛正常脉搏数为 40～80 次/分。奶牛的脉搏数受年龄、兴奋、运动等生理因素的影响，会发生一定程度的变化。

（3）呼吸数测定。计数每分钟的呼吸次数，又称呼吸频率，以次表示。测定方法可根据胸腹部起伏动作而测定，一起一伏为一次呼吸。奶牛正常值为 10～30 次/分。奶牛的呼吸数受某些生理因素和外界条件的影响，可引起一定的变动。当外界温度过高时，某些奶牛可明显增多；奶牛吃饱后取卧位时，呼吸次数明显增多。

五、奶牛系统检查

主要进行消化系统、呼吸系统、泌尿生殖系统、运动系统等的检查。

1. 消化系统检查 要注意有无食欲和饮水的变化，有无异嗜，采食、咀嚼、吞咽的动作有无异常，反刍和嗳气是否正常，且对口腔、咽、食管、瘤胃、网胃、瓣胃、皱胃、肠道和肛门进行检查，还要注意粪便的变化等。

2. 呼吸系统检查 主要检查呼吸类型、节律、有无呼吸困难和呃逆、有无鼻液及鼻液的性状、两侧鼻孔呼出气体的强度是否相同，以及温度高低和有无气味，且对鼻、喉、气管、胸廓和肺进行听诊、叩诊及触诊检查。

3. 泌尿生殖系统检查 主要检查排尿姿势、次数和量有无异常，并对尿液进行收集检查，尿颜色、透明度和气味有无异常，还可通过直肠检查肾、膀胱以及内生殖器等。乳房也是检查的重点。

4. 运动系统检查 主要检查四肢有无异常，站立和运动是否正常，有无跛行、麻痹、痉挛和共济失调等表现。

第四节 奶牛疫病治疗技术

奶牛疫病的治疗关键在于合理用药，要中西医结合，辨证施治；要注重治疗效果；要注意药物在奶牛体内的残留，以免影响牛奶品质；要将治疗成本降到最低限度。治疗方法主要有以下几种：

一、给药方法

1. 肌内注射

注射部位：牛颈部和臀部，肌肉丰厚的部位。颈部的注射部位选择在中 1/3 和下 1/3 部的背侧面；臀部注射部位，在腰部以后荐椎与尾根连线的两侧臀肌部。

注射方法：垂直于皮肤将针头刺入肌肉内，深度一般为 2～3 厘米，臀部肌肉刺入 4 厘米或更深一些，然后注入药液。

2. 皮下注射

注射部位：奶牛颈部侧面，皮肤易于移动的部位。

注射方法：一手提起牛的皮肤，使其形成皱褶，然后将针头对准皱褶刺入皮下，松开皮肤后，针头可以在皮下摆动，此时即可注入药液。

3. 皮内注射

注射部位：在奶牛颈侧中部上 1/3 处。

注射方法：剪毛、消毒后，左手将皮肤捏成皱褶，右手持注射器（7 号左右针头），几乎使针头和皮肤表面呈平行刺入。针进入皮内后，左手放松，右手推注，进针准确时，注射后皮肤表面出现一小圆丘状。

4. 静脉注射

注射部位：最常用的注射部位是颈静脉，颈静脉注射常在颈部的中 1/3 处。

注射方法：用左手先压迫静脉的近心端，阻断血液回流，使静脉臌胀，然后右手把针头在按压点上方约 2 厘米的地方，顺血管方向与皮肤呈 45°，刺入血管，当有血液流出时，表示针头已经刺入血管内，再将针头顺血管方向推送 1～2 厘米，进而检查有回流血液后，方可慢慢注入药液，以每分钟 30～60 毫升为宜。注射针头和输液管要用小夹子固定在皮肤上，以免在注射过程中滑落。

注意事项：采用这种方法，病牛要确实保定。进行静脉内注射前，要排完输液管中的空气。药液要加温到接近体温，刺激性的药液绝对不能漏在血管外，油类制剂不能注射。

5. 直接经口投药法 对于量少、对口腔刺激不大的粉剂、片剂或丸剂药物，可直接经牛口腔投服。投药时将牛头抬高，自其口角拉出舌头，将药送至舌根后方，松开舌头，药即被牛自然咽下。也可在药中加入适量的面粉和水，调成糊状后，打开牛的口腔，用木片或竹片抹到牛的舌根部，使其自然咽下即可。

6. 灌药瓶投药法　即用灌药瓶将碾压粉碎调成糊剂的药经奶牛的口投入。灌药瓶为橡胶的最好，也可用普通的酒瓶代替。先将奶牛保定在柱栏内，将水剂的药物灌入药瓶，抬高牛头，自口角的齿槽间隙处向口腔内插入灌药瓶嘴，然后分数次将药灌入奶牛口中，待奶牛自然咽下第一口后，再灌第二口，以免呛咳。

7. 胃管投药法　所用器械为胃导管和漏斗。要先清洗、检查胃管，插入端涂上石蜡油或水。经口腔插入胃管投药法，用开口器打开牛的口腔，也可用一根直径5厘米、长约30厘米的木棒横于牛口中（至口角处），用小绳将开口器或木棒拴系于牛角根加以固定。打开牛口腔后，用质地较硬的胃导管送入牛口腔并顺其舌背面向里插，当胃导管前端抵住牛喉头后，可感觉到阻力，胃导管随牛的吞咽而顺势插入。胃导管正确插入食管的反应是：胃导管端没有牛呼吸的气流喷出；牛无呛咳现象；管内偶有酸臭味气体涌出，并带有水泡的响声。当确定胃导管插入食管后，再向里插进50～70厘米，连接漏斗，灌入药液。

8. 舔剂投药法　舔剂投药法就是将无强刺激性的药物加适量面粉、麦麸等制成糊或舔剂，将其涂于奶牛的舌根部，使奶牛逐渐舔食并咽下。投服时，先将药团放在舔剂板前端，一手将舌拉出，另一手持舔剂板，从一侧口角送入口内，并迅速将药抹到舌根部。并立即抽出舔剂板，把舌松开，抬高头部，待其咽下，必要时可灌服少量水。

二、瘤胃穿刺术

瘤胃穿刺是用套管针直接穿刺瘤胃，要动作迅速，操作严密。牛站立保定，术部在左腰肠管外角水平线中点上，术部剪毛，皮肤碘酊消毒，套管针应煮沸消毒或以 75％酒精擦拭，手术刀切开皮肤 1～2 厘米长后，套管针斜向右前下方猛力刺入瘤胃到一定深度拔出针拴，并保持套管针一定方向，防止因瘤胃蠕动时套管离开瘤胃损伤瘤胃浆膜造成腹腔污染。当泡沫性臌气时，泡沫和瘤胃内容物容易阻塞套管，用针拴上下捅开阻塞，有必要时通过套管向瘤胃内注入制酵剂。拔出套管针时，先插入针拴，一手压紧创孔周围皮肤，另一手将套和针拴一起迅速拔出，拔出后以一手按压创口几分钟，将手释去，皮肤消毒，必要时，切口做 1～2 针缝合。泡沫性臌气还须给予止酵剂，如植物油、矿物油及一些表面活性剂。

三、膀胱穿刺术

奶牛膀胱穿刺在直肠内进行穿刺，首先温水灌肠排净直肠内宿粪，用带有 30～40 厘米长胶管的针头进行穿刺。针头在膀胱体穿刺，而不在膀胱顶部穿刺。术者右手持针头带入直肠内，手感觉膀胱的轮廓，于膀胱体部进行穿刺，穿刺针经直肠壁、膀胱壁进入膀胱内，手在直肠内固定针头，以防针头随肠蠕动而脱出，连接针头的胶管在肛门外，即可见到尿液排出，穿刺完毕拔下针头，消毒术部。

四、心包穿刺术

奶牛心包穿刺部位在左侧第四肋间隙，胸外静脉上方，或肘头水平线与第四肋间隙交点处。在术部皮肤用手术刀切一个 0.5 厘米的小切口。用消毒过的穿刺针经皮肤小切口垂直刺入，经肋间肌、胸膜、心包壁而刺入心包腔内，针头一旦进入心包腔内，即可经针头向外排出心包液。

五、子宫冲洗术

先清洗和消毒奶牛的外阴部，术者持导管插入奶牛阴道内，触摸到子宫颈后，将导管经子宫颈口插入子宫内，导管另一端连接漏斗或注射器向子宫内灌注消毒药液，然后放低导管，用虹吸法导引出灌入的药液，如此反复几次的灌入和吸出，可使子宫内的积脓、胎衣碎片等物质清洗干净。最后用青霉素160万～320万单位、生理盐水溶液150～200毫升灌入子宫内，不再放出，以控制和消除子宫的炎症。

六、奶牛导尿法

导尿前清洗奶牛外阴部，并用70%酒精棉球消毒阴门。导尿管有金属导尿管和医用乳胶导尿管，导尿管用75%酒精或0.1%新洁尔灭消毒后，外表涂灭菌石蜡油。导尿时右手持导尿管送入母畜阴道内，导尿管前端与右手食指并齐，拇指和食指捏住导管，中指探查尿道外口。尿道外口位于阴道前庭的腹面，一个黏膜皱褶的稍前方凹陷处，其底部有一个稍隆起的尿道外口。中指探查到尿道外口后，拇指和食指将导管插入尿道外口内，并缓慢向里推送。遇有阻力，不可硬插，应将导尿管向后倒退一下或改变一下导尿管的插入方向再试图插入，一旦导尿管经尿道外口进入尿道后，都会容易地插入膀胱内，尿液也就随之流出来了。

七、其他治疗方法

其他治疗方法还有洗胃法、灌肠术、去势术、断角术等。

第五节　奶牛用药知识

一、奶牛用药常识

1. 尽量采用注射用药

（1）奶牛主要靠瘤胃内的微生物帮助消化，抗生素进入瘤胃后，不但抑制病原微生物的生长繁殖，还会破坏自身有益微生物菌群平衡，引起消化机能障碍，人为地造成减食，反刍活动减弱，长期喂抗生素类药物还容易加重病情。小犊牛在微生物群落还未建立起来之前，为预防疾病促进生长，适量喂一些抗生素是可以的，但待犊牛到七八个月时就要停喂。

（2）避免反复注射。奶牛性柔胆小，非常敏感，反复注射常常给奶牛造成应激反应，对奶牛的产奶量影响很大。尤其是在给奶牛接种疫苗时，要尽量采用联苗，以减少注射次数。接种后奶牛产奶量会大大减少，特别是在炎热的夏天。

2. 尽量在停奶后用药　干奶期是治疗乳房炎的最佳时机，减少弃奶损失，如在停产时给奶牛每个乳头用干奶药灌注，是治疗奶牛乳房炎行之有效的方法。在奶牛停奶后 2 个月的时间里，要加强停产奶牛的饲养管理，力争在停产这段时间内，把奶牛调养好，使奶牛以健康的体况，为下一个泌乳期作准备。

3. 选准用药时间　奶牛患病确诊后应尽快用药，特别是乳房炎。治疗瘤胃疾病服帮助消化的药物，如消化酶、稀盐酸等，在饲喂时给药效果最好；对一些刺激性强的药物，饲喂后给药可缓解对胃的刺激性；慢性疾病应饲后服药，缓慢吸收，作用持久；奶牛患急病、重病及对服药时间无严格要求的一般病，可不拘时间，任何时间均可服药。

4. 注意孕期用药　奶牛怀孕，倘若临床用药不慎，往往导致妊娠中断、怀孕失败。奶牛怀孕后，五脏六腑发生一定的生理变化，对药物的反应和未孕的母牛不尽相同，药物动力学与药物代谢也随怀孕而改变。因此，对孕牛用药不当，将导致死胎、流产、早产和怪胎等隐患。为降低隐患，减少损失，建议养牛户在给孕牛用药时注意以下问题：

（1）孕牛患病需要用药调治，首先应考虑所用药物对胎儿有无直接或间接危害；其次要考虑所用的药物对母体有无毒副作用，同时还应考虑所用药物对泌乳期的孕牛所产的奶，是否会造成药物残留危及人体健康安全。

（2）孕牛非用药不可时，可选用不引起死胎和致发畸胎的药物。

（3）孕牛用药剂量不宜过大，时间不宜过长，以免蓄积作用祸及胎儿。

（4）孕牛慎用全麻药、攻下药、驱虫药。禁用有直接和间接影响机能的药物，如前列腺素、雌（雄）激素；又如缩宫药物催产素、垂体后叶素、麦角制剂、氨甲酰胆碱、毛果芸香碱，还有中药桃仁、红花、乌头等。

5. 防止药物过敏 在给患病奶牛注射青霉素或链霉素等药物时，有的牛会发生过敏反应，如果抢救不及时或不合理，会造成奶牛死亡。因此，用药后不可掉以轻心，应注意细心观察，并做好急救准备。奶牛过敏反应的主要症状是：全身战栗，呼吸困难，突然倒地，阵发抽搐，可视黏膜发绀，反应迟钝。解救可静脉注射 10% 葡萄糖酸钙注射液 200～500 毫升；或肌内注射扑尔敏注射液 5～10 毫升。

6. 在奶牛疾病防治上，兽医必须深刻认识药物残留和不科学用药的危害，要切实掌握奶牛疾病临床防治用药原则与注意事项。

（1）药物滥用及残留造成的危害。

①奶中药物残留对公共卫生安全的危害。

a. 奶中药物残留可导致人体过敏。例如，青霉素、链霉素、左氧氟沙星、头孢噻呋、西米替丁、黄色素等可引发人体过敏。

b. 持续食入奶中残留药物可对肾、肝、神经等组织器官造成损伤。例如，庆大霉素有肾毒性、耳毒性，卡那霉素有肾毒性、第八脑神经毒性，氯霉素有抑制骨髓造血功能的毒副作用，关木通可引起肾损害。

c. 奶中药物残留可导致机体代谢紊乱。例如，地塞米松等肾上腺皮质激素可影响到人体的糖代谢和脂肪代谢。

d. 奶中药物残留对胎儿发育会造成不良影响。例如，甲硝唑会导致胎儿畸形，土霉素、四环素可造成胎儿短肢畸形、先天性白内障。

e. 持续食入奶中残留的抗生素可导致二重感染。例如，持续食入抗结核类药物可引发真菌感染。

f. 奶中的激素类药物可导致生长发育异常及致癌。例如，雌激素、孕激素就有致癌和影响人身体正常发育的副作用。

g. 奶中的抗生素可使细菌产生耐药性、产生超级细菌，而动物体内的耐药病原体及耐药性可以通过动物原性食品向人体转移，从而影响到急重感染病人的治疗。

h. 牛体内的药物可通过粪尿污染土壤、水源等对环境造成不良影响，从而对生态及人体健康造成间接危害。例如，含氯离子的消毒剂、驱虫药等造成的环境污染。

②不合理的临床用药对奶牛养殖业的危害。药物治疗疾病的同时，也会产生一定的毒副作用或其他不良反应，也会影响奶牛养殖效益。不合理的临床用药对奶牛养殖业所造成的副作用主要表现在以下几个方面：

a. 延误牛病治疗。

b. 催生耐药菌株产生。

c. 对奶牛心血管、神经、消化系统、呼吸系统器官造成毒害（包括急性毒害和蓄积性毒害）。

d. 导致奶牛繁殖机能紊乱。

e. 饲养日药费增加。

f. 鲜奶因药物残留被拒收而造成经济损失。

（2）奶牛临床科学用药的原则及注意事项。

①正确的诊断是科学用药的前提条件。在对奶牛疾病及其发展过程认识不清的情况下贸然用药，就是无的放矢；诊断错误必然会导致用药错误，就谈不上科学用药。在这种情况下，不但会耽误治疗、浪费资源，还会导致药物滥用，从而危害公共卫生安全。所以，兽医人员要重视临床诊断水平的不断提高，要与时俱

进地更新知识、更新观念，必须树立终身学习理念，不断提高诊断水平。

②要坚持"标本兼治"。对因治疗即是"治本"，是针对致病因素进行的治疗。例如，用抗生素杀灭、清除体内相应的病原微生物；用解毒药物消除或中和体内的毒物等。对症治疗即是"治标"，是针对疾病的临床表现所采取的治疗。例如，针对疼痛进行的镇痛治疗，针对发热进行的解热治疗，针对心力衰竭进行的强心治疗等。治标和治本一样重要，治病必求其本。在临床治疗时，根据患病动物的具体情况必须坚持急则治其标、缓则治其本和标本兼治的原则。

③临床科学用药剂量原则。要对疾病产生治疗作用，就必须给予一定的剂量，药物用量小于最小有效量起不到治疗作用；药量在治疗量这一范围内剂量越大，防治作用就越强；但如果用量超过极量，就会对奶牛产生毒害作用。下面以青霉素和链霉素为例，介绍一下不按规定剂量用药而产生的危害。

例1：治疗奶牛疾病时，青霉素的肌内注射规定用量为每千克体重4 000～8 000单位。对于体重500千克的奶牛来说，其总用量为200万～400万单位，如果肌内注射青霉素的量小于200万单位则起不到治疗作用，而且还会使细菌产生耐药性；如果治疗用量高于400万单位就会对病牛产生相应的毒害作用或副作用；用药量在200万～400万单位，随着剂量增大，治疗作用也随之增强。另外，由于每100万单位青霉素钾中含66.3毫克钾离子，如果过量使用青霉素钾，会对奶牛心脏功能造成不良影响。

例2：大剂量静脉注射链霉素可引起牛的阵发性惊厥、呼吸抑制、肢体瘫痪和全身无力，如果在治疗奶牛产后瘫痪时，错误地配合使用大剂量链霉素，就可能会导致病牛产后瘫痪症状加重、疗效下降。

④临床科学用药的疗程原则。在使用抗生素类药物治疗奶牛

疾病时，必须保证疗程合理，这样才能发挥药物的治疗作用。在治疗大多数疾病时，不能在给药1～2次、见到一点效果时就停药。这样不但易引起疾病反复，还可促使病原产生耐药性。用抗生素药物治疗奶牛疾病的疗程一般为2～3天。用磺胺类药物治疗奶牛疾病的疗程一般为3～5天。如果治疗效果不佳，应该在一个治疗疗程内调整剂量或更换药物。如果治疗有效，一般在症状消失后再巩固治疗2～3天，然后结束治疗。

⑤联合用药的注意事项。在联合用药时，要充分了解药物的药理作用，联合用药如果忽视药物之间的相互作用，会导致疗效下降，还不如用单一药物进行治疗。如果能了解药物的理化性质、药理作用，合理的联合用药就可以起到协同作用、减少副作用、提高疗效。

第一，抗生素类药物的分类和配伍原则。抗生素类药物可分为如下四大类：第一类：繁殖期杀菌剂或速效杀菌剂（青霉素、头孢类等）；第二类：静止期杀菌剂或慢效杀菌剂（氨基糖苷类、多黏菌素类）；第三类：速效抑菌剂（四环素类、大环类酯类等）；第四类：慢效抑菌剂（磺胺类等）。

抗生素类药物的配伍原则：第一类和第二类合用一般可获得增强作用；第一类和第三类合用，可出现颉颃作用；第二类和第三类合用常表现相加作用或协同作用；第一类和第四类合用一般无明显影响。

第二，临床用药注意事项：葡萄糖中加入磺胺会出现结晶；解磷啶与碳酸氢钠注射液配伍可产生微量氰化物；泰妙菌素与盐霉素同时用会出现中毒；碳酸氢钠与氯化钙合用会出现沉淀；磺胺药物不宜与维生素C混用；诺氟沙星、恩诺沙星、氧氟沙星不能与钙、镁等金属离子混用，否则会发生络合反应；氯化钙不要与安钠咖同时用。对于不清楚是否有拮抗作用、是否会发生理化学反应的药物，建议均采取单独注射的方式使用。

第三，具体病例治疗过程中的联合用药思路。在此以奶牛酮病治疗为例，阐述一下具体病例治疗过程中的联合用药思路。奶牛酮病的主要病理表现是低血糖、高血酮，为缓解这一病理变化兽医一般都会给奶牛静脉输注葡萄糖注射液、灌服丙二醇。静脉输注葡萄糖可有效缓解患病牛由于低血糖所引起的一系列临床表现；同时，灌服一定量的丙二醇为病牛提供了相应的生糖物质。丙二醇可在瘤胃中转化为丙酸，丙酸通过奶牛肝的糖合成作用转变成了相应的葡萄糖，从而起到了升高血糖作用，减少了通过脂肪分解而产生大量酮体的副作用。这一治疗思路是恰当的，但如果其治疗思路只停留于此，则未能系统性促进相应器官功能提升。在丙二醇转化为葡萄糖的过程中，肝细胞需要维生素 B_{12} 参与其中，如果维生素 B_{12} 不足，这一转化过程就会受到严重影响，所以，为了提升患病牛肝合成葡萄糖的能力，应该在治疗过程中注射一定数量的外源性维生素 B_{12}，还可以在治疗处方中添加入一定数量的硫酸钴，因为钴是机体合成维生素 B_{12} 的一个重要元素。另外，患酮病的奶牛往往可能存在不同程度的脂肪肝问题，脂肪肝会降低奶牛肝糖原合成和糖原分解的功能，所以针对这一问题，在治疗过程中可添加一定量的氯化胆碱。这一综合治疗思路就很好地体现了具体病例治疗过程中的联合用药思路，促进了治疗效果的提升。

⑥口服抗生素治疗奶牛疾病的原则。瘤胃是奶牛消化饲料、饲草的重要器官，其消化功能依赖于胃内的众多微生物区系平衡。4 月龄内犊牛瘤胃发育尚未完善，真胃承担着主要的消化功能。因此，4 月龄内犊牛可口服抗生素进行疾病治疗。4 月龄以上的牛及成母奶牛瘤胃结构及微生物区系已经完善，食入的饲料、饲草主要靠瘤胃消化，不能采用口服抗生素的方式进行疾病治疗，因为口服抗生素会严重影响到瘤胃内的微生物，甚至可导致抗生素中毒。

（3）奶牛寄生虫病防治用药原则及注意事项。

①奶牛场的寄生虫监测。奶牛场确定是否进行定期驱虫的原则是：有则驱、无则不驱。驱虫的前提条件是确定奶牛是否感染了寄生虫，为了确定牛体是否感染寄生虫，奶牛场就必须进行牛群寄生虫监测工作。兽医人员是确定牛场是否进行定期驱虫的重要决策者，做好牛场寄生虫病监测和防控工作是牛场兽医的一项例行工作。

a. 从平时的临床病例中收集牛群寄生虫信息。主要应从以下几个方面着手进行寄生虫监控：一是牛群中有无寄生虫病例；二是牛群有无患寄生虫病的临床表现；三是牛粪便中有无肉眼中可见的寄生虫虫体、节片、卵；四是平时的解剖或屠宰牛体内有无寄生虫；五是采用虫卵检测技术，每年进行2~3次定期监测。

b. 驱虫药的选定。牛体内的寄生虫存在着种类差异（如吸虫、绦虫、蠕虫等），不同种类和不同阶段的寄生虫对驱虫药的敏感性存在着较大差异，用什么药驱虫取决于牛群感染寄生虫的具体种类。所以，牛群驱虫不宜生搬硬套别人的模式，应该根据各牛场的情况具体确定。由于许多寄生虫可通过肉眼观察来判断其所属种类，兽医在收集牛群寄生虫信息时，应该依据相应的形态对其类型做出基本判断，并做出相应的药物选定。另外，在驱虫时不可长期选用同一种驱虫药，因为可能会导致其他寄生虫继发感染。例如，牛群长期用伊维菌素驱虫，易导致绦虫继发感染。

②驱虫时间的确定。合适的驱虫时间，需要根据寄生虫的流行病学特点和环境因素确定。一般选择每年的11月驱虫，因为这个季节气温较低，大多数寄生虫的卵和幼虫在低温下不能发育，可以大大减少寄生虫对环境的污染，也可有效减少寄生虫借助蚊蝇、昆虫传播。

二、奶牛常用药物的用法用量

1. 青霉素 G（penicillin-g）　又名青霉素、苄青霉素，抗菌药物。肌内注射：每千克体重5万~10万单位。与四环素等酸性药物及磺胺类药有配伍禁忌。

2. 氨苄青霉素（ampicillin）　又名氨苄西林、氨比西林，抗菌药物。拌料：0.02％～0.05％。肌内注射：每千克体重 25～40 毫克。

3. 阿莫西林（amoxicillin）　又名羟氨苄青霉素，抗菌药物。饮水或拌料：0.02％～0.05％。

4. 头孢曲松钠（ceflriarone sodium）　抗菌药物。肌内注射：每千克体重 50～100 毫克，与林可霉素有配伍禁忌。

5. 头孢氨苄（cefalexn）　又名先锋霉素Ⅳ，抗菌药物。口服：每千克体重 35～50 毫克。

6. 头孢唑啉钠（cefazolin sodium）　又名先锋霉素 V，抗菌药物。肌内注射：每千克体重 50～100 毫克。

7. 红霉素（eryhromycin）　为抗菌药物。饮水：0.005％～0.02％。拌料：0.01％～0.03％，不能与莫能菌素、盐霉素等抗球虫药合用。

8. 泰乐菌素（tylosin）　又名泰农，为抗菌药物。饮水：0.005％～0.01％。拌料：0.01％～0.02％。肌内注射：每千克体重 30 毫克，不能与聚醚类抗生素合用。注射用药反应大，注射部位坏死，精神沉郁及采食量下降。

9. 螺旋霉素（spiramycin）　抗菌药物。饮水：0.02％～0.05％。肌内注射：每千克体重 25～50 毫克。

10. 北里霉素（kitasamycin）　又名吉它霉素、柱晶霉素，抗菌药物。饮水：0.02％～0.05％。拌料：0.05％～0.1％。肌内注射：每千克体重 30～50 毫克。

11. 林可霉素（lincomycin）　又名洁霉素，抗菌药物。饮水：0.02％～0.03％。肌内注射：每千克体重 20～50 毫克。最好与其他抗菌药物联用以减缓耐药性产生，与多黏菌素、卡那霉素、新生霉素、青霉素、链霉素、复合维生素等药物有配伍禁忌。

12. 杆菌肽（bacitrain）　抗菌药物。拌料：0.004％。口

服：100～200 单位/只，对肾有一定的毒副作用。

13. 多黏菌素（colistin） 又名黏菌素、抗敌素，抗菌药物。口服：每千克体重 3.8 毫克。拌料：0.02％。该药与氨茶碱、青霉素、头孢菌素、四环素、红霉素、卡那霉素、维生素、碳酸氢钠等有配伍禁忌。

14. 乳链霉素（streptomycin） 抗菌药物。肌内注射：每千克体重 5 万单位。

15. 庆大霉素（gentamycin） 抗菌药物。饮水：0.01％～0.02％。肌内注射：每千克体重 5～10 毫克。该药与氨苄青霉素、头孢菌素类、红霉素、磺胺嘧啶钠、碳酸氢钠、维生素 C 等药物有配伍禁忌，注射剂量过大，可引起毒性反应，表现水泻、消瘦等。

16. 卡那霉素（kanamycin） 抗菌药物。饮水：0.01％～0.02％。肌内注射：每千克体重 5～10 毫克。尽量不与其他药物配伍使用，与氨苄青霉素、头孢曲松钠、磺胺嘧啶钠、氨茶碱、碳酸氢钠、维生素 C 等有配伍禁忌。注射剂量过大，可引起毒性反应，表现为水泻、消瘦等。

17. 阿米卡星（amikacin） 又名可胺卡那霉素，抗菌药物。饮水：0.005％～0.015％。拌料：0.01％～0.02％。肌内注射：每千克体重 5～10 毫克。该药与氨苄青霉素、头孢唑啉钠、红霉素、新霉素、维生素 C、氨茶碱、盐酸四环素类、地塞米松、环丙沙星等有配伍禁忌。注射剂量过大，可引起毒性反应，表现为水泻、消瘦等。

18. 新霉素（neomycin） 抗菌药物。饮水：0.01％～0.02％。拌料：0.02％～0.03％。

19. 壮观霉素（spectinomycin） 又名大观霉素、速百治，抗菌药物。肌内注射：每千克体重 7.5～10 毫克。

20. 安普霉素（apramycin） 又名阿普拉霉素，抗菌药物。饮水：0.025％～0.05％。

21. 土霉素（oxytetracycline）　又名氧四环素，抗菌药物。饮水：0.02%～0.05%。拌料：0.1%～0.2%，与丁胺卡那霉素、氨茶碱、青霉素 G、氨苄青霉素、头孢菌素类、新生霉素、红霉素、磺胺嘧啶钠、碳酸氢钠等药物有配伍禁忌。剂量过大对孵化率有不良影响。

22. 强力霉素（dosycycline）　又名多西环素、脱氧土霉素，抗菌药物。饮水：0.01%～0.05%。拌料：0.02%～0.08%。

23. 四环素（tetracycline）　抗菌药物，饮水：0.02%～0.05%。拌料：0.05%～0.1%。

24. 金霉素（chlortetracydine）　抗菌药物，饮水：0.02%～0.05%。拌料：0.05%～0.1%。

25. 甲砜露素（thiampheniclo）　抗菌药物。拌料：0.02%～0.03%。肌内注射：每千克体重 20～30 毫克，与庆大霉素、新生霉素、土霉素、四环素、红霉素、林可霉素、泰乐菌素、螺旋霉素等有配伍禁忌。

26. 氟苯尼考（norfenicol）　抗菌药物。肌内注射：每千克体重 20～30 毫克。

27. 氧氟沙星（ofloxacin）　又名氟嗪酸，抗菌药物，饮水：0.005%～0.01%。拌料：0.015%～0.02%。肌内注射：每千克体重 5～10 毫克，与氨茶碱、碳酸氢钠有配伍禁忌，与磺胺类药合用，会加重对肾的损伤。

28. 恩诺沙星（enrofloxacin）　抗菌药物。饮水：0.005%～0.01%。拌料：0.015%～0.02%。肌内注射：每千克体重 5～10 毫克。

29. 环丙沙星（ciprofloxacin）　抗菌药物，饮水：0.01%～0.02%。拌料：0.02%～0.04%。肌内注射：每千克体重 10～15 毫克。

30. 达氟沙星（danofloxacin）　又名单诺沙星，抗菌药物。饮水：0.005%～0.01%。拌料：0.015%～0.02%。肌内注射：

每千克体重 5～10 毫克。

31. 沙拉沙星（sarafloxacin） 抗菌药物。饮水：0.005%～0.01%。拌料：0.015%～0.02%。肌内注射：每千克体重 5～10 毫克。

32. 敌氟沙星（difloxacin） 又名二氟沙星，抗菌药物。饮水：0.005%～0.01%。拌料：0.015%～0.02%。肌内注射：每千克体重 5～10 毫克。

33. 氟哌酸（norfloxacin） 又名诺氟沙星，抗菌药物。饮水：0.01%～0.05%。拌料：0.03%～0.05%。

34. 阿维菌素（avermectin） 驱线虫、节肢动物药物。拌料：每千克体重 0.3 毫克。皮下注射：每千克体重 0.2 毫克。

35. 伊维菌素（ivermectin） 驱线虫、节肢动物药物，拌料：每千克体重 0.3 毫克。皮下注射：每千克体重 0.2 毫克。

36. 阿托品（atropine） 有机磷中毒解救药。肌内注射：每千克体重 0.1～0.2 毫克，剂量过大会引起中毒。

37. 碳酸氢钠（sodium bicarbonte） 磺胺药中毒解救药及减轻酸中毒。饮水：0.1%。拌料：0.1%～0.2%。炎热天气慎用，因会加重呼吸性碱中毒。剂量大时会引起肾肿大。

38. 氯化铵（ammonium chloride） 祛痰药。饮水：0.05%。

39. 硫酸铜（copper sulfate） 抗曲霉菌药、抗毛滴虫药，醒抱药。曲霉菌治疗：0.05%饮水。毛滴虫病治疗：0.05%饮水。醒抱：每千克体重 20 毫克。肌内注射：2%浓度以上，口服对消化道有剧烈刺激作用。鸡口服中毒剂量为每千克体重 1 克。硫酸铜对金属有腐蚀作用，必须用瓷器或木器盛装。

40. 碘化钾（potassium iodide） 抗曲霉菌药，抗毛滴虫药。饮水：0.2%～1%。

三、兽药的正确储存方法

1. 防潮湿 兽药受潮后都会发霉、黏结、变色、松散、变形、有异味甚至生虫，失去使用价值。存放兽药一定要注意防潮。

2. 防光照　兽药大多是化学制剂，日光中所含有的紫外线对兽药变化常起催化作用，能加速兽药的氧化、分解等，使兽药变质。对受光线影响而变质的兽药，可采取以下方法保管：遇光易引起变化的兽药，采用棕色瓶或用黑色纸包裹的玻璃器包装；需要避光保存的兽药，应放在阴凉干燥、光线不易直射到的地方；见光容易氧化、分解的兽药，如肾上腺素，必须保存于密闭的避光容器中。应特别注意，买兽药时配来的药物瓶是棕褐色和蓝颜色的不宜更换，应以原瓶保存。

3. 选择适宜温度　温度过高或过低都能使某些兽药变质。因此，药品在储存时要根据其不同性质选择适宜的温度。

4. 避免超过保质期　大多数兽药因其性质或效价不稳定，尽管储存条件适宜，时间过久也会变质、失效，而超过有效期的药物不仅失效，而且许多药物还会产生或增加毒性和副反应。储存兽药应分期、分批储存，并设立专门卡片，接近保质期的先用，以防过期失效。禁止使用过期药。

5. 避免混放　存放兽药应做到：内用药与外用药分别储存；易串味的兽药与一般兽药分开存放；特别是消毒、杀虫、驱虫药物、农药、鼠药等危险药物不应与普通兽药混放，以免误用中毒；不用兽药空瓶装农药、鼠药；兽药一定放到儿童接触不到的地方，避免孩子和精神异常的病人随时拿到误食。另外，购进的瓶、袋、盒等原装兽药，最好保留原标签。外用药品最好用红色标签或红笔书写，以便区分，避免内服。名称容易混淆的药品，要注意分别存放，以免发生差错。

6. 应不定期清理　养殖户应经常对家中储存的兽药进行清理，做到2~3个月清理一次，及时清理掉淘汰、过期、霉变、劣质假冒、包装破损以及标签不全的兽药，补充须经常使用的新药。

7. 不乱扔过期剩余兽药　对没有使用价值的兽药应彻底销毁，最好交回兽药店集中处理。

8. 不乱用瓶塞　不同性质的药品应选用不同的瓶塞。否则，有可能导致瓶塞溶化。如盛氯仿、松节油等药品的瓶塞应选用磨口玻璃塞；盛放氢氧化钠的应选用橡皮塞。

9. 防止鼠咬和虫蛀　对采用纸盒、纸袋、塑料袋等包装的兽药，储存时要放在其他密闭的容器中，以防止鼠咬及虫蛀。

四、中草药在牛病防治中的应用

中草药是一种绿色环保的反刍动物药物，具有毒副作用小、不产生抗药性的特点，奶牛长期合理使用可避免体内和牛奶的药物残留问题，保证奶牛生产的产品具有可靠的安全性，在奶牛生产上有着广阔的利用前景。

1. 中草药的分类

（1）免疫增强剂。以提高和促进机体非特异性免疫功能为主，增强动物机体免疫力和抗病力，如黄芪、党参、当归、淫羊藿、穿心莲。

（2）激素样作用剂。香附、当归、甘草具有雌激素样作用，淫羊藿、人参、虫草具有雄激素样作用，细辛、高良姜、五味子具有肾上腺样作用，水牛角、穿心莲具有促肾上腺皮质激素样作用。

（3）抗应激剂。刺五加、人参可提高机体抵抗力，黄芪、党参可阻止或减轻应激反应，柴胡、黄芩，水牛角有抗热激原作用。

（4）抗微生物剂。金银花、连翘、大青叶、蒲公英有广谱抗菌的作用，射干、大青叶、金银花、板蓝根有抗病毒的作用，苦参、土槿皮、白鲜皮有抗真菌的作用，茯苓、青蒿、虎杖、黄柏有抗螺旋体的作用。

（5）驱虫剂。具有增强机体抗寄生虫侵害能力和驱除体内寄生虫的作用。例如，槟榔、贯众、百部、硫黄对绦虫、蛔虫、姜片虫有驱除作用。

（6）增食剂。具有理气、消食、益脾、健胃的作用，可改善饲料适口性，增进奶牛食欲，提高饲料转化率，改善动物产品质量。例如，麦芽、山楂、陈皮、青皮、苍术、松针。

（7）促生殖剂。促进动物卵子生成和排出，提高繁殖率。例如，淫羊藿、水牛角。

（8）促生长和催肥剂。促进和加速动物增重及育肥。例如，山药、鸡冠花、松针粉、酸枣仁。

（9）催乳剂。具有促进乳腺发育和乳汁生成分泌，增加产奶量的作用。例如，王不留行、通草、刺蒺藜。

（10）疾病防治剂。具有防治动物疾病，恢复动物健康的功效。如百部、蛇床子、仙鹤草、大蒜、石榴皮有润肺化痰作用；当归、益母草、红花、枯草、月季花有活血化瘀、扶正祛邪功能。

（11）饲料保藏剂。可防止饲料变质、腐败，延长储存时间。如具有防腐作用的有：土槿皮、白鲜皮、花椒，具有抗氧化作用的有：红辣椒、儿茶。

2. 中草药在奶牛疾病防治方面的应用

（1）治疗及预防乳房炎。

①乳炎康（公英散）。

主要成分：蒲公英、金银花、连翘、浙贝母、大青叶、瓜蒌、当归、王不留行等。

临床使用：乳房炎急性发作，1次2袋，1天1次，如有全身症状可配合利福平静脉注射，连用3～5天；慢性及隐性乳房炎，1次1袋，1次/天，连用8～10天。

在TMR（全混合日粮）中添加预防量的乳炎康（公英散），每头每天100克，预防和减少乳房炎的发生。尤其对隐性乳房炎，可减少SCC（体细胞数）的数量，效果显著。

②穿甲乳肿消（通乳散）。

主要成分：天花粉、青半夏、王不留行、香附、肉桂、蒲公英、甲珠等数味中草药。

临床使用：对奶牛慢性、顽固性乳房炎，尤其对急慢性乳房炎引起的乳房肿块，及口蹄疮病继发引起的乳肿，有显著的消肿效果；对慢性乳房炎引起的乳腺萎缩，肉变等有良好的治疗及预防效果；对衰老乳腺细胞具有激活的作用，在乳房炎治愈后能同时提高产奶量。奶牛每头每天 250 克，3 天为一疗程，每疗程使用 3 剂。用开水冲调候温灌服或拌入饲料中喂服。

（2）治疗和预防消化类疾病。

①奶牛反刍灵（消食平胃散）。

主要成分：神曲、麦芽、山楂、厚朴、枳壳、陈皮、青皮、苍术、甘草。具有理气、行滞、消坚，促进反刍动物的胃肠活动功能。主治牛羊前胃弛缓、瘤胃积食、瘤胃臌气。

②胃病舒（健胃散）。

主要成分：黄芩、陈皮、青皮、槟榔、六神曲等。具有理气消食、清热通便，主治家畜消化不良，食欲减退，便秘等症。在 TMR 中添加胃病舒（健胃散），瘤胃优化素，可预防奶牛瘤胃疾病，促进瘤胃发育和健康。

③在牛奶中每隔一天添加肠痢净（白头翁散）20～25 克，连用 1 个月，预防新生犊牛腹泻。在 TMR 中添加肠痢净（白头翁散），可预防奶牛的胃肠炎。

④四胃康复散（消积散）。

主要成分：玄明粉、石膏、滑石、山楂、麦芽、六神曲等。通过舒张四胃幽门括约肌，迅速排空四胃，使位置变化的四胃容易回到原来的位置。对四胃积食、臌气、积液、溃疡疗效显著。

（3）治疗奶牛的不孕症，改善奶牛的繁殖功能。

①宫炎净（益母生化散）。

主要成分：益母草、当归、川芎、桃仁、甘草等。具有活血祛瘀、温经止痛，专治奶牛气血不足、产后胎衣滞留、恶露不尽、难孕、低热、产后子宫疾病等。

②催衣排露散（扶正解毒散）。

主要成分：板蓝根、黄芪、淫羊藿、益母草等。应用于运动不足、营养不良、胎儿过大、难产、子宫炎症、胎盘炎等造成的胎衣不下、恶露不净和产后感染。

③促卵生情（催情散）。

主要成分：淫羊藿、阳起石、当归、香附、益母草、菟丝子等十几味中草药。主治不发情、发情不明显、持久黄体、久配不孕、卵巢机能减退、卵巢囊肿、卵巢静止、卵泡发育不全以及体虚受寒等症状，如配合对症使用生殖激素，营养添加剂，效果更好。

④气血宝（补中益气散）。

主要成分：党参、白术、甘草、当归、黄芪等。可补肾益气、扶元固肾、补脾健胃。

临床使用：主治奶牛等因肾亏、久病、消化不良、年老多产等导致气虚劳伤、气血不调、脱肛、子宫脱垂等症。也适用于不孕症、体虚盗汗、消化不良、长期瘦弱等。主要配合治疗奶牛的繁殖性疾病。

主要参考文献

崔淘气，2007. 如何搞好发情鉴定提高奶牛配种准胎率 ［J］. 中国奶牛 （11）.

董希德，2004. 奶牛健康养殖和饲养管理 ［M］. 北京：中国农业出版社.

甘肃农业大学，1990. 兽医产科学（第二版）［M］. 北京：中国农业 出版社.

蒋林树，陈俊杰，2014. 现代化奶牛饲养管理技术 ［M］. 北京：中国农业 出版社.

蒋林树，陈俊杰，张良，2016. 奶牛高效饲养新模式 ［M］. 北京：中国农 业出版社.

李建国，高艳霞，2013. 规模化生态奶牛养殖技术 ［M］. 北京：中国农业 大学出版社.

李英，2004. 目标养牛新法·奶牛册 ［M］. 北京：中国农业出版社.

牛病防治编写组，1977. 牛病防治 ［M］. 上海：上海人民出版社.

齐长明，2006. 奶牛疾病学 ［M］. 北京：中国农业科学技术出版社.

桑润滋，2005. 奶牛养殖小区建设与管理 ［M］. 北京：中国农业出版社.

王福兆，2004. 乳牛学 ［M］. 北京：科学技术文献出版社.

王铁岗，2005. 中国奶牛饲料利用现状及发展前景 ［D］. 北京：中国农业 大学.

王占赫，陈俊杰，蒋林树，等，2007. 奶牛饲养管理与疾病防治技术问答 ［M］. 北京：中国农业出版社.

徐照学，2000. 奶牛饲养技术手册 ［M］. 北京：中国农业出版社.

于静，王巍，2012. 奶牛健康养殖关键技术 ［M］. 北京：中国农业 出版社.

张利庠，2010. 中国奶业发展报告 ［M］. 北京：中国经济出版社.

张伟，2002. 中国奶牛养殖业研究 ［D］. 北京：中国社会科学院研究生院.

图书在版编目（CIP）数据

奶牛精细饲喂与健康诊断/蒋林树，陈俊杰，熊本
海主编.—北京：中国农业出版社，2018.1
ISBN 978-7-109-23591-5

Ⅰ.①奶…　Ⅱ.①蒋…②陈…③熊…　Ⅲ.①乳牛－
饲养管理②乳牛－牛病－防治　Ⅳ.①S823.9②S858.23

中国版本图书馆 CIP 数据核字（2017）第 290755 号

中国农业出版社出版
（北京市朝阳区麦子店街 18 号楼）
（邮政编码 100125）
责任编辑　李文宾　冀　刚

中国农业出版社印刷厂印刷　　新华书店北京发行所发行
2018 年 1 月第 1 版　　2018 年 1 月北京第 1 次印刷

开本：850mm×1168mm 1/32　印张：10.625
字数：300 千字
定价：32.00 元
（凡本版图书出现印刷、装订错误，请向出版社发行部调换）